普通高等教育"十三五"规划教材

大数据分析与数据挖掘

主编 ◎ 甘栎元　余　兰　朱寿华

北京工业大学出版社

图书在版编目（CIP）数据

大数据分析与数据挖掘 / 甘枥元，余兰，朱寿华主编 . -- 北京 ：北京工业大学出版社，2017.5

普通高等教育"十三五"规划教材

ISBN 978-7-5639-5503-9

Ⅰ．①大… Ⅱ．①甘… ②余… ③朱… Ⅲ．①统计数据－统计分析 高等学校－教材②数据采集－高等学校－教材 Ⅳ．① O212.1② TP274

中国版本图书馆 CIP 数据核字 (2017) 第 127383 号

大数据分析与数据挖掘

主　　编：甘枥元　余　兰　朱寿华

责任编辑：张　贤

封面设计：历　程

出版发行：北京工业大学出版社

出 版 人：郝　勇

经销单位：全国新华书店

承印单位：北京市迪鑫印刷厂

开　　本：787 毫米 ×1092 毫米　1/16

印　　张：12.75

字　　数：300 千字

版　　次：2017 年 5 月第 1 版

印　　次：2017 年 5 月第 1 次印刷

标准书号：ISBN 978-7-5639-5503-9

定　　价：42.00 元

前　言

　　大数据（big data，mega data），或称巨量资料，指的是需要新处理模式才能具有更强的决策力、洞察力和流程优化能力的海量、高增长率和多样化的信息资产。大数据必然无法用单台的计算机进行处理，必须采用分布式计算架构。它的特色在于对海量数据的挖掘，但它必须依托云计算的分布式处理、分布式数据库、云存储和/或虚拟化技术。大数据的4V特点：Volume（大量）、Velocity（高速）、Variety（多样）、Value（价值）。

　　大数据的意义是由人类日益普及的网络行为所伴生的，受到相关部门、企业采集的，蕴含数据生产者真实意图、喜好的，非传统结构和意义的数据。2013年5月10日，阿里巴巴集团董事局主席马云在淘宝十周年晚会上，将卸任阿里集团CEO的职位，并在晚会上做卸任前的演讲，马云说，大家还没搞清PC时代的时候，移动互联网来了，还没搞清移动互联网的时候，大数据时代来了。

　　大数据时代已经来临，它将在众多领域掀起变革的巨浪。但我们要冷静地看到，大数据的核心在于为客户挖掘数据中蕴藏的价值，而不是软硬件的堆砌。因此，针对不同领域的大数据应用模式、商业模式研究将是大数据产业健康发展的关键。我们相信，在国家的统筹规划与支持下，通过各地方政府因地制宜制定大数据产业发展策略，通过国内外IT龙头企业以及众多创新企业的积极参与，大数据产业未来发展前景十分广阔。

　　本书共十一章，主要内容如下：第一章为大数据分析概述，第二章为大数据的组件分析，第三章为大数据的应用领域以及前景分析，第四章为数据挖掘，第五章为信用评分，第六章为客户满意度研究，第七章为CRISP – DM简介，第八章为数据挖掘在制造行业的应用，第九章为大数据的信息安全，第十章为大数据服务，第十一章为基于云技术和大数据下的高校智能协作平台。

　　本书通过大量的实例分析，力求达到内容新颖、鲜活，体现强烈的时代气息。本书体例统一、规范协调，内容视野开阔全面，有较强的研究价值。由于时间仓促，水平有限，本书中存在的不足之处，还望得到读者的批评指正。

编　者

目 录

第一章　大数据分析概述 ……………………………………………… 1

　第一节　大数据时代 ……………………………………………… 1

　　一、概述 ………………………………………………………… 1

　　二、国内外开展的相关工作 …………………………………… 2

　　三、大数据的概念与特点 ……………………………………… 3

　　四、大数据要解决的核心问题 ………………………………… 6

　　五、大数据面临的挑战 ………………………………………… 8

　第二节　云计算——大数据的计算 ……………………………… 10

　　一、云计算的产生背景 ………………………………………… 10

　　二、云计算定义 ………………………………………………… 11

　　三、对云计算的理解 …………………………………………… 12

　　四、云计算的分类 ……………………………………………… 15

　第三节　云计算与大数据的关系 ………………………………… 17

　　一、云计算和大数据的区别 …………………………………… 17

　　二、云计算与大数据的技术支持 ……………………………… 19

第二章　大数据的组件分析 ………………………………………… 22

　第一节　大数据分析系统架构分析 ……………………………… 22

　　一、Hadoop 生态圈 …………………………………………… 22

　　二、Spark 生态圈 ……………………………………………… 27

　　三、结构化数据生态圈 ………………………………………… 32

　第二节　大数据与商业组件 ……………………………………… 34

　　一、大数据的商业模式创新 …………………………………… 35

　　二、大数据背景下信息服务业的商业模式分析 ……………… 37

第三章　大数据的应用领域以及前景分析 ················ 43

　　第一节　大数据的应用领域 ················ 43

　　　一、大数据技术在互联网金融中的应用 ················ 43

　　　二、大数据在淘宝网电子商务模式创新中的应用研究 ················ 47

　　第二节　大数据及云计算的发展前景分析 ················ 54

　　　一、大数据的发展现状与前景分析 ················ 55

　　　二、云计算的发展现状与前景分析 ················ 56

第四章　数据挖掘 ················ 61

　　第一节　概述 ················ 61

　　第二节　客户流失的类型 ················ 64

　　第三节　客户细分 ················ 74

　　　一、信用风险分析 ················ 74

　　　二、客户细分的概念 ················ 74

　　　三、客户细分模型 ················ 75

　　　四、客户细分模型的基本步骤 ················ 76

　　　五、细分方法介绍 ················ 77

　　　六、客户细分实例 ················ 78

　　　七、营销响应 ················ 81

　　　八、营销响应应用案例 ················ 84

第五章　信用评分 ················ 89

　　　一、信用评分背景 ················ 89

　　　二、信用评分的概念 ················ 90

　　　三、信用评分的方法 ················ 90

　　　四、信用评分模型构建步骤和方法 ················ 90

　　　五、信用评分应用案例 ················ 92

第六章　客户满意度研究 ················ 100

　　　一、为什么要进行客户满意度研究 ················ 100

二、满意度研究的目标和内容 ……………………………… 100

三、满意度研究方法 ……………………………………… 101

四、结构方程模型在客户满意度测评中的应用 …………… 104

五、满意度研究在金融行业中的应用 ……………………… 105

第七章 CRISP – DM 简介 …………………………… 107

第八章 数据挖掘在制造行业的应用 …………… 111

第一节 概述 …………………………………………… 111

一、面临的挑战 …………………………………………… 111

二、面临的问题 …………………………………………… 111

三、SPSS 与制造业 ……………………………………… 111

第二节 SPSS – 质量控制图表 ……………………… 112

第九章 大数据的信息安全 ……………………… 117

第一节 信息安全问题 ………………………………… 117

一、云计算信息安全风险分析 …………………………… 117

二、云计算环境下的信息安全策略 ……………………… 119

第二节 大数据时代的信息安全 ……………………… 122

一、大数据时代面临的信息安全挑战 …………………… 122

二、大数据时代的信息安全保障 ………………………… 125

第三节 云计算与大数据的信息安全案例 …………… 128

第十章 大数据服务 ……………………………… 136

第一节 大数据服务分类 ……………………………… 136

一、工具类大数据服务 …………………………………… 136

二、面向应用的大数据服务 ……………………………… 138

第二节 大数据服务单元描述 ………………………… 141

一、工具类大数据服务 …………………………………… 141

二、面向应用的大数据服务 ……………………………… 144

第十一章　基于云技术和大数据下的高校智能协作平台 ………… 149

第一节　高校应用智能协作平台的目标 ……………………… 149

第二节　高校智能协作平台表现形式 ………………………… 150

第三节　高校智能协作平台服务单元描述 …………………… 153

第四节　高校智能协作平台的特点及进化 …………………… 156

第五节　高校智能协作平台的云计算安全 …………………… 157

一、云计算安全概述 ……………………………………… 157

二、云计算的数据安全 …………………………………… 161

三、云计算的虚拟化安全 ………………………………… 176

四、云计算的服务传递安全 ……………………………… 184

参考文献 ……………………………………………………… 195

第一章　大数据分析概述

第一节　大数据时代

　　人类社会经历了很多个"时期"。如原始社会时期、奴隶社会时期、封建社会时期、资本主义社会时期、社会主义社会时期。信息时代是我们目前所处的时期。在这个时代，信息（也是数据）极大膨胀和爆炸，因此诞生了"大数据时代"。在这个时代，数据的处理、加工、生产、流通、管理成为了数据人必不可少的一部分。是生活，也是工作，更是娱乐。数据是人的一部分，人也是数据的一部分。可以说，人类在这个"大数据时代"，任何行为、任何事物、任何人类信息都被数据化、电子化了。云计算、云存储是应对数据大膨胀而提出的数据存储、管理、计算的优化解决方案。而物联网则是将人类行为、物品行为信息收集起来，存放在网络中的一种终端解决方案。不管是哪一类解决方案，都是将人类世界信息化、数据化、电子化进行到底的解决方案。

一、概述

　　进入2012年以来，大数据（Big Data）一词越来越多地被提及与使用，人们用它来描述和定义信息爆炸时代产生的海量数据，它已经出现在《纽约时报》《华尔街时报》的专栏封面，进入美国白宫网的新闻，现身国内一些互联网主题的讲座沙龙中，甚至被嗅觉灵敏的国君证券、国泰君安、银河证券等写进了投资推荐报告，大数据时代来临。

　　有人说21世纪是数据信息时代，移动互联、社交网络、电子商务大大拓展了互联网的疆界和应用领域。我们在享受便利的同时，也无偿贡献了自己的"行踪"。现在互联网使我们不但知道对面是一只狗，还知道这只狗喜欢什么食物，几点出去遛弯，几点回窝睡觉。我们不得不接受这个现实，每个人在互联网进入到大数据时代，都将是透明性存在。各种数据正在迅速膨胀并变大，它决定着企业的未来发展，虽然现在企业可能并没有意识到数据爆炸性增长带来的隐患，但是随着时间的推移，人们将越来越多地意识到数据对企业的重要性。大数据时代对人类的数据驾驭能力提出了新的挑战，也为人们获得更为深刻、全面的洞察能力提供了前所未有的空间与潜力。正如《纽约时报》2012年2月的专栏中声称，"大数据"时代已经降临，在商业、经济及其他领域中，决策将日益基于数据和分析而做出，而并非基于经验和直觉，并且以每两年翻一番的速度飞速增长，预计到2020年全球数据总量将达到40ZB，10年间增长20倍以上，到2020年，地球上人均数据预计将达5247GB。在数据规模急剧增长的同时，数据类型也越来越复杂，包括结构化数据、半结构化数据、非结构化数据等多种类型，其中采用传统数据处理手段难以处理的非结构化数据已接近数据总量的75%。

如此增长迅速、庞大繁杂的数据资源，给传统的数据分析、处理技术带来了巨大的挑战。为了应对这样的新任务，与大数据相关的大数据技术、大数据工程、大数据科学和大数据应用等迅速成为信息科学领域的热点问题，得到了一些国家政府部门、经济领域以及科学领域有关专家的广泛关注。2012年3月29日，奥巴马宣布美国政府六大部门投资2亿美元启动"大数据研究和发展计划（Big Data Research and Development Initiative）"，欲大力推动大数据相关的收集、储存、保留、管理、分析和共享海量数据技术研究，以提高美国的科研、教育与国家安全能力。这是继1993年美国宣布"信息高速公路"计划后的又一次重大科技发展部署，美国政府认为大数据是未来信息时代的重要资源，战略地位堪比工业时代的石油，其影响除了体现在科技、经济方面，同时也将对政治、文化等方面产生深远的影响。在商业方面，2013年，Gartner发布的将在未来三年对企业产生重大影响的十大战略技术中，大数据名列其中，提出大数据技术将影响企业的长期计划、规划和行动方案，同时，IBM、Intel、EMC、Walmart、Teradata、Oracle、Microsoft、Google、Facebook等发源于美国的跨国巨头也积极提出自己应对大数据挑战的发展策略，他们成了发展大数据处理技术的主要推动者。在科技领域，庞大的数据正在改变着人类发现问题、解决问题的基本方式，采用最简单的统计分析算法，将大量数据不经过模型和假设直接交给高性能计算机处理，就可以发现某些传统科学方法难以得到的规律和结论。图灵奖得主吉姆·格雷提出的数据密集型科研第四范式，不同于传统的实验、理论和计算三种范式，第四种范式不需要考虑因果关系，以数据为中心，分析数据的相关性，打破了千百年来从结果出发探究原因的科研模式，大规模的复杂数据使得新的科研模式成为可能。

虽然大数据日益升温，但与大多数信息学领域的问题一样，大数据的基本概念及特点，大数据要解决的核心问题，目前尚无统一的认识，大数据的获取、存储、处理、分析等诸多方面仍存在一定的争议，大数据概念有过度炒作的嫌疑。欧洲的一些企业甚至认为大数据就是海量数据存储，仅将大数据视作可以获取更多信息的平台。本书分析当前流行的几种大数据的概念，讨论其异同，从大数据的典型特征角度描述大数据的概念和特点，从整体上分析大数据要解决的相关性分析、实时处理等核心问题，在此基础上，最后讨论大数据可能要面临的多种挑战。

二、国内外开展的相关工作

近年来，大数据成为新兴的热点问题，在科技、商业领域得到了日益广泛的关注和研究，有一些相关的研究成果。早在 1980 年，阿尔文·托夫勒等人就前瞻性地指出过大数据时代即将到来。此后经过几十年的发展，特别是移动互联网络和云计算的出现，人们逐渐认识到大数据的重大意义，国际顶级学术刊物相继出版大数据方面的专刊，讨论大数据的特征、技术与应用，2008 年《自然》出版专刊"Big Data"，分析了大量快速涌现数据给数据分析处理带来的巨大挑战，大数据的影响遍及互联网技术、电子商务、超级计算、环境科学、生物医药等多个领域。2011 年《科学》推出关于数据处理的专刊"Dealing with data"，讨论了数据洪流（Data Deluge）所带来的挑战，提出了对大数据进行有效的分析、组织、利用可以对社会发展起到巨大推动作用。在大数据领域，国内学者也有大量的相关工作，李国杰等人阐述了大数据的研究现状与意义，介绍了大数据应用与研究所面临的问题与挑战并对大数据发展战略提出了建议，主要关注大数据分析、查询方面的理论、技术，对大数据基本概念进行了剖析，列举了大数据分析平台需要具备的几个重要特性，阐述了大数据处理的基本框架，并对当前的主流实现平台进行了分析归纳。随着大数据理念逐渐被大众了解，出现了一些阐述大数据基本概念与思想的专著，舍恩伯格等在《大数据时代：生活、工作与思维的大变革》一书中用三个部分讲述了大数据时代的思维变革、商业变革和管理变革。近年来，大数据对经济的推动作用被广泛接受，出现了探讨大数据在商业领域应用的文章和专著，马丁·克鲁贝克等人在《量化：大数据时代的企业管理》一书中提到，进入大数据时代，数据发挥着关键的作用，探讨了如何从空前膨胀的海量数据中挖掘出有用的指标和信息。朱志军等人所著的《转型时代丛书：大数据·大价值、大机遇、大变革》中介绍了大数据产生的背景、特征和发展趋势，从实证的角度探讨了它对社会和商业智能的影响，并认为大数据正影响着商业模式的转变，并将带来新的商业机会。

三、大数据的概念与特点

大数据是一个较为抽象的概念，正如信息学领域大多数新兴概念，大数据至今尚无确切、统一的定义。在维基百科中关于大数据的定义为：大数据是指利用常用软件工具来获取、管理和处理数据所耗时间超过可容忍时间的数据集。笔者认为，这并不是一个精确的定义，因为无法确定"常用软件工具"的范围，"可容忍时间"也是个概略的描述。IDC 对大数据做出的定义为：大数据一般会涉及 2 种或 2 种以上数据形式，它要收集超过 100TB 的数据，并且是高速、实时的数据流；或者是从小数据开始，但数据每年会增长 60% 以上。这个定义给出了量化标准，但只强调数据量大、种类多、增长快等数据本身的特征。研究机构 Gartner 给出了这样的定义：大数据是需要新处理模式才能具有更强的决策力、洞察力和流程优化能力的海量、高增长率和多样化的信息资产。这也是一个描述性的定义，在对数据描述的基础上加入了处理此类数据的一些特征，用这些特征来描述大数据。当前，较为统一的认识是大数据有四个基本特征：数据规模大（Volume），数据种类多（Variety），数据要求处理速度快（Velocity），数据价值密度低（Value），即所谓的"四V"特性。这些特性使得大数据区别于传统的数据概念。大数据的概念与"海量数据"不同，后者只强调数据的量，而大数据不仅用来描述大量的数据，还更进一步指出数据的复杂形式、数据的快速时间特性以及对数据的分析、处理等专业化处理，最终获得有价值信息的能力。

（1）数据量大

大数据聚合在一起的数据量是非常大的，根据 IDC 的定义至少要有超过 100TB 的可供分析的数据，数据量大是大数据的基本属性。

①导致数据规模激增的原因有很多，首先是随着互联网的广泛应用，使用网络的人、企业、机构增多，数据获取、分享变得相对容易，以前，只有少量的机构可以通过调查、取样的方法获取数据，同时发布数据的机构也很有限，人们难以在短期内获取大量的数据，而现在用户可以通过网络非常方便地获取数据，同时用户有意的分享和无意的点击、浏览时都可以快速地提供大量数据。

②随着各种传感器数据获取能力的大幅提高，使得人们获取的数据越来越接近原始事物本身，描述同一事物的数据量激增。早期的单位化数据，对原始事物进行了一定程度的抽象，数据维度低、数据类型简单、多采用表格的形式来收集、存储、整理，数据的单位、量纲和意义基本统一，存储、处理的只是数值而已，因此数据量有限，增长速度慢，而随着应用的发展，数据维度越来越高，描述相同事物所需的数据量越来越大，以当前最为普遍的网络数据为例，早期网络上的数据以文本和一维的音频为主、维度低、单位数据量小。

近年来，图像、视频等二维数据大规模涌现，而随着三维扫描设备以及 Kinect 等动作捕捉设备的普及，数据越来越接近真实的世界，数据的描述能力不断增强，而数据量本身必将以几何级数增长。此外，数据量大还体现在人们处理数据的方法和理念发生了根本的改变。早期，人们对事物的认知受限于获取、分析数据的能力，一直利用采样的方法，以少量的数据来近似地描述事物的全貌，样本的数量可以根据数据获取、处理能力来设定。不管事物多么复杂，通过采样得到部分样本，数据规模变小，就可以利用当时的技术手段来进行数据管理和分析，如何通过正确的采样方法以最小的数据量尽可能分析整体属性成了当时的重要问题。随着技术的发展，样本数目逐渐逼近原始的总体数据，且在某些特定的应用领域，采样数据可能远不能描述整个事物，可能丢掉大量重要细节，甚至可能得到完全相反的结论，因此，当今人们直接处理所有数据而不是只考虑采样数据的趋势。使用所有的数据可以带来更高的精确性，从更多的细节来解释事物属性，同时必然使得要处理数据量显著增多。

（2）数据类型多样

数据类型繁多，复杂多变是大数据的重要特性。以往的数据尽管数量庞大，但通常是事先定义好的结构化数据。结构化数据是将事物向便于人类和计算机存储、处理、查询的方向抽象的结果，结构化在抽象的过程中，忽略一些在特定的应用下可以不考虑的细节，抽取了有用的信息。处理此类结构化数据，只需事先分析好数据的意义以数据间的相关属性，构造表结构来表示数据的属性，数据都以表格的形式保存在数据库中，数据格式统一，以后不管再产生多少数据，只需根据其属性，将数据存储在合适的位置，就可以方便地处理、查询，一般不需要为新增的数据大量的更改数据聚集、处理、查询方法，限制数据处理能力的只是运算速度和存储空间。这种关注结构化信息，强调大众化、标准化的属性使得处理传统数据的复杂程度一般呈线性增长，新增的数据可以通过常规的技术手段处理。而随着互联网与传感器的飞速发展，非结构化数据大量涌现，非结构化数据没有统一的结构属性，难以用表结构来表示，在记录数据数值的同时还需要存储数据的结构，增加了数据存储、处理的难度。而时下在网络上流动着的数据大部分是非结构化数据，人们上网不只是看新闻、送文字邮件，还会上传下载照片和视频、发送微博等非结构化数据，同时，遍及工作、生活中各个角落的传感器也时刻不断地产生各种半结构化、非结构化数据，这些结构复杂，种类多样，同时规模又很大的半结构化、非结构化数据逐渐成为主流数据。如上所述，非结构化数据量已占到数据总量的75%以上，且非结构化数据的增长速度比结构化数据快10到50倍。在数据激增的同时，新的数据类型层出不穷，已经很难用一种或几种规定的模式来表征日趋复杂、多样的数据形式，这样的数据已经不能用传统的数据库表格来整齐地排列、表示。大数据正是在这样的背景下产生的，大数据与传统数据处理最大的不同就是重点关注非结构化信息，大数据关注包含大量细节信息的非结构化数据，强调小众化、体验化的特性使得传统的数据处理方式面临巨大的挑战。

（3）数据处理速度快

要求数据的快速处理，是大数据区别于传统海量数据处理的重要特性之一。随着各种传感器和互联网等信息获取、传播技术的飞速发展，数据的产生、发布越来越容易，产生数据的途径增多，个人甚至成了数据产生的主体之一，数据呈爆炸的形式快速增长，新数据不断涌现，快速增长的数据量要求数据处理的速度也要相应提升，才能使得大量的数据得到有效的利用，否则不断激增的数据不但不能为解决问题带来优势，反而成了快速解决问题的负担。同时，数据不是静止不动的，而是在互联网中不断流动，且通常这样的数据的价值是随着时间的推移而迅速降低的，如果数据尚未得到有效的处理，就失去了价值，大量的数据就没有意义。此外，在许多应用中要求能够实时处理新增的大量数据，比如有大量在线交互的电子商务应用，就具有很强的时效性，大数据以数据流的形式产生、快速流动、迅速消失，且数据流量通常不是平稳的，会在某些特定的时段突然激增，数据的涌现特征明显，而用户对于数据的响应时间通常非常敏感，心理学实验证实，从用户体验的角度，瞬间（moment，3秒钟）是可以容忍的最大极限，对于大数据应用而言，很多情况下都必须要在1秒钟或者瞬间内形成结果，否则处理结果就是过时和无效的，这种情况下，大数据要求快速、持续的实时处理。对不断激增的海量数据的实时处理要求，是大数据与传统海量数据处理技术的关键差别之一。

（4）数据价值密度低

数据价值密度低是大数据关注的非结构化数据的重要属性。传统的结构化数据，依据特定的应用，对事物进行了相应的抽象，每一条数据都包含该应用需要考量的信息，而大数据为了获取事物的全部细节，不对事物进行抽象、归纳等处理，直接采用原始的数据，保留了数据的原貌，通常不对数据进行采样和抽象，呈现所有数据和全部细节信息，可以分析更多的信息，但也引入了大量没有意义的信息，甚至是错误的信息，因此相对于特定的应用，大数据关注的非结构化数据的价值密度偏低，以当前广泛应用的监控视频为例，在连续不间断监控过程中，大量的视频数据被存储下来，许多数据可能是无用的，对于某一特定的应用，比如获取犯罪嫌疑人的体貌特征，有效的视频数据可能仅仅有一两秒，大量不相关的视频信息增加了获取这有效的一两秒数据的难度。但是大数据的数据密度低是指相对于特定的应用，有效的信息相对于数据整体是偏少的，信息有效与否也是相对的，对于某些应用是无效的信息对于另外一些应用则成为最关键的信息，数据的价值也是相对的，有时一条微不足道的细节数据可能造成巨大的影响，比如网络中的一条几十个字符的微博，就可能通过转发而快速扩散，导致相关的信息大量涌现，其价值不可估量。因此为了保证对于新产生的应用有足够的有效信息，通常必须保存所有数据，这样就使得一方面数据的绝对数量激增，另一方面数据包含有效信息量的比例不断减少，数据价值密度偏低。

四、大数据要解决的核心问题

与传统海量数据的处理流程相类似，大数据的处理也包括获取与特定的应用相关的数据，并将数据聚合成便于存储、分析、查询的形式；分析数据的相关性，得出相关属性；采用合适的方式将数据分析的结果展示出来等过程。大数据要解决的核心问题与相应的这些步骤相关。

1. 获取有用数据

通常认为，数据是大数据要处理的对象，大数据技术流程应该从对数据的分析开始，实际上，规模巨大、种类繁多、包含大量信息的数据是大数据的基础，数据本身的优劣对分析结果有很大的影响，有一种观点认为，数据量大了可以不必强调数据的质量，允许错误的数据进入系统，参与分析。大量的数据中包含少量的错误数据影响不大，事实上如果不加约束，大量错误数据涌入就可能导致得到完全错误的结果。正是数据获取技术的进步促成了大数据的兴起，大数据理应重视数据的获取，如果通过简单的算法处理大量的数据就可以得出相关的结果，则解决问题的困难就转到了如何获取有效的数据上。文献中指出数据的产生技术经历了被动、主动和自动的三个阶段，早期的数据是人们为基于分析特定问题的需要，通过采样、抽象等方法记录产生的数据；随着互联网特别是社交网络的发展，越来越多的人在网络上传递发布信息，主动产生数据，而传感器技术的广泛应用使得利用传感器网络可以不用控制全天候的自动获取数据。其中自动、主动数据的大量涌现，构成了大数据的主要来源。对于实际应用来说，并不是数据越多越好，获取大量数据的目的是尽可能正确、详尽的描述事物的属性，对于特定的应用数据必须包含有用的信息，拥有包含足够信息的有效数据才是大数据的关键。有了原始数据，要从数据中抽取有效的信息，将这些数据以某种形式聚集起来，对于结构化数据，此类工作相对简单。而大数据通常处理的是非结构化数据，数据种类繁多，构成复杂，需要根据特定应用的需求，从数据中抽取相关的有效数据，同时尽量摒除可能影响判断的错误数据和无关数据。

2. 数据分析

数据分析是大数据处理的关键，大量的数据本身并没有实际意义，只有针对特定的应用分析这些数据，使之转化成有用的结果，海量的数据才能发挥作用。数据是广泛可用的，所缺乏的是从数据中提取知识的能力，当前，对非结构化数据的分析仍缺乏快速、高效的手段，一方面是数据不断快速地产生、更新，另一方面是大量的非结构化数据难以得到有效的分析，大数据的前途取决于从大量未开发的数据中提取价值，据 IDC 统计：2012年，若经过标记和分析，数据总量中 23% 将成为有效数据，大约为 643EB；但实际上只有 3% 的潜在有效数据被标记，大量的有效数据不幸丢失。预计到 2020 年，若经过标记和分析，将有 33%（13000EB）的数据成为有效数据，具备大数据价值。价值被隐藏起来的数据量和价值被真正挖掘出来的数据量之间的差距巨大，产生了大数据鸿沟，对多种数据类型构成的异构数据集进行交叉分析的技术，是大数据的核心技术之一。此外，大数据的一类重要应用是利用海量的数据，通过运算分析事物的相关性，进而预测事物的发展。与只记录过去，关注状态，简单生成报表的传统数据不同，大数据不是静止不动的，而是不断地更新、流动，不只记录过去，更反映未来发展的趋势。过去，较少的数据量限制了发现问题的能力，而现在，随着数据的不断积累，通过简单的统计学方法就可能找到数据的相关性，找到事物发生的规律，指导人们的决策。

3. 数据显示

数据显示是将数据经过分析得到的结果以可见或可读形式输出，以方便用户获取相关信息。对于传统的结构化数据，可以采用数据值直接显示、数据表显示、各种统计图形显示等形式来表示数据，而大数据处理的非结构化数据，种类繁多，关系复杂，传统的显示方法通常难以表现，大量的数据表、繁乱的关系图可能使用户感到迷茫，甚至可能误导用户。利用计算机图形学和图像处理的可视计算技术成为大数据显示的重要手段之一，将数据转换成图形或图像，用三维形体来表示复杂的信息，直接对具有形体的信息进行操作，更加直观，方便用户分析结果。若采用立体显示技术，则能够提供符合立体视觉原理的绘制效果，表现力更为丰富。数据显示以准确地、方便地用户传递有效信息为目标，显示方法可以根据具体应用需要来选择。

4. 实时处理数据的能力

大数据需要充分、及时地从大量复杂的数据中获取有意义的相关性，找出规律。数据处理的实时要求是大数据区别于传统数据处理技术的重要差别之一。一般而言，传统的数据处理应用对时间的要求并不高。运行 1～2 天获得结果依然是可以接受的。而大数据领域相当大的一部分应用需要在 1 秒钟内或瞬间内得到结果，否则相关的处理结果就是过时的、无效的。先存储后处理的批处理模式通常不能满足需求，需要对数据进行流处理。由于这些数据的价值会随着时间的推移不断减少，实时性成了此类数据处理的关键。而数据规模巨大、种类繁多、结构复杂，使得大数据的实时处理极富挑战性。数据的实时处理要求实时获取数据，实时分析数据，实时绘制数据，任何一个环节慢都会影响系统的实时性。当前，互联网以及各种传感器快速普及，实时获取数据难度不大；实时分析大规模复杂数据是系统的"瓶颈"，也是大数据领域亟待解决的核心问题；数据的实时绘制是可视计算领域的热点问题，GPU 以及分布式并行计算的飞速发展使得复杂数据的实时绘制成为可能，同时数据的绘制可以根据实际应用和硬件条件选择合适的绘制方式。

五、大数据面临的挑战

当今社会，互联网和传感器技术飞速发展，大规模非结构化数据快速积累，适应时代发展的大数据理论和技术其前瞻性是显而易见的，但同时，大数据的概念也有过分炒作的可能。大数据这种新的理念一出现，就出现了"大数据当立，传统方案当下"的论调，似乎大数据是万能的，传统的数据分析、处理方法可以淘汰了，以数据为中心，当数据多到一定程度时，用最简单的算法就可以得到结果，不需要关注算法的优劣，只需关注数据的质量，大数据带来的巨大运算量可以由计算优势来应对。实际上，大数据是一种新兴的理论，大数据的概念、技术、方法还远不成熟，在其发展的过程中还将面临多种挑战，不应过分夸大其先进性。

1. 不能完全代替传统数据

当前大数据尚不能完全取代传统结构化数据，尽管大数据关注的非结构化数据的绝对数据量占总数据量的75%，但由于非结构化数据的价值偏低，有效的非结构化数据与结构化数据相比并不占绝对优势，对于某些特定的应用，结构化数据仍然占据主导地位。对于互联网、社交网络、传感器网络等应用，利用大数据分析可以更好地分析相关的非结构化海量数据，因此前面所述的 EMC、Google、Facebook 等面临数据爆炸的商业巨头积极推动大数据技术发展。而对于传统的结构化数据密集型的应用，相关研究已经持续了几十年，传统数据处理方法可以很好地处理这些结构化数据，对于这些应用则没有必要应用大数据相关技术，没有必要盲目地追逐潮流。此外，商业上一些所谓大数据应用，甚至就是对原来技术进行新的包装，并没有革命性的突破。"大数据当立，传统方案当下"的论调当前并不准确，非结构化数据完全替代传统数据尚需时日，用户需要根据实际应用需要选择合适的数据处理方式。

2. 数据保护

大数据时代，互联网的发展使得获取数据十分便利，给信息安全带来了巨大的挑战。当前，数据安全形势不容乐观，需要保护的数据量增长已超过了数据总量的增长。据 IDC 统计：2010 年仅有不到 1/3 的数据需要保护，到 2020 年这一比例将超过 2/5；2012 年的统计显示，虽然有 35% 的信息需要保护，但实际得到保护的不到 20%。在亚洲、南美等新兴市场，数据保护的缺失更加严重。首先个人隐私更容易通过网络泄露，随着电子商务、社交网络的兴起，人们通过网络联系得日益紧密，将个人的相关数据足迹聚集起来分析，可以很容易获取个人的相关信息，从而造成隐私数据的暴露，而数据在网络上的发布机制使得这种暴露似乎防不胜防；在国家层面，大数据可能给国家安全带来隐患，如果在大数据处理方面落后，就可能导致数据的单向透明，美国发布大数据研发计划，大力发展大数据技术就有增强国家安全方面的战略考量。

3. 相关性预知

大数据时代，人们不再认为数据是静止和陈旧的，而是流动的、不断更新的。大数据是人们获得新的认知，创造新的价值的源泉，通过分析数据的相关性可能预知事物的发展方向。但是依据数据得来的结论不一定能反映真实，比如随着数据的增多，会带来部分错误的数据，使得数据价值大大降低，影响分析的结果，甚至可能得出错误的结论。此外，大数据获取的统计学上的宏观结论，对于一些微观的问题并没意义，比如抛硬币，抛的次数越多，得到正反两面的次数越接近，概率越接近 0.5，但不管已经抛了多少次，还是不能分析出下一次得到正面还是反面。因此，不能希望通过大数据可以预知一切。

随着社交网络、物联网、云计算的飞速发展，大量非结构化数据呈指数级快速增长，数据样式高度复杂，为人类认识世界、改造世界提供了重要的资源，企业和个人通过网络可以大规模的收集和分析数据，也可以产生、发布数据，个体在互联的网络中既是数据的消费者又是数据的生产者，大规模生产、分享、应用数据的大数据时代已经来临。与此同时，数量巨大、种类繁多的数据给传统的数据获取、分析、处理、存储、检索技术带来了挑战，大数据成为广泛关注且亟待解决的热点问题，并已经开始影响社会的发展与人们的日常生活。然而大数据的概念和相关技术还远未成熟，尚存在着一定的争议，面临着诸多挑战，甚至有人认为大数据有过分炒作的可能。本书从几种常见的描述大数据的概念出发，分析大数据的典型的特征，依据这些特征来讨论大数据技术可能要解决的核心问题，最后讨论了大数据可能要面临的多种挑战。大数据的概念来源于、发展于美国，并向全球扩展，必将给我国未来的科技与经济发展带来深远影响。根据 IDC 统计，目前数据量在全球的比例为：美国32%、西欧19%、中国13%，预计到 2020 年中国将产生全球21%的数据，我国是仅次于美国的数据大国，而我国大数据方面的研究尚处在起步阶段，如何开发、利用保护好大数据这一重要的战略资源，是我国当前亟待解决的问题。

第二节　云计算——大数据的计算

一、云计算的产生背景

云计算这个概念其实并不像它的名字一样是凭空出现的，而是 IT 产业发展到一定阶段的必然产物。在云计算概念诞生之前，很多公司就可以通过互联网发送诸多服务，比如订票、地图、搜索，以及其他硬件租赁业务，随着服务内容和用户规模的不断增加，对于服务的可靠性、可用性的要求急剧增加，这种需求变化通过集群等方式很难满足要求，于是通过在各地建设数据中心来达成。对于像 Google 和 Amazon 这样有实力的大公司来说，有能力建设分散于全球各地的数据中心来满足各自业务发展的需求，并且有富余的可用资源，于是 Google、Amazon 等就可以将自己的基础设施能力作为服务提供给相关的用户，这就是云计算的由来。在云计算的概念诞生后，从 IBM、Google、Amazon 到 Dell、微软等，这些公司都在不遗余力地推进云计算的发展，并且都从各自的角度诠释着云计算以及相关的应用。

早在 20 世纪 60 年代麦卡锡（John McCarthy）就提出了把计算能力作为一种像水和电一样的公共事业提供给用户。云计算的第一个里程碑是 1999 年 Salesforce. com 提出的通过一个网站向企业提供企业级的应用的概念；另一个重要进展是 2002 年亚马逊（Amazon）提供一组包括存储空间、计算能力甚至人力智能等资源服务的 Web Service；2005 年亚马逊又提出了弹性计算云（Elastic Compute Cloud），也称亚马逊 EC2 的 Web Service，允许小企业和私人租用亚马逊的计算机来运行它们自己的应用。到 2008 年，几乎所有的主流 IT 厂商开始谈论云计算，这里既包括硬件厂商（IBM、HP、Intel、思科、SUN 等）、软件厂商（微软、Oracle、VMware 等），也包括互联网服务提供商（Google、亚马逊、Salesforce 等）和电信运营商（中国移动、中国电信、AT&T 等），当然还有一些小的 IT 企业也将云计算作为企业发展战略。这些企业覆盖了整个 IT 产业链，也构成了完整的云计算生态系统。

云计算（Cloud Computing）是一种新兴的商业计算模型。它将计算任务分布在大量计算及构成的资源池上，使各种应用系统能够根据需要获取计算能力、存储空间和各种软件服务。之所以称为"云"，是因为它在某些方面具有现实中云的特征：云一般都较大；云的规模可以动态伸缩，它的边界是模糊的；云在空中飘忽不定，无法也无须确定它的具体位置，但它确实存在于某处。之所以称为"云"，还因为云计算的鼻祖之一亚马逊公司将曾经大家称作网格计算的东西取了一个新名称"弹性计算云"（EC2），并取得了商业上的成功。云计算被视为"革命性的计算模型"，因为它使得超级计算能力通过互联网自由流通成为可能。

二、云计算定义

虽然云计算这一概念炒得火热，但业界对其定义却千差万别，各不相同。一方面说明了大家对这一概念理解存在差异，更重要的是所有人都从自身角度出发来定义云计算。我们在剖析各种云计算定义的基础上，给出一个更为中立的云计算定义，以更加客观、全面的来描述云计算研究的内容、范畴和重要意义。

维基百科（Wikipedia. com）认为云计算是一种基于互联网的计算新方式，通过互联网上异构、自治的服务为个人和企业用户提供按需即取的计算。云计算的资源是动态易扩展而且虚拟化的，通过互联网提供，终端用户不需要了解"云"中基础设施的细节，不必具有相应的专业知识，也无须直接进行控制，只关注自己真正需要什么样的资源以及如何通过网络来得到相应的服务。美国加州大学伯克利分校最近发表了一篇关于云计算的报告，该报告认为云计算既指在互联网上以服务形式提供应用，也指在数据中心中提供这些服务的硬件和软件，而这些数据中心中的硬件和软件则被称为云。《商业周刊》（Business Week）的文章指出，Google 的云就是由网络连接起来的几十万甚至上百万台廉价计算机，这些大规模的计算机集群每天都处理着来自于互联网的海量检索数据和搜索业务请求。《商业周刊》在另一篇文章中总结道，从 Amazon 的角度看，云计算就是在一个大规模的系统环境中，不同的系统之间互相提供服务，软件就是以服务的方式运行，当所有这些系统相互协作并在互联网上提供服务时，这些系统的总体就成了云。IBM 认为，云计算是一种计算风格，其基础使用公有或私有网络实现服务、软件及处理能力的交付。云计算也是一种实现基础设施共享的方式，云计算的使用者看到的只有服务本身，而不用关心相关基础设施的具体实现。

Google 的云计算概念接近于一种应用云。因为对 Google 公司来说，由于其最大的业务为搜索引擎，其做云计算的目的最早就是为了优化其搜索引擎的性能，在发展了其基础设施规模之后，希望将其作为服务提供给用户使用，只不过它在上面加载了很多服务，包括文字处理、地图、图片处理等。我们认为云计算是一种 IT 资源的交付和使用模式，只通过网络以按需、易扩展的方式获得所需的资源（硬件、平台、软件及服务等），提供资源的网络被称为"云"。

为方便理解以上云计算的思想，我们可以将云服务与传统电力服务作类比来进行阐述和表达。服务器群类似于发电机提供"电力"资源；虚拟技术类似于变压装置使电压成倍增加或降低，从而实现弹性计算；资源调度器类似于整流装置，可以整合各个"发电站"的"电力"进行集中供电；服务管理器传送云服务；安全监控系统类似于保险装置，可以保证传输过来的"电"安全可靠，不会由于异常情况（如短路）损害家电和人身安全；云电脑、云手机等终端设备类似于家电，可以通过它们获取"电"（云资源）。

"云"中的资源在使用者看来是可以无限扩展的，并且可以随时获取，按需使用。目前看来，云计算主要包括基础设施即服务（IaaS）、数据存储即服务（DaaS）、平台即服务（PaaS）、软件即服务（SaaS）、"云安全"和虚拟化应用等内容。云计算的定义中有4个关键要素。

①硬件、平台、软件和服务都是资源，通过互联网以服务的方式提供给用户，在云计算中，资源已经不限定在诸如处理器、网络带宽等物理范畴，而是扩展到了软件平台、Web服务和应用程序的软件范畴。传统模式下自给自足的IT运用模式在云计算中已经改变成为分工专业、协同配合的运用模式。对于企业和机构而言，他们不需要规划属于自己的数据中心，也不需要将精力耗费在与自己主管业务无关的IT管理上。对于个人用户而言，也不需要一次性投入大量费用购买软件，因为云中的服务已提供了他所需要的功能。

②"云"中的资源都可以根据需要进行动态扩展和配置。云计算可以根据访问用户的多少，增减相应的IT资源（包括CPU、存储、带宽和中间件应用等），使得IT资源的规模可以动态伸缩，满足应用和用户规模变化的需要。云计算模式具有极大的灵活性，足以适应各个开发与部署阶段的各种类型和规模的应用程序，提供者可以根据用户的需要及时部署资源，最终用户也可按需选择。

③这些资源在物理上呈分布式的共享方式存在，但最终在逻辑上以整体的形式呈现。计算密集型应用需要并行计算来实现，此类的分布式系统往往是在同一个数据中心中实现，虽然有较大的规模，有几千甚至上万台计算机组成。例如，一款商业应用的服务器可以设在北京的金融街，但是它的数据备份却又位于成都的数据中心完成。

④用户按需使用云中的资源，按实际使用量付费，而不需要管理它们。即付即用的方式已广泛应用于存储和网络带宽中（计费单位为字节）。虚拟程度的不同导致了计算能力的差异。例如，Google的App Engine按照增加或减少负载来达到其可伸缩性，而其用户按照使用CPU的周期来付费；亚马逊的AWS则是按照用户所占用的虚拟机节点的时间来进行付费（以小时为单位），根据用户指定的策略，系统可以根据负债情况进行快速扩张或者缩减，从而保证用户只使用他所需要的资源，达到为用户省钱的目的。

三、对云计算的理解

1. 为什么需要云计算

任何新的技术和新的概念，都是两种因素驱动的结果：需求拉动和技术推动。业务需求的拉动，希望解决业务应用的问题，云计算本质上是希望解决资源利用率、计算能力不足和成本的问题。技术发展的推动，使得云计算具备了技术上的可行性，技术的发展推动了 IT 创新的商业价值。云计算的出现也有其必然性。

2. 推动云计算的产业力量

（1）云计算首先是产业界商业利益推动的结果

目前云计算的解决方案都反映了不同的商业诉求，包括互联网公司，如 Google、Yahoo、Amazon 等，以及基础架构提供商，如 IBM 和 Microsoft 等。

分析最早出现的云计算——Amazon 的弹性计算 EC2 对理解云计算的来历非常有意义。弹性计算云采用 VPS/VDS 技术，使用虚拟软件（XEN），将一台实体机器虚拟成多个实例出租；当遇到大流量偶发事件时，多增加实例即可，也可以根据规律，譬如每天的繁忙时段租用多个实例等方式；他们不销售物理的部署平台（因为他们不是硬件设备生产商），而是以实力租用的方式对外提供服务，除了实力租用服务之外，另外提供简单队列服务和简单存储服务，所有服务都按需付费，例如，10 美分每小时的价格可以租用到一个如下配置的实例：1.7GB 的内存，1 个 EC2 的计算单元、160GB 的虚拟存储容量。这种商业模式本质上是源于互联网高潮期建设的庞大计算资源的过剩，最初动机是过剩计算能力的输出。因为许多的互联网公司在 20 世纪 90 年代末期、21 世纪初那段互联网泡沫期购买了大量的计算机服务器和存储设备、网络设备等。互联网高潮之后，留下来的计算资源相对于他们现有的业务就是大大过剩了。变卖设备是不现实的，计算机产品的贬值和折旧速度是相当惊人的，几乎不值什么钱了。于是，出租就是最好的出路。受到 SaaS（软件即服务）的启发，他们发明了一种新的业务类型叫作 IaaS（基础设施即服务）。这就是最初的云计算概念，显然这是商业推动的结果，没有太多技术上的创新。

其后，Google 和 Yahoo、Apache 等互联网企业，利用其庞大的计算资源和强大的软件研发和软件产品服务能力，期望以一种不对称的竞争优势来彻底颠覆软、硬件霸主 IBM 和软件巨头微软等现存帝国。他们的武器就是 SaaS 加上 IaaS，外加他们强大的软件平台和解决方案，如 Google 的分布式文件系统 GFS，资料库 BigTable 以及 Google 搜索引擎，Gmail、Google Reader 等。他们的云计算本质上是一种复核的计算资源虚拟化运营，提供不依赖于 Windows 桌面和后台强大的 IBM 数据库、中间件以及 SAP ERP 等 IT "强权"的解决方案。目前，他们是云计算的创始者，也是话语权的主导方。

当然，传统巨头们也不会坐以待毙。显然，云计算有其市场需求的基础，消灭它显然不大可能。因此，在云计算的话语权和市场争夺中，出现了 IBM 和微软等传统霸主。

微软迅速推出了 Windows Azure 操作系统，对外提供 Live Mesh 网络服务，目标是以互联网作为个人的数据中心，更换计算机将不会对用户带来影响。微软强调"云＋端"解决方案，所谓短期是就是 Windows 桌面，很明显，微软的云计算策略是希望确保并强化其 Windows 及其系列桌面软件在云计算时代的优势。谷歌那种只需要浏览器就能使用计算机网络完成计算任务的云计算，对微软来说那就是真正的"革命"。

云计算这种东西对 IBM 来说是左右逢源。无论是 Google 还是 Yahoo，不管哪片"云"，都需要在"云"上建设强大的计算能力和存储能力，这是必不可少的。在目前，还有谁可以在计算能力上与 IBM 争雄呢！曾经一度担心，随着互联网和 PC 普及和计算分散化，IBM 巨无霸的大型主机将会失去市场。云计算的概念就是计算资源的集中化，大型主机又枯木逢春。当然，IBM 还是企业计算市场的霸主，为了将这块大市场也拉入云计算大家庭，"私有云"应运而生。IBM 蓝云解决方案提供整体云计算平台，包括软硬件资源，配合 Tivoli 管理软件，用于企业数据中心的建设，强调私有云的解决方案，很明显这也强化了 IBM 所拥有的 DB2 数据库、Websphere 中间件、硬件等平台的优势。因此，云计算的繁荣对 IBM 来说是非常有利的，况且这些技术本身来自于网格计算和效用计算，这些都是 IBM 以前就倡导的东西，只不过不是那么火而已。

（2）需求拉动

传统的 IT 架构资源利用率低，管理和维护成本高，这就要求提升其利用率。目前的 IT 运营关键指标显示，IT 资产的利用率是很低的。计算的虚拟化正好是解决这个 IT 需求的最佳技术。

现在这个阶段，一般中小企业如果要建设 IT 系统，增加的一个选项就是 SaaS。有不少 SaaS 运营商提供 ERP、CRM、OA 等各种各样的应用系统，只要开通互联网，就可以解决业务问题。但这种应用提供方式有两个方面的问题：解决方案的完整性和个性化业务流程的适应性。因此，到目前为止 SaaS 还只能作为小企业的选择，中心企业只能作为信息化的一个补充，大中型企业基本上还是需要建立自己的信息基础设施和应用系统。企业建立 IT 系统的基础设施，一般是应用软件安装在特定的服务器上，操作系统和硬件资源都是在安装时配置好的，如运行在什么操作系统上、服务的 CPU 数量和主频、内存大小和分配的硬盘存储空间都是专用的。因此，企业会根据各种应用系统的软件需求，配置电子邮件、文件打印、门户网站、ERP、CRM 等各种不同的服务器。

由于应用与计算资源的紧耦合问题，我们都基本上按照最大负荷时的峰值来配置服务器的资源容量。例如，财务软件月底结账，需要的 CPU 和内存资源是最大的，如配置 8CPU/16GB 内存的服务器，但平时账户处理并不需要那么大的处理能力，如只需要 4CPU/8GB 内存，但为了应付月底结账，账务软件服务器的配置必须按照月底的峰值来购买。限制的计算能力是非常庞大的。如果我们具备动态分配资源的能力，就可以将平时的财务服务器的剩余计算资源分配给月初收费和开票的应用系统使用，而收费和开票在月底业务会急剧下降，这段时间计算资源正好可以满足财务月结的峰值需求，云计算的虚拟化正好是解决这个 IT 需求的最佳技术。

（3）技术可行性

计算技术的发展，一直沿着增强计算能力的方向前进。早期，大型主机时代，通过多通道和并行技术，计算能力和资源被完全集中，支配大量"傻"或"哑"终端，可以实现大规模的计算。随着网络技术和分布式计算技术的发展，网络终端很强大，通过网络资源的互联，形成信息交互的能力。而云计算式主机技术与网络技术的结合，可以提供更强大的分布式网络计算能力。云计算是一种商业计算模型，计算可作为一种资源服务，根据需要配置为智能终端提供服务。它将计算任务分布在大量计算机构成的资源池上，使各种应用系统能够根据需要获取计算能力、存储空间和各种软件服务。

3. 计算的理解

云计算是传统信息技术和通信技术（ICT）不断交融、需求和商业模式驱动与促进的结果。通过引入云计算平台，可以极大降低企业 IT 建设和运营维护成本，同时降低能源消耗，加快企业信息化建设的进程，满足企业在后危机时期对 IT 的需求。此外，云计算与互联网的结合也催生了信息服务产业商业模式的革命。

四、云计算的分类

云计算可以从两个方面来分类，一是从其架构的三层应用业务模式来分，二是从其三大部署方式来分，下面分别进行描述。

1. 按云计算架构的应用业务模式分类

下面介绍云的三大主要类型。

（1）公共云是由第三方（供应商）提供的云服务

他们在公司防火墙之外，由云提供商完全承载和管理。公共云尝试为使用者提供无后顾之忧的 IT 元素。无论是软件、应用程序基础结构，还是物理接触结构，云提供商都负责安装、管理、供给和维护。客户只要为其使用的资源付费即可，根本不存在利用率低这一问题。但是，这要付出一些代价。这些服务通常根据"配置惯例"提供，即根据适应最常见使用的情形这一思想提供。如果资源由使用者直接控制，则配置选项一般是这些资源的一个较小子集。另一件需要记住的事情是，由于使用者几乎无法控制基础结构，需要严格的安全性和法规遵从性的流程并不总能很好地适合于公共云。

（2）私有云是在企业内提供的云服务

私有云在公司防火墙之内，由企业管理。私有云可以提供公共云所提供的许多好处，一个主要不同点是企业负责设置和维护云。建立内部云的困难和成本优势使企业在后期往往难以承担，且内部云的持续运营成本可能会超出使用公共云的成本。

私有云确实可提供超过公共云的优势。构成云的各种资源的较细粒度控制可为公司提供所有的全部配置选项。此外，由于安全性和法规问题，当要执行的工作类型对公共云不适用时，用私有云比较合适。

（3）混合云是公共云和私有云的混合

混合云一般由企业创建，而管理职责由企业和公共云提供商分担。混合云提供既在公共空间又在私有空间中的服务。当公司需要使用既时公共云又是私有云的服务时，选择混合云比较合适。从这个意义上说，公司可以列出服务目标和需要，然后对应地从公共云或私有云中获取。结构完好的混合云可以为安全至关重要的流程（如接收客户支付）以及辅助业务流程（如员工工资单流程）提供服务。混合云的主要缺陷是很难有效创建和管理此类解决方案，必须获取来自不同源的服务并且必须向源自单一位置那样进行供给，并且私有和公共组件之间的交互会使实施更加复杂。由于这是云计算中一个相对新颖的体系结构概念，因此有关此模式的最佳实践和工具将继续出现，但是在对其进行更多了解之前，一般都不太愿意采用此模型。

2. 按服务分类

按服务类型分类，可以将云计算分为基础设施即服务、平台即服务、软件即服务三种类型。

（1）基础设施即服务

基础设施即服务是网络上提供虚拟存储的一种服务方式，可以根据实际存储容量来支付费用。IaaS 即把厂商的由多台服务器组成的"云端"基础设施作为计量服务提供给客户。它将内存、I/O 设备、存储和计算能力整合成一个虚拟的资源池为整个业界提供所需要的存储资源和虚拟化服务器等服务。这是一种托管型硬件方式，用户付费使用厂商的硬件设施。例如亚马逊的 EC2、中国电信上海公司与 EMC 合作的"e 云"等。IaaS 的优点是用户只需低成本硬件，按需租用相应计算能力和存储能力，大大降低了用户在硬件上的开销。

（2）平台即服务

平台即服务把开发环境作为一种服务来提供了，这是一种分布式平台服务，厂商提供开发环境、服务器平台、硬件资源等服务给用户，用户在其平台基础上定制开发自己的应用程序并通过其服务器和互联网传递给其他用户。PaaS 能够给企业或个人提供研发的中间件平台。

Google App Engine、Salesforce 的 force. com 平台、八百客的 800APP 是 PaaS 的代表产品。以 Google App Engine 为例，它是一个由 Python 应用服务器群、BigTable 数据库及 GFS 组成的平台，为开发者提供一体化主机服务器及可自动升级的在线应用服务。用户编写应用程序并在 Google 的基础架构上运行就可以为互联网用户提供服务，Google 提供应用运行及维护所需要的平台资源。

（3）软件即服务

软件即服务的服务提供商将应用软件统一部署在自己的服务器上，用户根据需求通过互联网向厂商订购应用软件服务，服务提供商根据用户所定软件的数量、时间的长短等因素收费，并且通过浏览器向客户提供软件的模式。这种服务模式的优势是，由服务提供商维护和管理软件、提供软件运行的硬件设施，用户只需拥有能够接入互联网的终端，即可随时随地地使用软件。这种模式下，客户不再像传统模式那样花费大量资金在硬件、软件、维护人员上，只需要支出一定的租赁服务费用，通过互联网就可以享受到相应的硬件、软件和维护服务，这是网络应用最具效益的运营模式。对于小型企业来说，SaaS 是采用先进技术的最好途径。

以企业管理软件来说，SaaS 模式的云计算 ERP 可以让客户根据并发用户数量，所用功能多少、数据存储容量、使用时间长短等因素的不同组合按需支付服务费用，既不用支付软件许可费用、采购服务器等硬件设备费、购买操作系统和数据库等平台软件的费用，也不用承担软件项目定制、开发、实施费用和 IT 维护部门开支费用，实际上云计算 ERP 正式继承了开源 ERP 免许可费用只收服务费用的最重要特征，是突出了服务的 ERP 产品。

目前 Salesforce. com 是这类服务最有名的产品，Google Doc、Google Apps 和 Zoho Office 也属于这类服务。

第三节　云计算与大数据的关系

一、云计算和大数据的区别

关于大数据和云计算的关系人们通常会有误解。而且也会把它们混起来说，分别做一句话直白解释就是：云计算就是硬件资源的虚拟化；大数据就是海量数据的高效处理。虽然上面的一句话解释不是非常的贴切，但是可以帮助我们简单的理解二者的区别。另外，如果做一个更形象的解释，云计算相当于我们的计算机和操作系统，将大量的硬件资源虚拟化之后再进行分配使用，在云计算领域目前的老大应该算是 Amazon，可以说 Amazon 为云计算提供了商业化的标准，另外值得关注的还有 VMware（其实从这一点可以帮助我们理解云计算和虚拟化的关系），开源的云平台最有活力的就是 Openstack 了；大数据相当于海量数据的“数据库”，而且通观大数据领域的发展也能看出，当前的大数据处理一直在向着近似于传统数据库体验的方向发展，Hadoop 的产生使我们能够用普通机器建立稳定的处理 TB 级数据的集群，把传统而昂贵的并行计算等概念一下就拉到了我们的面前，但是其不适合数据分析人员使用（因为 MapReduce 开发复杂），所以 PigLatin 和 Hive 出现了（分别是 Yahoo! 和 Facebook 发起的项目，说到这里补充一下，在大数据领域 Google、Facebook、Twitter 等前沿的互联网公司做出了很积极和强大的贡献），为我们带来了类 SQL 的操作，到这里操作方式像 SQL 了，但是处理效率很慢，和传统的数据库的处理效率有天壤之别，所以人们又在想怎样在大数据处理上不只是操作方式类 SQL，而处理速度也能“类 SQL”，Google 为我们带来了 Dremel/PowerDrill 等技术，Cloudera（Hadoop 商业化最强的公司，Hadoop 之父 Cutting 就在这里负责技术领导）的 Impala 也出现了。

整体来看，未来的趋势是，云计算作为计算资源的底层，支撑着上层的大数据处理，而大数据的发展趋势是，实时交互式的查询效率和分析能力，借用 Google 一篇技术论文中的话，"动一下鼠标就可以在秒级操作 PB 级别的数据"难道不让人兴奋吗？

在谈大数据的时候，首先谈到的就是大数据的"4V"特性，即类型复杂，海量，快速和价值。IBM 原来谈大数据的时候谈"3V"，没有价值这个"V"。而实际我们来看"4V"更加恰当，价值才是大数据问题解决的最终目标，其他"3V"都是为价值目标服务。在有了"4V"的概念后，就很容易简化地来理解大数据的核心，即大数据的总体架构包括三层，数据存储、数据处理和数据分析。类型复杂和海量由数据存储层解决，快速和时效性要求由数据处理层解决，价值由数据分析层解决。

数据先要通过存储层存储下来，然后根据数据需求和目标来建立相应的数据模型和数据分析指标体系对数据进行分析产生价值。而中间的时效性又通过中间数据处理层提供的强大的并行计算和分布式计算能力来完成。三层相互配合，让大数据最终产生价值。

数据有很多分法，有结构化、半结构化、非结构化；也有元数据、主数据、业务数据；还可以分为 GIS、视频、文件、语音、业务交易类各种数据。传统的结构化数据库已经无法满足数据多样性的存储要求，因此在 RDBMS 基础上增加了两种类型，一种是 HDFS 可以直接应用于非结构化文件存储，一种是 Nosql 类数据库，可以应用于结构化和半结构化数据存储。

从存储层的搭建来说，关系型数据库、NoSQL 数据库和 HDFS 分布式文件系统三种存储方式都需要。业务应用根据实际的情况选择不同的存储模式，但是为了业务的存储和读取方便性，我们可以对存储层进一步的封装，形成一个统一的共享存储服务层，简化这种操作。从用户的角度来讲用户并不关心底层存储细节，只关心数据的存储和读取的方便性，通过共享数据存储层可以实现在存储上的应用和存储基础设置的彻底解耦。

1. 数据处理层

数据处理层核心解决问题在于数据存储出现分布式后带来的数据处理上的复杂度以及海量存储后带来了数据处理上的时效性要求，这些都是数据处理层要解决的问题。

在传统的云相关技术架构上，可以将 Hive，Pig 和 Hadoop – MapReduce 框架相关的技术内容全部划入到数据处理层的能力。原来思考的是将 hive 划入到数据分析层能力不合适，因为 Hive 重点还是在真正处理下的复杂查询的拆分，查询结果的重新聚合，而 MapReduce 本身又实现真正的分布式处理能力。MapReduce 只是实现了一个分布式计算的框架和逻辑，而真正的分析需求的拆分，分析结果的汇总和合并还是需要 Hive 层的能力整合。最终的目的很简单，即支持分布式架构下的时效性要求。

2. 数据分析层

数据分析层重点是真正挖掘大数据的价值所在，而价值的挖掘核心又在于数据分析和挖掘。那么数据分析层核心仍然在于传统的 BI 分析的内容。包括数据的维度分析、数据的切片、数据的上钻和下钻、Cube 等。数据分析我们只关注两个内容，一个就是传统数据仓库下的数据建模，在该数据模型下需要支持上面各种分析方法和分析策略；其次是根据业务目标和业务需求建立的 KPI 指标体系，对应指标体系的分析模型和分析方法。解决了这两个问题基本解决了数据分析的问题。传统的 BI 分析通过大量的 ETL 数据抽取和集中化，形成一个完整的数据仓库，而基于大数据的 BI 分析，可能并没有一个集中化的数据仓库，或者数据仓库本身也是分布式的了，BI 分析的基本方法和思路并没有变化，但是落地到执行的数据存储和数据处理方法却发生了大变化。

总之，大数据两大核心为云技术和 BI，离开云技术大数据没有根基和落地可能，离开 BI 和价值，大数据又变化为舍本逐末，丢弃关键目标。简单总结就是大数据目标驱动是 BI，大数据实施落地式云技术。

二、云计算与大数据的技术支持

本质上，云计算与大数据的关系是静与动的关系；云计算强调的是计算，这是动的概念；而数据则是计算的对象，是静的概念。如果结合实际的应用，前者强调的是计算能力，或者看重的存储能力；但是这样说，并不意味着两个概念就如此泾渭分明。大数据需要处理大数据的能力（数据获取、清洁、转换、统计等能力），其实就是强大的计算能力；另外，云计算的动也是相对而言，比如基础设施即服务中的存储设备提供的主要是数据存储能力，所以可谓是动中有静。如果数据是财富，那么大数据就是宝藏，而云计算就是挖掘和利用宝藏的利器！

大数据时代的超大数据体量和占相当比例的半结构化和非结构化数据的存在，已经超越了传统数据库的管理能力，大数据技术将是 IT 领域新一代的技术与架构，它将帮助人们存储管理好大数据并从大体量、高复杂的数据中提取价值，相关的技术、产品将不断涌现，IT 行业将有可能开拓一个新的黄金时代。大数据本质也是数据，其关键的技术依然逃不脱：第一，大数据存储和管理；第二，大数据检索使用（包括数据挖掘和智能分析）。围绕大数据，一批新兴的数据挖掘、数据存储、数据处理与分析技术将不断涌现，让我们处理海量数据更加容易、更加便宜和迅速，成为企业业务经营的好助手，甚至可以改变许多行业的经营方式。

1. 大数据的商业模式与架构——云计算及其分布式结构是重要途径

大数据处理技术正在改变目前计算机的运行模式，正在改变着这个世界。它能处理几乎各种类型的海量数据，无论是微博、文章、电子邮件、文档、音频、视频，还有其他形态的数据。它工作的速度非常快：实际上几乎实时。它具有普及性。因为它所用的都是最普通低成本的硬件，而云计算将计算任务分布在大量计算机构成的资源池上，使用户能够按需获取计算力、存储空间和信息服务。云计算及其技术给了人们廉价获取巨量计算和存储的能力，云计算分布式架构能够很好地支持大数据存储和处理需求。这样的低成本硬件＋低成本软件＋低成本运维，更加经济和实用，使得大数据处理和利用成为可能。

2. 大数据的存储和管理——云数据库的必然

很多人把 NoSQL 叫作云数据库，因为其处理数据的模式完全是分布于各种低成本服务器和存储磁盘，因此它可以帮助网页和各种交互性应用快速处理过程中的海量数据。它采用分布式技术结合了一系列技术，可以对海量数据进行实时分析，满足了大数据环境下一部分业务需求。但笔者认为这是错误的，至少是片面的，是无法彻底解决大数据存储管理需求的。云计算对关系型数据库的发展将产生巨大的影响，而绝大多数大型业务系统（如银行、证券交易等）、电子商务系统所使用的数据库还是基于关系型的数据库，随着云计算的大量应用，势必对这些系统的构建产生影响，进而影响整个业务系统及电子商务技术的发展和系统的运行模式。基于关系型数据库服务的云数据库产品将是云数据库的主要发展方向，云数据库（CloudDB），提供了海量数据的并行处理能力和良好的可伸缩性等特性，提供同时支持在线分析处理（OLAP）和在线事务处理（OLTP）能力，提供了超强性能的数据库云服务，并成为集群环境和云计算环境的理想平台。它是一个高度可扩展、安全和可容错的软件，客户能通过整合降低 IT 成本，管理多个数据，提高所有应用程序的性能和实时性，做出更好的业务决策服务。

云数据库要能够满足以下四方面要求。第一，海量数据处理。对类似搜索引擎和电信运营商级的经营分析系统这样大型的应用而言，需要能够处理 PB 级的数据，同时应对百万级的流量。第二，大规模集群管理。分布式应用可以更加简单地部署、应用和管理。第三，低延迟读写速度。快速的响应速度能够极大地提高用户的满意度。第四，建设及运营成本。云计算应用的基本要求是希望在硬件成本、软件成本以及人力成本方面都有大幅度的降低。

所以，云数据库必须采用一些支撑云环境的相关技术，比如数据节点动态伸缩与热插拔、对所有数据提供多个副本的故障检测与转移机制和容错机制、SN（Share Nothing）体系结构、中心管理、节点对等处理实现连通任一工作节点就是连入了整个云系统、与任务追踪和数据压缩技术结合以节省磁盘空间同时减少磁盘 IO 时间等。云数据库路线是基于传统数据库不断升级并向云数据库应用靠拢，更好地适应云计算模式，如自动化资源配置管理、虚拟化支持以及高可扩展性等，才能在未来发挥不可估量的作用。

云计算能为大数据带来的变化。首先云计算为大数据提供了可以弹性扩展相对便宜的存储空间和计算资源，使得中小企业也可以像亚马逊一样通过云计算来完成大数据分析；其次，云计算 IT 资源庞大，分布较为广泛，是异构系统较多的企业及时准确处理数据的有力方式，甚至是唯一方式。当然大数据要走向云计算还有赖于数据通信带宽的提高和云资源的建设，需要确保原始数据能迁移到云环境以及资源池可以随需弹性扩展。数据分析集逐步扩大，企业级数据仓库将成为主流，未来还将逐步纳入行业数据，政府公开数据等多来源数据。

当人们从大数据分析中尝到甜头后，数据分析集就会逐步扩大。目前大部分的企业所分析的数据量一般以 TB 为单位，按照目前数据的发展速度，很快将会进入 PB 时代。特别是目前在 100～500TB 和 500$^+$TB 范围的分析数据集的数量呈 3 倍或 4 倍的增长。随着数据分析集的扩大，以前部门层级的数据集市将不能满足大数据分析的需求，它们将成为企业及数据库（EDW）的一个子集。根据 TDWI 的调查，如今大概有 2/3 的用户已经在使用企业级数据仓库，未来这一比例将会更高。传统分析数据库可以正常持续，但是会有一些变化，一方面，数据集市和操作性数据存储（ODS）的数量会减少，另一方面，传统的数据库厂商会提升他们产品的数据容量、细目数据和数据类型，以满足大数据分析的需要。

虽然大数据目前在国内还处于初级阶段，但是商业价值已经显现出来。未来，数据可能成为最大的交易商品。但数据量大并不能算是大数据，大数据的特征是数据量大、数据种类多、非标准化数据的价值最大化。因此，大数据的价值是通过数据共享、交叉复用后获取最大的数据价值。未来大数据将会如基础设施一样，有数据提供方、管理者、监管者，数据的交叉复用将大数据变成一大产业。大数据的整体态势和发展趋势，主要体现在大数据与学术、大数据与人类的活动，大数据的安全隐私、关键应用、系统处理和整个产业的影响几个方面。在大数据整体态势上，数据的规模将变得更大，数据资源化、数据的价值凸显、数据私有化出现和联盟共享。大数据的发展会催生许多新兴新职业，会产生数据分析师、数据科学家、数据工程师，有非常丰富的数据经验的人才会成为稀缺人才。随着大数据的发展，数据共享联盟将逐渐壮大成为产业的核心一环。随着大数据的共享越来越大，隐私问题也随之而来，比如说每天手机产生的通话、位置信息等。但这在带来便利的同时也带来了个人隐私的问题。数据资源化，大数据在国家、企业和社会层面成为重要的战略资源，成为新的战略制高点和抢购的新焦点。

第二章 大数据的组件分析

第一节 大数据分析系统架构分析

一、Hadoop 生态圈

1. Hadoop

Hadoop 是 Apache 软件基金会所开发的并行计算框架与分布式文件系统。最核心的模块包括 Hadoop Common、HDFS 与 MapReduce。HDFS 是 Hadoop 分布式文件系统（Hadoop Distributed File System）的缩写，为分布式计算存储提供了底层支持。采用 Java 语言开发，可以部署在多种普通的廉价机器上，以集群处理数量积达到大型主机处理性能。HDFS 采用 Master/Slave 架构。一个 HDFS 集群包含一个单独的 NameNode 和多个 DataNode。NameNode 作为 Master 服务，它负责管理文件系统的命名空间和客户端对文件的访问。NameNode 会保存文件系统的具体信息，包括文件信息、文件被分割成具体 block 块的信息，以及每一个 block 块归属的 DataNode 的信息。对于整个集群来说，HDFS 通过 NameNode 对用户提供了一个单一的命名空间。DataNode 作为 Slave 服务，在集群中可以存在多个。通常每一个 DataNode 都对应于一个物理节点。DataNode 负责管理节点上它们拥有的存储，它将存储划分为多个 block 块，管理 block 块信息，同时周期性的将其所有的 block 块信息发送给 NameNode。

图 2-1 为 HDFS 系统架构图，主要有三个角色，Client、NameNode、DataNode。

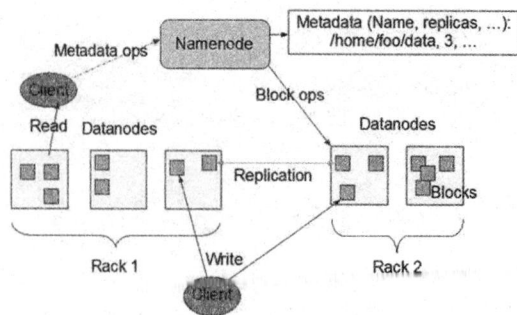

图 2-1　HDFS 系统架构图

在 Hadoop 的系统中，会有一台 master，主要负责 NameNode 的工作以及 JobTracker 的

工作。JobTracker 的主要职责就是启动、跟踪和调度各个 Slave 的任务执行。还会有多台 slave，每一台 slave 通常具有 DataNode 的功能并负责 TaskTracker 的工作。TaskTracker 根据应用要求来结合本地数据执行 Map 任务以及 Reduce 任务。

MapReduce 用于大规模数据集群分布式运算。任务的分解（Map）与结果的汇总（Reduce）是其主要思想。Map 就是将一个任务分解成多个任务，Reduce 就是将分解后多任务分别处理，并将结果汇总为最终结果。

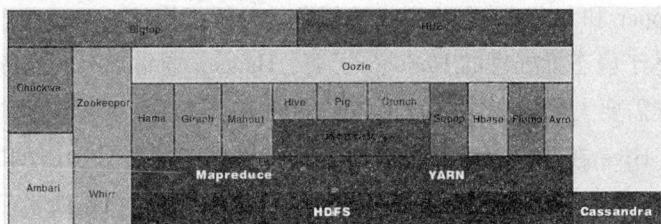

图 2 - 2　MapReduce 分布图

2. 数据存储

HBase 是基于 HDFS 存储的一个分布式的、面向列的开源数据库。它是 Apache Hadoop 在 HDFS 基础上提供的一个类 Bigatable。是一个高可靠性、高性能、面向列、可伸缩的分布式存储系统。可以这么理解，在 HDFS 上，我们看到的是一些非结构、零散的文件数据，透过 HBase 可以将这些零散的、非结构文件数据结构化。从而可以进行一些高层次的操作，如建表、增加、删除、更改、查找等，与传统的数据库不同的是 HBase 采用的是列式存储而不是行式存储。

其特点：①高可靠性；②高效性；③面向列；④可伸缩；⑤可在廉价 PC Server 搭建大规模结构化存储集群。

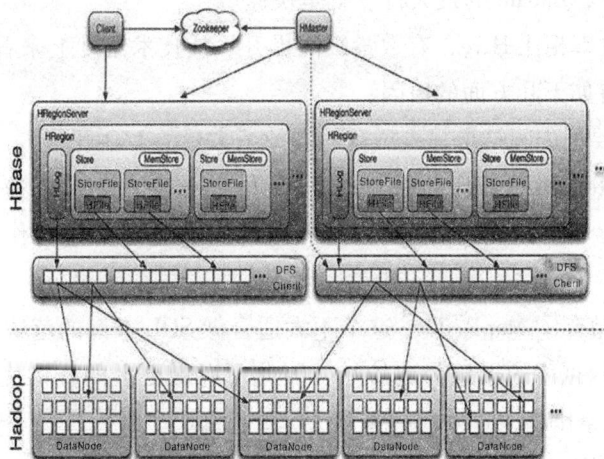

图 2 - 3　HBase 数据库

3. 数据提取与分析

（1）Hive

Hive 是建立在 Hadoop 上的数据仓库基础构架。它提供了一系列的工具，可以用来进行数据提取转化加载（ETL），这是一种可以存储、查询和分析存储在 Hadoop 中的大规模数据的机制。Hive 定义了简单的类 SQL 查询语言，称为 HQL，它允许熟悉 SQL 的用户查询数据。同时，这个语言也允许熟悉 MapReduce 开发者的开发自定义的 mapper 和 reducer 来处理内建的 mapper 和 reducer 无法完成的复杂的分析工作。

Hive 构建在基于静态批处理的 Hadoop 之上，Hadoop 通常都有较高的延迟并且在作业提交和调度的时候需要大量的开销。因此，Hive 并不能够在大规模数据集上实现低延迟快速的查询，例如，Hive 在几百 MB 的数据集上执行查询一般有分钟级的时间延迟。因此，Hive 并不适合那些需要低延迟的应用，例如，联机事务处理（OLTP）。Hive 查询操作过程严格遵守 Hadoop MapReduce 的作业执行模型，Hive 将用户的 HiveQL 语句通过解释器转换为 MapReduce 作业提交到 Hadoop 集群上，Hadoop 监控作业执行过程，然后返回作业执行结果给用户。Hive 并非为联机事务处理而设计，Hive 并不提供实时的查询和基于行级的数据更新操作。Hive 的最佳使用场合是大数据集的批处理作业，如网络日志分析。

（2）Apache Pig

是一个基于 Hadoop 的大规模数据分析工具，它提供的 SQL – LIKE 语言叫 PigLatin，该语言的编译器会把类 SQL 的数据分析请求转换为一系列经过优化处理的 MapReduce 运算。

（3）Impala

Impala 是 Cloudera 公司主导开发的新型查询系统，它提供 SQL 语义，能够查询存储在 Hadoop 的 HDFS 和 HBase 中的 PB 级大数据。已有的 Hive 系统虽然也提供了 SQL 语义，但是由于 Hive 底层执行使用的是 MapReduce 引擎，仍然是一个批处理过程，难以满足查询的交互性；相比之下，Impala 的最大特点就是快速。

Impala 的查询效率相比 Hive，有数量级的提升。从技术角度上来看，Impala 之所以能有好的性能，主要有如下几方面的原因：

① Impala 不需要把中间结果写入磁盘，省掉了大量的 I/O 开销。

② 省掉了 MapReduce 作业启动的开销。MapReduce 启动 task 的速度是很慢的（默认每个心跳间隔是 3 秒钟），Impala 直接通过相应的服务进程来进行作业调度，速度快了很多。

③ Impala 完全抛弃了 MapReduce 这个不太适合做 SQL 查询的范式，而是像 Dremel 一样借鉴了 MPP 并行数据库的思想另起炉灶，因此可以做更多的查询优化，从而能省掉不必要的 shuffle、sort 等开销。

④ 通过使用 LLVM 来统一编译运行代码，避免了为支持通用编译而带来的不必要开销。

⑤ 用 C++ 实现，做了很多有针对性的硬件优化，例如使用 SSE 指令。

⑥使用了支持 Data locality 的 I/O 调度机制，尽可能的将数据和计算分配在同一台机器上进行，减少了网络开销。

4. 日志类收集工具

（1）Flume

Flume 是 Cloudera 提供的一个高可用的、高可靠的、分布式的海量日志采集、聚合和传输的系统，Flume 支持在日志系统中定制各类数据发送方，用于收集数据；同时，Flume 据接受方（可定制）的能力对数据进行简单处理，并写到各种数 Flume 的逻辑架构。

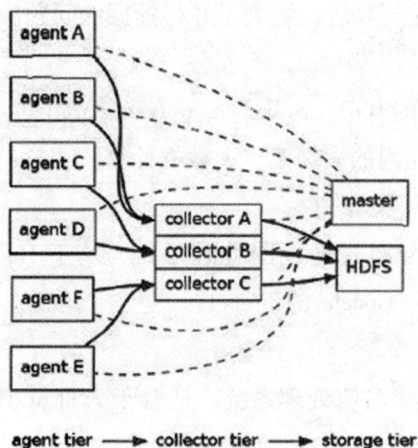

图 2 - 4　Flume 的逻辑构架

其中，storage 是存储系统，可以是一个普通 file，也可以是 HDFS、HIVE、HBase、分布式存储等。

（2）Sqoop

Sqoop 是一个用来将 Hadoop 和关系型数据库中的数据相互转移的工具，可以将一个关系型数据库中数据导入 Hadoop 的 HDFS 中，也可以将 HDFS 中数据导入关系型数据库中。

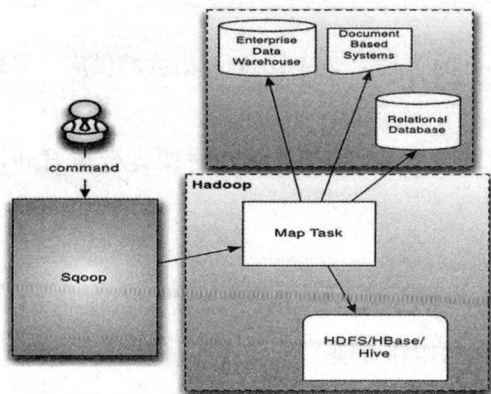

图 2 - 5　Sqoop 架构图

（3）Chukwa

Chukwa 是一个开源的用于监控大型分布式系统的数据收集系统，它可以将各种各样类型的数据收集成适合 Hadoop 处理的文件保存在 HDFS 中供 Hadoop 进行各种 MapReduce 操作。

5. 数据计算

（1）Mahout

Apache Mahout 是基于 Hadoop 的机器学习和数据挖掘的一个分布式框架。Mahout 用 MapReduce 实现了部分数据挖掘算法，解决了并行挖掘的问题。

（2）Hama

Hama 是一个基于 HDFS 的 BSP（Bulk Synchronous Parallel）并行计算框架，Hama 可用于包括图、矩阵和网络算法在内的大规模、大数据计算。

（3）Giraph

Giraph 是一个可伸缩的分布式迭代图处理系统，基于 Hadoop 平台，灵感来自 BSP（Bulk Synchronous Parallel）和 Google 的 Pregel。

（4）Storm

Storm 是一个基于内存的实时流处理系统。适合于大批量小型数据的处理，实时性较好，基本上是毫秒级级别。

6. 资源管理与调度

（1）ZooKeeper

ZooKeeper 是 Google 的 Chubby 一个开源的实现。它是一个针对大型分布式系统的可靠协调系统，提供的功能包括配置维护、名字服务、分布式同步、组服务等。ZooKeeper 的目标就是封装好复杂易出错的关键服务，将简单易用的接口和性能高效、功能稳定的系统提供给用户。

（2）Ambari

Ambari 是一种基于 Web 的工具，支持 Hadoop 集群的供应、管理和监控。

（3）Oozie

Oozie 是一个工作流引擎服务器，用于管理和协调运行在 Hadoop 平台上（HDFS、Pig 和 MapReduce）的任务。

（4）Cloudera Hue

Cloudera Hue 是一个基于 Web 的监控和管理系统，实现对 HDFS、MapReduce/YARN、HBase、Hive、Pig 的 Web 化操作和管理。

二、Spark 生态圈

1. Spark

Spark 是基于内存分布式的计算框架。Spark 立足于内存计算，从多迭代批量处理出发，兼收并蓄数据仓库、流处理和图计算等多种计算范式，是罕见的全能选手。

Spark 启用了内存分布数据集，除了能够提供交互式查询外，它还可以优化迭代工作负载。Spark 是在 Scala 语言中实现的，它将 Scala 用作其应用程序框架，而 Scala 的语言特点也铸就了大部分 Spark 的成功。与 Hadoop 不同，Spark 和 Scala 能够紧密集成，其中的 Scala 可以像操作本地集合对象一样轻松地操作分布式数据集。尽管创建 Spark 是为了支持分布式数据集上的迭代作业，但是实际上它是对 Hadoop 的补充，可以在 Hadoop 文件系统中并行运行。通过名为"Mesos"的第三方集群框架可以支持此行为。

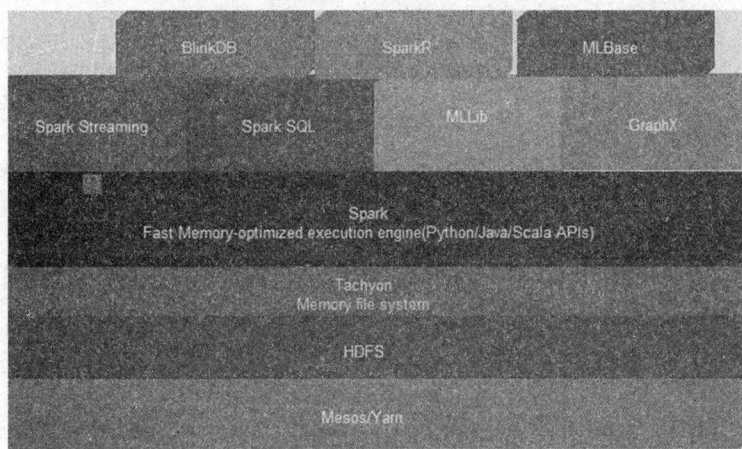

图 2 - 6　Spark 生态圈

虽然 Spark 与 Hadoop 有相似之处，但它提供了具有有用差异的一个新的集群计算框架。首先，Spark 是为集群计算中的特定类型的工作负载而设计，即那些在并行操作之间重用工作数据集（如机器学习算法）的工作负载。为了优化这些类型的工作负载，Spark 引进了内存集群计算的概念，可在内存集群计算中将数据集缓存在内存中，以缩短访问延迟。

Spark 还引进了名为弹性分布式数据集（RDD）的抽象。RDD 是分布在一组节点中的只读对象集合。这些集合是弹性的，如果数据集一部分丢失，则可以对它们进行重建。重建部分数据集的过程依赖于容错机制，该机制可以维护"血统"（即允许基于数据衍生过程重建部分数据集的信息）。RDD 被表示为一个 Scala 对象，并且可以从文件中创建它；一个并行化的切片（遍布于节点之间）；另一个 RDD 的转换形式，并且最终会彻底改变现有 RDD 的持久性，比如请求缓存在内存中。

Spark 中的应用程序称为驱动程序，这些驱动程序可实现在单一节点上执行的操作或在一组节点上并行执行的操作。与 Hadoop 类似，Spark 支持单节点集群或多节点集群。对于多节点操作，Spark 依赖于 Mesos 集群管理器。Mesos 为分布式应用程序的资源共享和隔离提供了一个有效平台。该设置充许 Spark 与 Hadoop 共存于节点的一个共享池中。

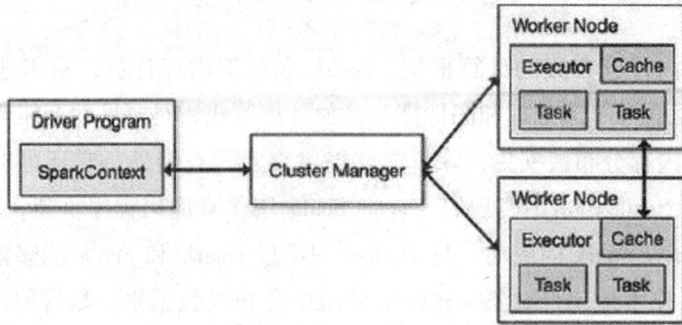

图 2 - 7　单节点集群

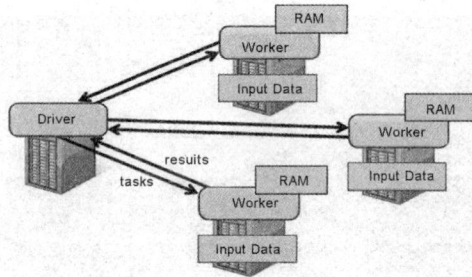

图 2 - 8　角节点集群

2. Spark SQL

Spark SQL 允许在 Spark 中执行使用 SQL、HiveQL 或 Scala 表示的关系型查询，其中的核心组件 SchemaRDD、SchemaRDDs 由行对象以及用来描述每行中各列数据类型的模式组成，每个 SchemaRDD 类似于关系数据库中的一个表。

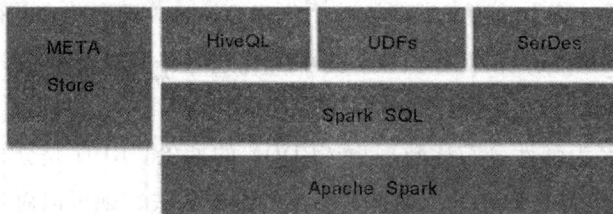

Spark SQL can use existing Hive metastores
SerDes,and UDFs

图 2 - 9　HiveQL 表示的关系图

引入了新的 RDD 类型 SchemaRDD，可以像传统数据库定义表一样来定义 SchemaRDD，SchemaRDD 由定义了列数据类型的行对象构成。

SchemaRDD 可以从 RDD 转换过来，也可以从 Parquet 文件读入，也可以使用 HiveQL 从 Hive 中获取。

在应用程序中可以混合使用不同来源的数据，如可以将来自 HiveQL 的数据和来自 SQL 的数据进行 join 操作。

内嵌 catalyst 优化器对用户查询语句进行自动优化。

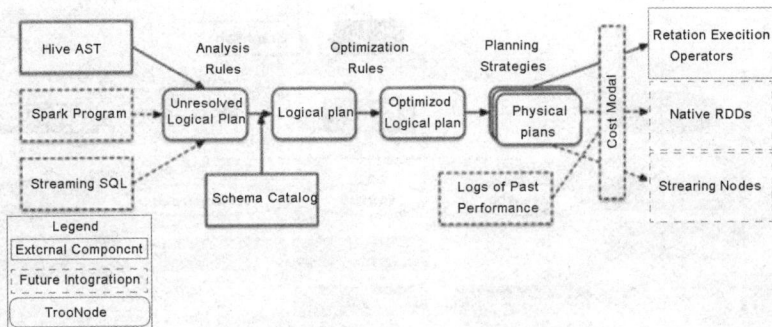

图 2－10　数据自动化结构图

3. Spark Streaming

Spark Streaming 是 Spark 核心 API 的一种扩展，它实现了对实时流数据的高吞吐量、低容错率的流处理。数据可以有许多来源，如 Kafka、Flume、Twitter、ZeroMQ 或传统的 TCP Socket，可以使用复杂算法对其处理实现高层次的功能，如 map、reduce、join 和 window。

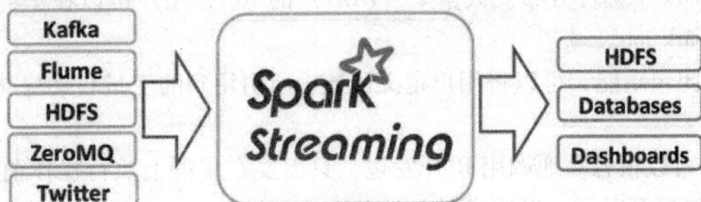

图 2－11　Spark Streaming 数据运算结构

SparkStreaming 流式处理系统特点有：

①将流式计算分解成一系列短小的批处理作业；

②将失败或者执行较慢的任务在其他节点上并行执行；

③较强的容错能力（基于 RDD 继承关系 Lineage），使用和 RDD 一样的语义。

4. MLLib

MLLib 是 Spark 机器学习算法库，由通用的机器学习算法和工具组成，包括分类、回归、聚类、协同过滤、降维以及底层的优化组件等。

5. GraphX：

GraphX 是基于 Spark 的图处理和图并行计算 API。GraphX 定义了一个新的概念，弹性分布式属性图，一个每个顶点和边都带有属性的定向多重图；并引入了三种核心 RDD 即，

Vertices、Edges、Triplets；还开放了一组基本操作（如 subgraph，joinVertices，AND MapReduce Triplets），并且在不断地扩展图形算法和图形构建工具来简化图分析工作。

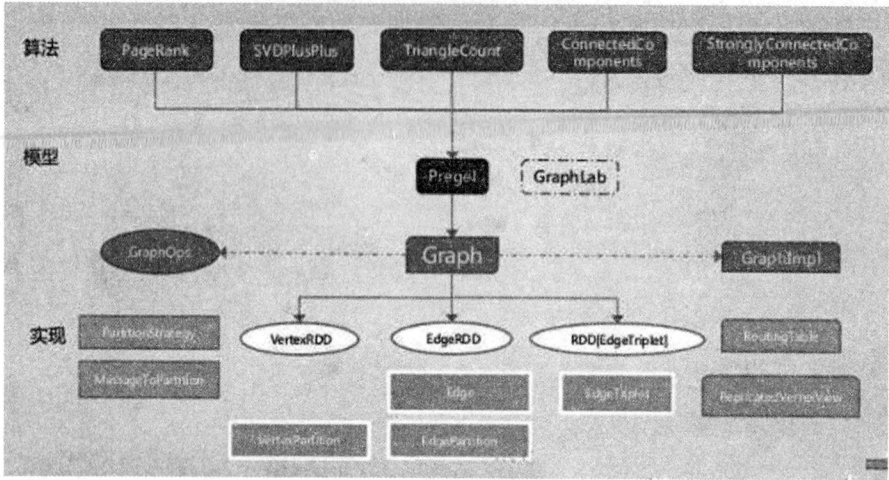

图 2 - 12　Graphx 架构图

6. SparkR

SparkR 是 AMPLab 发布的一个 R 开发包，使得 R 摆脱单机运行的命运，可以作为 Spark 的 job 运行在集群上，极大的扩展了 R 的数据处理能力。

SparkR 的几个特性：

①提供了 Spark 中弹性分布式数据集（RDD）的 API，用户可以在集群上通过 R shell 交互性的运行 Spark job。

②支持序化闭包功能，可以将用户定义函数中所引用到的变量自动序化发送到集群中其他的机器上。

③SparkR 还可以很容易地调用 R 开发包，只需要在集群上执行操作前用 includePackage 读取 R 开发包就可以了，当然集群上要安装 R 开发包。

7. Tachyon

Tachyon 是一个分布式内存文件系统，可以在集群里以访问内存的速度来访问存在于 Tachyon 里的文件。把 Tachyon 是架构在最底层的分布式文件存储和上层的各种计算框架之间的一种中间件。主要职责是将那些不需要落地到 DFS 里的文件，落地到分布式内存文件系统中，来达到共享内存，从而提高效率。同时可以减少内存冗余、GC 时间等。

Tachyon 的架构是传统的 Master/Slave 架构，这里和 Hadoop 类似，TachyonMaster 里 WorkflowManager 是 Master 进程，因为是为了防止单点问题，通过 Zookeeper 做了 HA，可以部署多台 Standby Master。Slave 是由 Worker Daemon 和 Ramdisk 构成的。这里个人理解只有 Worker Daemon 是基于 JVM 的，Ramdisk 是一个 off heap memory。Master 和 Worker 直接的通讯协议是 Thrift。

8. Mesos

Mesos master 是一个分布式集群资源调度器，采用某种策略将某个 slave 上的空闲资源分配给某一个 framework，各种 framework 通过自己的调度器向 Mesos master 注册，以接入 Mesos 中；而 Mesos slave 主要功能是汇报任务的状态和启动各个 framework 的 executor（如 Hadoop 的 excutor 就是 TaskTracker）。

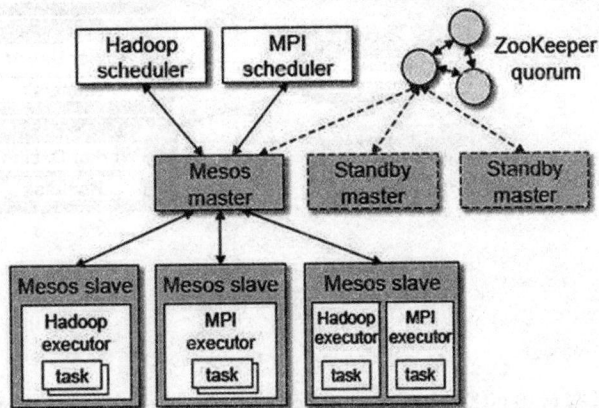

图 2-13　分布式集群资源调度结构

9. Yarn

Yarn 是一个实现分布式集群资源管理和调度的框架。

Yarn 调度器根据容量、队列等限制条件（如每个队列分配一定的资源，最多执行一定数量的作业等），将系统中的资源分配给各个正在运行的应用。这里的调度器是一个"纯调度器"，因为它不再负责监控或者跟踪应用的执行状态等，此外，它也不负责重新启动因应用执行失败或者硬件故障而产生的失败任务。调度器仅根据各个应用的资源需求进行调度，这是通过抽象概念"资源容器"完成的，资源容器（Resource Container）将内存、CPU、磁盘、网络等资源封装在一起，从而限定每个任务使用的资源量。

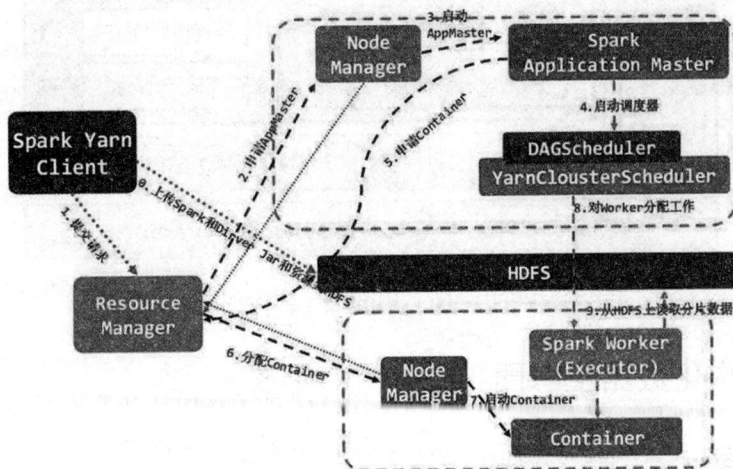

图 2-14　Yarn 调度器

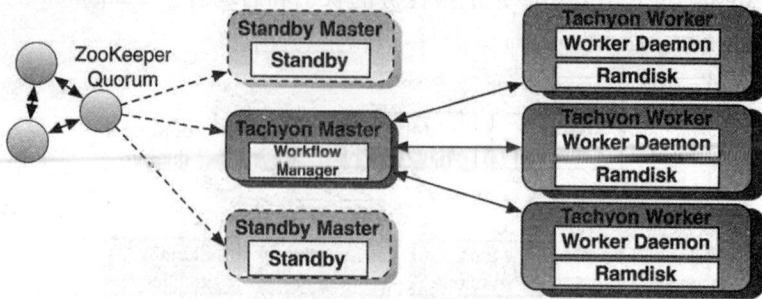

图 2 – 15　资源容器

10. BlinkDB

BlinkDB 是一个很有意思的交互式查询系统，就像一个跷跷板，用户需要在查询精度和查询时间上做一权衡；如果用户想更快地获取查询结果，那么将牺牲查询结果的精度；同样的，用户如果想获取更高精度的查询结果，就需要牺牲查询响应时间。用户可以在查询的时候定义一个失误边界。

BlinkDB 的设计核心思想：通过采样，建立并维护一组多维度样本 ；查询进来时，选择合适的样本来运行查询。

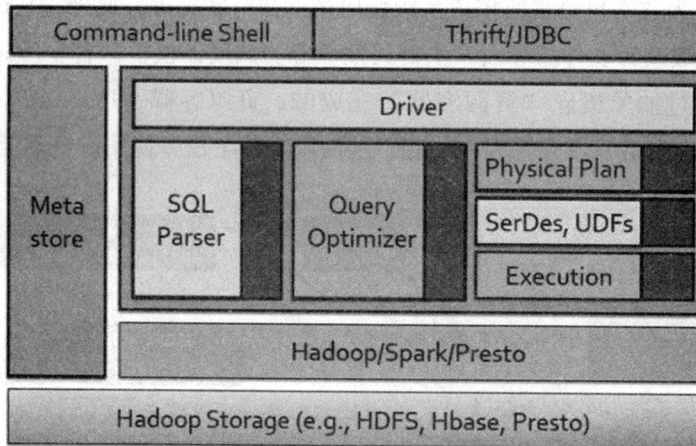

图 2 – 16　BlinkDB 结构图

三、结构化数据生态圈

1. 数据同步

DBSync 数据库同步备份工具是一款异构数据库之间同步的工具，支持市面上大多数主流数据库，主要有 SqlServer、ORACLE、DB2、Sybase、Access，该软件提供的 ODBC 的同步功能，可以间接实现对 MYSQL、SYBASE、INTERBASE 等其他数据库的支持。DB-Sync 可以实现计划、增量、两表记录一致等方式的同步操作，利用该软件，可以实现企业内部应用系统数据的互通互联。该软件性能稳定，能提供 7×24 小时不间断同步的支持，具备单表千万级记录甚至更多记录的同步能力。该软件的专业版提供局域网或企业内部网之间数据库的同步（数据库都具备独立的 IP）；企业版则提供集团在世界范围内的各分支机构的数据库同步。

2. 数据分析处理

（1）OLAP

联机分析处理（OLAP）系统是数据仓库系统最主要的应用，专门设计用于支持复杂的分析操作，侧重对决策人员和高层管理人员的决策支持，可以根据分析人员的要求快速、灵活地进行大数据量的复杂查询处理，并且以一种直观而易懂的形式将查询结果提供给决策人员，以便他们准确掌握企业（公司）的经营状况，了解对象的需求，制定正确的方案。

（2）HANA

HANA 是一个软硬件结合体，提供高性能的数据查询功能，用户可以直接对大量实时业务数据进行查询和分析，而不需要对业务数据进行建模、聚合等。

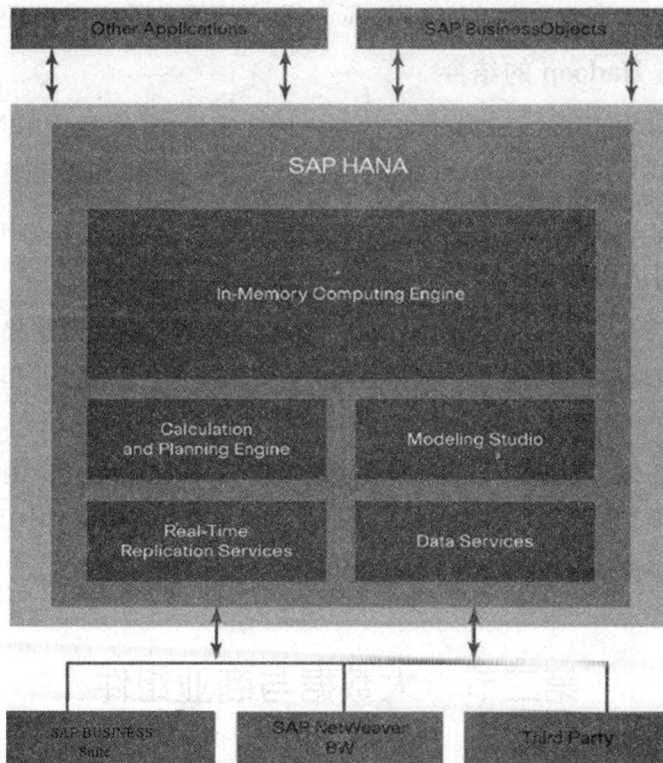

图 2-17 HANA 运行结构

3. Spark 与 Hadoop 的对比

（1）Spark 的中间数据放到内存中，对于迭代运算效率更高

Spark 更适合于迭代运算比较多的 ML 和 DM 运算。因为在 Spark 里面，有 RDD 的抽象概念。

（2）Spark 比 Hadoop 更通用

Spark 提供的数据集操作类型有很多种，不像 Hadoop 只提供了 Map 和 Reduce 两种操作。比如 map、filter、flatMap、sample、groupByKey、reduceByKey、union、join、cogroup、mapValues、sort、partionBy 等多种操作类型，Spark 把这些操作称为 Transformations。同时还提供 Count、collect、reduce、lookup、save 等多种 actions 操作。

这些多种多样的数据集操作类型，给给开发上层应用的用户提供了方便。各个处理节点之间的通信模型不再像 Hadoop 那样就是唯一的 Data Shuffle 一种模式。用户可以命名、物化、控制中间结果的存储、分区等。可以说编程模型比 Hadoop 更灵活。

（3）容错性

在分布式数据集计算时通过 checkpoint 来实现容错，而 checkpoint 有两种方式，一个是 checkpoint data，一个是 logging the updates。用户可以控制采用哪种方式来实现容错。

（4）可用性

Spark 通过提供丰富的 Scala、Java、Python API 及交互式 Shell 来提高可用性。

4. Spark 与 Hadoop 的结合

Spark 可以直接对 HDFS 进行数据的读写，同样支持 Spark on YARN。Spark 可以与 MapReduce 运行于同集群中，共享存储资源与计算，数据仓库 Shark 实现上借用 Hive，几乎与 Hive 完全兼容。

5. Spark 的适用场景

Spark 是基于内存的迭代计算框架，适用于需要多次操作特定数据集的应用场合。需要反复操作的次数越多，所需读取的数据量越大，受益越大，数据量小但是计算密集度较大的场合，受益就相对较小。

由于 RDD 的特性，Spark 不适用那种异步细粒度更新状态的应用，例如 Web 服务的存储或者是增量的 Web 爬虫和索引。就是对于那种增量修改的应用模型不适合。

总地来说 Spark 的适用面比较广泛且比较通用。

第二节 大数据与商业组件

第一次工业革命是以煤炭为基础，蒸汽机和印刷术为标志的技术革命；第二次工业革

命是以石油为基础，内燃机和电信技术为标志的技术革命；第三次工业革命是以核能为基础，互联网技术为标志的技术革命；目前可以预测的是，我们现在所处的第四次工业革命是以可再生能源为基础，以大数据为互联网核心的技术革命。不论是传统行业还是新兴行业，谁率先与互联网融合成功，能够从大数据的金矿中发现暗藏的规律，就能够抢占先机，走在时代的前列。

一、大数据的商业模式创新

在以大数据为核心的互联网经济下，企业该如何进行商业模式创新，以适应不断变化的经济形势与技术发展，是我们迫切需要思考的问题。

1. 商业模式的发掘

商业模式不是一开始就能设计出来的，它只能在企业运营过程中发掘出来。商业模式也不是一蹴而就的，理想的商业模式往往要经历长时间的磨合调整才能成型。就算小范围试验成功，在面对更大范围的市场时，也需要做出相应的调整，所以，商业模式虽然有型，却是动态的。不断创新、优化的信息技术革命完美地适应了商业模式动态变化的需求，与商业模式紧密地联系在一起。在我们现今所处的信息、内容爆炸的互联网时代，两者的结合是如此紧密。

企业发展都遵循了这样的逻辑：发现需求—找到解决方案—形成产品和服务—建立商业模式—规模复制，这其中每一个环节都离不开信息技术的支持。信息技术应用于现代企业管理与商业模式创新的革命性飞跃，是基于现代企业管理理论和信息网络技术最新成果而进行的系统工程。将现代商业模式、企业发展模式、运营流程、管理方式等，与信息技术相整合、相融合，通过丰富多样的计算机通讯软硬件系统进行确定、固定（只是相对确定、相对固定），以达到企业稳定运营、规范管理，避免员工错误与失误行为，约束员工不规范与不正当行为，从而实现整个企业的自动自发运行，让企业最高层和管理人员从繁杂的管理泥潭中解放出来。

2. 大数据与商业模式的结合

一个大规模生产、分享和应用数据的时代正在到来。商业模式的创新离不开大量经营生产的数据作为基础，大数据以及利用信息技术对其进行知识管理成为现代企业需要认真研究的一个问题。从各种各样类型的数据中，快速获得有价值信息的能力，就是大数据技术。明白这一点至关重要，也正是这一点促使该技术具备走向众多企业的潜力。

大数据挖掘商业价值的方法主要分为以下四种：

①客户群体细分，然后为每个群体量身定制特别的服务。

②模拟现实环境，发掘新的需求同时提高投资的回报率。

③加强部门联系，提高整条管理链条和产业链条的效率。

④降低服务成本，发现隐藏线索进行产品和服务的创新。

在云计算出现之前，传统的计算机是无法处理如此量大并且不规则的"非结构数据"的。以云计算为基础的信息存储、分享和挖掘手段，可以便宜、有效地将这些大量、高速、多变化的终端数据存储下来，并随时进行分析与计算。通过云计算对大数据进行分析、预测，会使得决策更为精准，释放出更多数据的隐藏价值。

大数据时代的到来，必将对现代企业运营管理与商务决策带来前所未有的机遇和困惑，基于大数据的商业模式创新则聚焦于商业活动和管理模式中的综合性作用与影响。基于"大数据"的商业模式创新有以下三个方面：

第一，"大数据"产业链。整个数据服务产业链由数据生产、传播、获取、存储加工和分析出售等环节组成，各个传统行业将分门别类地属于一个和数个产业链的环节。云计算、物联网、社交网络、移动互联的快速发展让各类数据量急剧增长，面向海量数据的数据挖掘孕育着更多的商业模式创新，数据存储、数据处理与分析、数据应用等大数据产业将快速发展。第二，平台式商业模式。电子商务中的大数据挖掘将进一步拓展服务商的业务范围，传统商业将充分挖掘大数据的价值，开展精准营销。信息内容服务商将利用大数据开展个性化服务。云平台及移动与 CRM 的融合将是必然趋势。第三，数据驱动跨界模式。比如，移动互联网将结合 LBS 与大数据技术，开辟新型业务就海量数据，提供高附加值的数据分析服务，将数据封装为服务，形成可对外开放、可商业化的核心能力，实现商业模式的创新，才能真正实现流量经营。

具体创新商业模式如下：第一，数据存储空间出租。利用存储能力进行运营，满足企业和个人将面临海量信息存储的需求。具体而言，可以分为个人文件存储和针对企业用户两大类。第二，客户关系管理。对中小客户来说，专门的 CRM 显然大而贵。第三，企业经营决策指导。将用户数据，加以运用成熟的运营分析技术，有效改善企业的数据资源利用能力，让企业的决策更为准确，从而提高整体运营效率。第四，个性化精准推荐。通过用户行为数据进行分析，可以给需要的人发送需要的信息，就成了有价值的信息。第五，建设本地化数据集市。运营商所具有全程全网、本地化优势，会使得运营商所提供的平台上，可以最大程度覆盖本地服务、娱乐、教育和医疗等数据。第六，数据的搜索。数据检索是一个并不新鲜的应用，然而随着大数据时代的到来，实时性、全范围检索的需求也就变得越来越强烈。第七，创新社会管理模式。对运营商来说，数据分析对政府服务市场更是前景广阔。

3. 知识管理与商业模式创新

知识管理要突破难点一直是三个问题：如何把隐性知识显性化，如何在海量信息里面优先推荐出有价值内容，如何解决持续分享动力的问题。知识管理对分享的要求更高更快，因为很多新理念、新商业模式需要快速分享，快速尝试，快速调整，快速扩散。新型信息技术以及移动互联网的发展，使得这一知识管理过程更加利于操作，便于实现。使得企业知识管理、知识分享的成本进一步降低，更加高效地利用了大数据的价值，使得企业对时刻变化的商业形势有更敏捷的应对能力。

大数据在给信息安全带来挑战的同时，也为信息安全的发展提供了新的机遇。目前大数据发展的障碍在于数据的"可获取性"也就是数据的开放与共享。在"大数据"时代，数据开放将成为一种必然要求。当然，开放是以保障数据安全和个人隐私为前提的。一方面，基于大数据的创新或变革浪潮势不可当，需要推动和促进，另一方面，因为大数据的两面性，又要科学合理规制，遵循社会（国际）公德、人道主义、公正与正义、平等互利等友善原则，也是分析数据的指导性准则，而如何将之变为具体措施确实是当前和今后需要思考和亟待解决的问题之一。

二、大数据背景下信息服务业的商业模式分析

1. 大数据推动信息服务业发展

2016 年是实施国民经济和社会发展第十三个五年规划的开局之年，也是信息技术服务业融合创新、转型发展的关键之年，而大数据在信息服务业转型发展中所扮演的角色越来越关键。

（1）大数据产业政策接连出台，推动信息服务业提档增速

国家政策大力支持信息服务业特别是大数据产业的发展。2015 年，国务院发布了《国务院关于促进云计算创新发展培育信息产业新业态的意见》《促进大数据发展行动纲要》，明确提出了大数据发展的重点方向和路径。工业和信息化部发布《云计算综合标准化体系建设指南》，促进信息服务业朝标准化、体系化快速迈进。同年 5 月，国务院印发《关于大力发展电子商务加快培育经济新动力的意见》，从大数据的应用角度提出积极利用移动互联网、地理位置服务、大数据等信息技术提升流通效率和服务质量，深化信息技术在生产制造各环节的应用。

在国家政策的引导下，各地方政府加快出台相应政策措施，加大对云计算、大数据服务的扶持力度。2014 年贵阳市成立贵阳大数据交易所和国家级大数据产业发展集聚区，吸纳 51 支创客团队、360 多家大数据及关联企业，带动贵州省 2015 年大数据电子信息产业规模总量达到 2000 亿元、增长 37%。2013 年，武汉高科集团与国家信息中心合作在光谷联合打造国家级大数据产业基地。2015 年武汉东湖大数据交易中心网上平台上线。

（2）大数据相关业务增速超过信息服务业整体增速

2015 年我国信息技术服务产业规模保持较快增长，基于移动互联网、物联网、云计算、大数据的新业态、新业务、新服务快速发展，带动产业链向高端不断延伸。2015 年全年，信息服务实现收入 22123 亿元，同比增长 18.4%，增速较传统软件产品和嵌入式系统软件分别高出 2 个和 6.2 个百分点。2015 年中国软件业务收入前百家企业中出现了以阿里

云、京东为代表的新兴技术服务企业，这些企业大力培育和发展云计算、大数据服务，快速向产业高端环节延伸拓展。以阿里云为例，2015年全年实现营收23.41亿元，季度平均增速达到28.33%，远远高于信息服务业整体增速。

（3）大数据必将带动未来信息服务业升级发展

大数据是指那些数据量规模巨大到无法通过人工或者计算机，在合理时间内截取、管理、处理并整理成为人类所能解读的形式的信息。经过特殊技术处理后，这些数据可以提供以前信息服务业无法提供的关键信息，例如，判断商业趋势、判定质量、避免疾病扩散、打击犯罪或测定即时交通路况等。

第一，对大数据的处理分析正成为新一代信息技术融合应用的关键节点。移动互联网、物联网、社交网络、电子商务不断产生数据。通过对不同来源数据的管理、处理、分析与优化，将结果反馈到上述应用中，将创造出巨大的经济和社会价值。

第二，大数据是信息产业持续高速增长的新引擎。面向大数据市场的新技术、新产品、新服务、新业态会不断涌现。为大数据产业提供存储、处理等芯片硬件与集成设备，特别是一体化数据存储处理服务器、内存计算等行业领域将迎来新一轮的发展。在软件与服务领域，大数据将引发数据快速处理分析、数据挖掘技术和软件产品的发展。

第三，大数据利用将成为提高核心竞争力的关键因素。各行各业的决策正在从"业务驱动"转变为"数据驱动"。对大数据的分析可以使零售商实时掌握市场动态并迅速做出应对；可以为商家制定更加精准有效的营销策略提供决策支持；可以帮助企业为消费者提供更加及时和个性化的服务；在公共事业领域，大数据也开始发挥促进经济发展、维护社会稳定等方面的重要作用。

第四，大数据时代科学研究的方法手段将发生重大改变。例如，抽样调查是社会科学的基本研究方法。在大数据时代，可通过实时监测、跟踪研究对象在互联网上产生的海量行为数据，进行挖掘分析，揭示出规律性的东西，提出研究结论和对策。

2. 大数据信息流程各节点的典型企业和运营模式

大数据不仅为信息服务业注入新的发展动力，还将为信息服务业带来深刻的变革。"深刻"二字除了表现在技术的突破外，还表现在以下两个方面。一方面，原有的流程分工已经不能适应大数据背景下的信息服务业发展，传统信息服务业的某些技能和企业会贬值乃至消失；另一方面，而更多新的岗位和企业将崛起，参与和改变原有信息服务业的产业分工。

大数据技术出现之前，信息服务业有着成熟的盈利模式和商业模式。随着大数据的发展，这些企业会根据行业分工的变化，对自己的运营模式进行细微的调整。下面按照信息的处理流程为顺序，分别介绍每个环节上的典型企业的运营模式。

（1）局部信息搜集环节

某些特定领域的信息价值比较富集，往往需要传统信息搜集的企业提供信息搜集的技术服务。但不同于传统的 IT 技术服务模式，大数据的发展为这种服务模式带来潜移默化的改进。考虑到今后大数据的运营收益，这个环节的新兴企业往往主动降低报价甚至完全免费提供服务；而业主往往同意在不改变数据所有权的前提下，让这些企业拥有数据的独家开发利用权利。例如，目前政府的一些信息化惠民项目，以及前段时间非常火爆的迈外迪、树熊网络等提供免费 Wi－Fi 的 O2O 概念企业。值得注意的是，信息搜集不直接创造价值，信息搜集必须通过其他环节的参与配合创造价值。在未来盈利不明朗的情况下，这种商业模式的报价不能太低。

（2）众包信息搜集环节

众包是指一个企业把要完成的工作，交给外部非特定的大众完成。这个环节的企业，在用户有强烈参与意愿和低成本搜集条件的前提下，多采用 UGC（User Generate Content）的商业模式。例如，用户在使用百度地图导航服务的同时，不知不觉地无偿提供了自己的机动车的速度和位置信息。这些信息成了这类企业提供更精准的交通信息的基础数据。类似的企业还有迅雷下载、51 信用卡管家、支付宝线下收单业务等。

众包环节的商业模式应当注意以下两点。第一，"普通大众"的参与意愿。只有让用户在无意识中低成本地完成众包任务，才能实现"我为人人，人人为我"的商业模式。第二，众包环节的信息搜集成本应当足够低。低成本来源于模式创新，而不是成本的节约；模式创新换来的低成本，为某些企业的补贴行为提供成本空间。值得关注的是，众包环节的大部分企业，目前都在贴成本做大数据规模，几乎都没有实现盈利。

（3）信息预处理和整理环节

大数据背景下，信息服务业所承载的信息量激增，增量往往是尚未结构化的数据。而信息预处理和整理环节企业需要做的，就是将这些数据整理成结构化的可视数据。

信息的预处理和整理一般由程序完成，程序的特点是一旦研发完成投产，边际成本几乎为零。因此该环节的企业选择商业模式的时候，几乎无一例外地采取边际成本模式。即一开始就投入资金进行软件开发，投产后通过快速发展客户摊薄研发成本，确立竞争优势。占领一定市场份额后，这类型的企业往往通过免费加增值的盈利模式获得收益。

美国的 Salesforce 公司就是一家基于云计算的 SaaS 销售支撑服务和数据处理服务商的综合体。它一方面通过服务为用户积累了大量进货、销售、库存、客户关系、产品管理等基础数据；另一方面打通这些孤立数据的关联，提供可视化的数据报表分析、趋势判断、销售机会提醒等服务。Salesforce 凭借销售 SaaS 和数据处理服务，市值已经逼近 500 亿美元。

阿里巴巴的"友盟＋"也是类似的一家从事全数据服务的企业，它所服务的领域是移动互联网。"友盟＋"目前覆盖 9 亿的用户，每天搜集的数据有数百亿条。企业的任务就是用模块化的程序组件把信息量极低的数据串联起来成为结构化数据，降低了存储空间，提升了信息的价值密度。国内还有一些中小科技型企业为客户进行定制化、私有化的开发部署，把不同系统的数据合并成全局数据视图。该类型企业通过提供 IT 技术服务获得服务报酬，边际成本不为零，其商业模式和盈利模式比较传统。

（4）信息交易整合环节

信息的所有者拥有信息但并不具备开发利用的意愿和能力，信息的需求者具备开发利用的能力和意愿，但是缺乏必要的数据。例如，电商企业需要用户的上网行为数据，农业企业需要气象部门的预报数据，金融企业需要税务工商司法的征信数据。这个矛盾在信息膨胀之前并不明显，但随着大数据的来临，需要交换和整合的数据规模，大到足以滋生出一个数据交易和整合的市场。

数据交易的市场往往以电子化交易平台的形式出现。例如，北京星图数据公司的大数据开放平台"蜂巢（Data Comb）"不仅开放了北京星图的自有大数据，还能兼容第三方数据源和数据开发者。平台将数据明码标价，交易形态丰富，旨在拉拢撮合信息的供求双方，打造一个开放的数据集市。盈利模式上，企业自身作为信息交易的撮合者，一般按照交易金额的百分比抽取佣金，采用的是变相税收的盈利模式。

这个环节的企业在运营的时候，应当注意：

第一，信息交易的隐私保护和数据清洗。政府和其他信息拥有者希望市场走向开放，但又在很大程度上对自己的信息持保留态度，应当从交易整合的规则、规范上打消信息拥有者的顾虑，才能开启一个开放自由的市场环境。

第二，积极营造黑洞效应。交易涉及供需双方，交易市场是一个典型的双边市场。初期应当从零成本甚至贴成本的手段，使交易标的物快速的丰富起来；到了一定阶段，平台上待交易的信息会越来越多，运营的成本会越来越低；最后，数据富集到一定程度，会像黑洞一样，吸引着其他数据聚拢，形成黑洞效应。

（5）数据分析挖掘环节

数据的分析和处理，是大数据产业最具特色的一个环节。此环节的企业提供服务的形式有两种：一种是提供数据处理工具；另一种是直接帮用户处理数据。他们往往利用软件的边际成本递减特性，快速推广客户摊低成本，实现盈利。

例如，国内的华院数据、天津天才博通科技、神舟通用、杭州合众信息等，他们提供定制化的分析挖掘工具，为客户安装部署后，客户就可以对数据进行分析和挖掘。由于这类企业的边际服务成本不为零，只能通过技术服务盈利，商业模式和盈利模式比较传统。值得关注的是近期开源的两大人工智能工具：Google 的人工智能开放平台 TensorFlow 和 Facebook 的人工智能工具 Torch。他们采用免费加增值的商业模式。在完善的知识产权保护制度下，他们一方面开放技术扩大市场份额，促使产品迭代升级；另一方面充分利用 GNU 协议约束实现企业盈利。这种模式有时称为"开源模式"。

（6）管理发布环节

具有利用价值的信息，都需要经过管理发布环节，提供给需求方换取价值。对于数据成果变现容易的企业，他们可以直接销售数据结果，获得收益。例如，美国的 Climate Corporation（后以 10 亿美元价格被孟山都收购），把天气数据直接销售给农业企业用于预测灾害发生概率和农业产量，进而还能向农户销售保险。

但对于大部分的大数据企业而言，信息资源直接变现比较困难，它们往往采取两种商业模式进行变现：数据整合模式和占领入口模式。

1）数据整合模式

采用平台化资源整合商业模式的企业，将自身定位为数据的整合者。它们一方面积极从企业或政府（以购买或者分成或者以项目建设形式）搜集扩充大量自有数据；另一方面扩大社会合作，从社会的企事业单位吸纳大量的数据信息，这些数据经过整合后成为有价值的交易标的物。典型的企业包括贵阳大数据交易所、武汉东湖大数据交易中心、华中大数据交易所、九次方、数据堂等。

以国资背景的贵阳大数据交易所为例，截至 2015 年年底，贵阳大数据交易所已经整合了 100 多家大数据公司的数据，整合数据总量超过 10PB。截至 2015 年年底，贵阳大数据交易所交易额突破 6000 万元，所整合的数据门类包括涉及国计民生的 35 个门类。以民间资本背景的九次方为例，九次方分别与腾讯、汤森路透的合作提供企业征信查询和图表查询，每次的收入五五分成。

值得关注的是，此环节的服务形式有所创新。信息发布形式不仅是直接下载数据或报告，也可以采用 API 接口的方式，让企业按需调用、按需付费。这意味着信息的需求方，信息获取的门槛大幅降低而且确保了数据实时性。这类企业的盈利模式一般采用变相税收模式，即将收入分配给提供整合数据的合作方，自己保留一部分佣金。

值得注意的是，国有企业往往借助政策扶持，定位为平台化的数据整合者，从管理发布环节进入大数据信息服务业。

2）占领入口模式

与实力雄厚的国资背景企业不同，民营企业进入管理发布环节的时候，往往找准一个垂直领域，采用占领入口的商业模式。他们在某个垂直领域做到行业第一，然后深入发掘该领域数据的商业价值，或者通过广告换取收入。例如，提供航班交通信息查询的"航旅纵横"和"飞常准"等 App 运营企业。他们调用民航航班数据，为大家预测准点率，结合乘机人数据，为大家办理值机等。类似的还有提供浅信用查询服务的"企查查"和"企 +"等 App 运营企业。这类企业的盈利模式一般采用"零和"的广告盈利模式，即通过提供免费低价服务吸引大量用户，在用户使用服务的时候插入广告，换取收益。广告的多少和用户体验的好坏，形成一对零和博弈。

（7）跨界应用环节

信息是中性的，信息不创造价值。但基于正确的信息进行资源的优化配置，相比靠感觉和经验做出的资源配置，能降低错误决策的成本浪费，从而创造价值。在大数据的背景下，越来越多行业企业意识到，应当从靠经验驱动的决策模式，转变为靠数据驱动的决策模式。随着决策模式的转变，越来越多信息服务业企业也获得了跨界经营的话语权。他们凭借手上的关键信息，参与其他行业的利润分成。他们一般采用的商业模式为产业链渗透模式。以向精准营销界跨界的 TalkingData 为例，TalkingData 后台能根据用户的游戏行为数据判断用户的特征属性，但 TalkingData 不直接销售报告或数据，而是主动寻求与招商银行合作，开展跨界营销活动。跨界营销为招商银行节约了营销成本，而招商银行也愿意支付给 TalkingData 一定的营销费用，双方互惠共赢。以向金融领域跨界的美国 Zestfinance 公司和中国同盾公司为例，它拥有传统银行的信贷数据（如账户数、信贷历史、违约数、流水）及其他结构化的数据（如交租情况、搬家次数等），在关联了贷款人的身份信息与线上行为后，可为银行和典当行提供量化的信用风险分析。以向安全领域跨界的 Palantir 公司为例，Palantir 帮助 CIA、FBI 等情报机构处理成千上万个数据库，快速找出与恐怖袭击、疾病灾害等有关的潜在威胁。很多银行和对冲基金客户，也找 Palantir 帮助预测欺诈行为。

更多可供大数据进行跨界渗透的领域还有医疗、交通、金融、电子商务、零售、通信、政府公共服务等。

借助国家地方政策的推动，随着大数据、物联网、云计算、机器学习等技术的发展，信息服务业正在经历前所未有的升级转型和流程再造。在新的产业链上，寻找与企业基础相匹配的转型切入点，设计与企业优势相匹配的商业模式，才能在大数据背景下的新一轮信息服务业竞争中赢得一席之地。

第三章 大数据的应用领域以及前景分析

第一节 大数据的应用领域

一、大数据技术在互联网金融中的应用

互联网金融是指以依托于支付、云计算、社交网络以及搜索引擎等互联网工具，实现资金融通、支付和信息中介等业务的一种新兴金融。互联网金融不是互联网和金融业的简单结合，而是在实现安全、移动等网络技术水平上，被用户熟悉接受后（尤其是对电子商务的接受），自然而然为适应新的需求而产生的新模式及新业务。是传统金融行业与互联网精神相结合的新兴领域。论起互联网金融首先想到的是马云的"三步走战略"——平台、数据、金融。未来的互联网金融无疑有着巨大的发展空间，可目前看来"三步走"已经不符合市场预期，因为市场到今天已经不只是平台之争，特别随着这两年互联网金融爆发式的发展，已经形成了平台、数据、金融相互影响的格局。在这种形势下破局的点在哪里？就在于连接平台、用户、金融等方面的工具——大数据上，谁能对大数据合理利用，谁就能掌握这场数据之争的未来市场。

1. 大数据在互联网金融的应用方向

从大数据的应用场景来看尽管达不到人们所预期的精确性，但确实已经有了不少比较成功的商业案例。如 Decide 利用超过 80 亿条的已知价格信息预测价格走势，给出购买建议；DataSift 通过分析社交网络数据，制定针对性营销方案；Zestfinance 则利用大数据进行信用评估，并已累积获得近一亿美元的融资等。随着平台的发展和数据的积累，互联网金融也越来越多参与其中，所以"三步走"已经转变成交叉并行的三个方面。国内对互联网金融的应用比较多的还是在理财上，这是受阿里余额宝、百度百发、微信理财通等的影响，可实际上贷款才是金融服务中最具刚性需求的服务。而且随着大众时间和需求上的碎片化程度提升，一方面是银行等金融机构的产品自然而然的落地，二是互联网信贷围绕大数据分析等方式进行了很好的改造。因此大数据已经促进了高频交易、社交情绪分析和信贷风险分析三大金融创新。

（1）高频交易和算法交易

以高频交易为例，交易者为获得利润，利用硬件设备和交易程序的优势，快速获取、分析、生成和发送交易指令，在短时间内多次买入卖出，且一般不持有大量未对冲的头寸过夜。现在的高频交易主要采取"战略顺序交易"，即通过分析金融大数据，以识别出特定市场参与者留下的足迹。例如，如果一只共同基金通常在收盘前一分钟的第一秒执行大额订单，能够识别出这一模式的算法将预判出该基金在其余交易时段的动向，并执行相同的交易。该基金继续执行交易时将付出更高的价格，使用算法的交易商可趁机获利。

（2）通过收集、分析社交媒体上的内容进行市场情绪分析

金融市场的投资者将对情绪分析的研究与应用结合起来。大约两年前，对冲基金开始从 Twitter、Facebook、聊天室和博客等社交媒体中提取市场情绪信息开发交易算法。例如，一旦从中发现有自然灾害或恐怖袭击等意外信息公布，便立即抛出订单。2008 年，精神病专家理查德·彼得森筹集了 100 万美元在美国加州圣莫尼卡建立了名为 MarketPsy Capital 的对冲基金，通过追踪聊天室、博客、网站和微博，以确定市场对不同企业的情绪，再据此确定基金的交易策略，到 2010 年该基金回报率达 40%。位于伦敦的小型对冲基金 DCM 资本从 Facebook 和 Twitter 等社交媒体收集信息，将人们对某个金融工具的情绪进行打分，并向零售客户发布预测，辅助投资者做出投资决定。

（3）加强风险的可审性和管理力度，支持精细化管理

金融机构希望能够收集和分析大量小微企业用户日常交易行为的数据，判断其业务范畴、经营状况、信用状况、用户定位、资金需求和行业发展趋势，解决由于小微企业财务制度的不健全无法真正了解其真实的经营状况的难题。

阿里小贷首创了从风险审核到放贷的全程线上模式，将贷前、贷中以及贷后三个环节形成有效联结，向通常无法在传统金融渠道获得贷款的弱势群体批量发放"金额小、期限短、随借随还"的小额贷款。

2. 风险控制的原则和方法

有效地控制风险方法最简单的说法就是"不要把鸡蛋放在一个篮子里"，所以要求客户必须是"小额、分散"，避免客户过度集中在某一个或几个行业或客户。

（1）"分散"在风险控制方面的好处

借款的客户分散在不同的地域、行业、年龄和学历等，这些分散独立的个体之间违约的概率能够相互保持独立性，那么同时违约的概率就会非常小。比如 100 个独立个人的违约概率都是 20%，那么随机挑选出其中 2 人同时违约的概率为 4%（20% 的二次方），3 个人同时违约的概率为 0.8%（20% 的三次方），四个人都发生违约的概率为 0.016%（20% 的四次方）。如果这 100 个人的违约存在相关性，比如在 A 违约的时候 B 也会违约的概率是 50%，那么随机挑出来这两个人的同时违约概率就会上升到 10%（20% × 50% = 10%，而不是 4%）。因此保持不同借款主体之间的独立性非常重要。

（2）"小额"在风险控制上的重要性

"小额"是避免统计学上的"小样本偏差"。例如，平台一共做10亿的借款，如果借款人平均每个人借3万元，就是3.3万个借款客户，如果借款单笔是1000万元的话，就是100个客户。在统计学有"大数定律"法则，即需要在样本个数数量够大的情况下（超过几万个以后），才能越来越符合正态分布定律，统计学上才有意义。因此，如果借款人坏账率都是2%，则放款给3.3万个客户，其坏账率为2%的可能性要远高于仅放款给100个客户的可能性，并且这100个人坏账比较集中可能达到10%甚至更高，这就是统计学意义上的"小样本偏差"的风险。

（3）用数据分析方式建立风控模型和决策引擎

小额分散最直接的体现就是借款客户数量众多，如果采用银行传统的信审模式，在还款能力、还款意愿等难以统一量度的违约风险判断中，风控成本会高至业务模式难以承受的水平，可以借鉴的是国外成熟的P2P比如Lending Club等都是采用信贷工厂的模式，利用风险模型的指引建立审批的决策引擎和评分卡体系，根据客户的行为特征等各方面数据来判断借款客户的违约风险。简单点说，建立数据化风控模型并固化到决策引擎和评分卡系统，对于小额信用无抵押借款类业务的好处包括两个方面：一是决策自动化程度的提高，降低依靠人工审核造成的高成本；二是解决人工实地审核和判断所带来审核标准的不一致性问题。

因此除了小额分散的风控原则，风控的核心方法在于通过研究分析不同个人特征数据（即大数据分析）相对应的违约率，通过非线性逻辑回归、决策树分析、神经网络建模等方法来建立数据风控模型和评分卡体系，来掌握不同个人特征对应影响到违约率的程度，并将其固化到风控审批的决策引擎和业务流程中来指导风控审批业务的开展。

3. 大数据在风险控制中的应用

国内运用大数据方式涉及互联网金融的产品还相对较少，一是由于国内的金融体系还不完善，二是国内的用户数据存在"大而不准，大而不精"。数据存在获取困难和不精准的问题，因而给大数据互联网金融带来了很多难题，但尝试者也并不少特别是在风险控制方面。在不依赖央行征信系统的情况下，国内金融市场自发形成了各具特色的风险控制生态系统。大公司通过大数据挖掘，自建信用评级系统；小公司通过信息分享，借助第三方获得信用评级咨询服务。互联网金融企业的风控大致分为两种模式，一种是类似于阿里的风控模式，他们通过自身系统大量的电商交易以及支付信息数据建立了封闭系统的信用评级和风控模型。另外一种则是众多中小互联网金融公司通过贡献数据给一个中间征信机构，再分享征信信息。

央行的征信系统是通过商业银行、其他社会机构上报的数据，结合身份认证中心的身份审核，提供给银行系统信用查询和个人信用报告。但对于其他征信机构和互联金融公司目前不提供直接查询服务，同时大量的个人在此系统里面没有信贷记录，而这些人却有可能在央行征信系统外的其他机构、互联网金融公司自己的数据系统中存有相应的信贷记录。从网贷公司和一些线下小贷公司采集动态大数据，为互联网金融企业提供重复借贷查询、不良用户信息查询、信用等级查询等多样化服务是目前市场上征信公司正在推进的工作。而随着加入这个游戏规则的企业越来越多，这个由大量动态数据勾勒的信用图谱也将越来越清晰。

但是互联网大数据海量且庞杂，充满噪声，哪些大数据是互联网金融企业风险控制官钟爱的有价值的数据类型？利用电商大数据进行风控，阿里金融对于大数据的谋划已久。在很多行业人士还在云里雾里的时候，阿里已经建立了相对完善的大数据挖掘系统。通过电商平台阿里巴巴、淘宝、天猫、支付宝等积累的大量交易支付数据作为最基本的数据原料，再加上卖家自己提供的销售数据、银行流水、水电缴纳甚至结婚证等情况作为辅助数据原料。所有信息汇总后，将数值输入网络行为评分模型进行信用评级。

信用卡类网站的大数据同样对互联网金融的风险控制非常有价值。申请信用卡的年份、是否通过、授信额度、卡片种类；信用卡还款数额、对优惠信息的关注等都可以作为信用评级的参考数据。

2013年阿里巴巴以5.86亿美元购入新浪微博18%的股份来获得社交大数据，阿里完善了大数据类型。加上淘宝的水电煤缴费信息、信用卡还款信息、支付和交易信息，已然成了数据全能选手。小贷类网站积累的信贷大数据包括信贷额度、违约记录等。但单一企业缺陷在于数据的数量级别低和地域性太强。还有部分小贷网站平台通过线下采集数据转移到线上的方式来完善信用数据，这些特点决定了如果单兵作战他们必定付出巨大成本。因此贡献数据、共享数据的模式正逐步被认可，抱团取暖胜过单打独斗。

第三方支付类平台未来的机遇在于未来有可能基于用户的消费数据做信用分析。支付的方向、每月支付的额度、购买产品品牌都可以作为信用评级的重要参考数据。生活服务类网站的大数据如水、电、煤气、有线电视、电话、网络费、物业费交纳平台则客观真实地反映了个人的基本信息，是信用评级中一类重要的数据类型。

首先，通过阿里巴巴B2B、淘宝、天猫、支付宝等电子商务平台，收集客户积累的信用数据，利用在线视频全方位定性调查客户资信，再加上交易平台上的客户信息（客户评价度数据、货运数据、口碑评价等），并对后两类信息进行量化处理；同时引入海关、税务、电力等外部数据加以匹配，建立数据库模型；其次，通过交叉检验技术辅以第三方验证确认客户信息的真实性，将客户在电子商务网络平台上的行为数据映射为企业和个人的信用评价，通过沙盘推演技术对地区客户进行评级分层，研发评分卡体系、微贷通用规则决策引擎、风险定量化分析等技术；最后，在风险监管方面，开发了网络人际爬虫系统，突破地理距离的限制，捕捉和整合相关人际关系信息，并通过逐条规则的设立及其关联性分析得到风险评估结论，结合结论与贷前评级系统进行交叉验证，构成风险控制的双保险。阿里小贷还凭借互联网技术监控贷款的流向：如果该客户是贷款用于扩展经营，阿里小贷将会对其广告投放、店铺装修和销售进行评估和监控。

金融服务将进一步从粗放式管理向精细化管理转型，由抵押文化向信用文化转变，更全面的信用体制和风险管理体制将会建立。风险控制作为金融的本质将是其中最重要的一环，而大数据毫无疑问将在此过程中发挥重大的作用，但大部分的互联网金融企业目前体量尚小，用户规模和交易额都不大，因此在数据积累基础上能够及时结合实际情况进行互动，及时修正模型，相互促进从而达到风险控制模型的逐步优化。

二、大数据在淘宝网电子商务模式创新中的应用研究

电子商务模式涉及电子商务研究中的管理问题，是指企业通过互联网获得收入的方式以及实现这种方式的方案，包括产品和服务、客户、基础结构管理、财务等要素，企业通过对某个或某几个组建进行变革以创新其商务模式，创新的关键在于以市场为中心，由市场驱动的价值创新，为顾客创造价值是商务活动永恒的主题。在电子商务服务向密集化、专业化、个性化方向发展的今天，基于大数据深度挖掘的电子商务模式创新，能为企业提供与市场相匹配的需求和新的市场竞争力。淘宝网作为中国电子商务企业中的佼佼者，较早意识到了大数据的重要性并将其作为发展的核心战略，率先在管理层设立"数据首席执行官"一职，并对大数据进行了大量的资金投入和商业实践，取得了不错的成绩。

我国许多企业对大数据技术的商业化实践仍处于探索之中，本书把淘宝网作为大数据发展的实例来进行研究，对淘宝网发展现状、电子商务模式、大数据应用及其带来的电子商务模式创新进行了分析，以期对我国电商市场的发展起到一定的指导作用。

1. 淘宝网现状及其大数据战略布局的重要进程

淘宝网于 2003 年 5 月由阿里巴巴集团投资 4.5 亿元创立，业务覆盖电商 B2C 及 C2C 领域，目前已成长为中国最大的网络零售平台，成为中国 C2C 电子商务模式的代名词。

淘宝网在建立初期以易趣（Ebay）为模板，旨在打造中国的 C2C 网络购物平台，而与易趣不同的是，淘宝针对中国消费者的习惯通过大量免费政策、开通在线议价等"接地气"的服务模式迅速赢得了中国消费者的喜爱，在推出 1 年后成功赶超 Ebay 正式成为中国排名第一的在线零售网站，其营业额逐年攀升，相继衍生出淘宝商城（现天猫商城）、聚划算等网络平台以适应不同消费者的需求。到 2012 年，时任阿里巴巴集团主席和首席执行官的马云宣布阿里集团将逐步开启"平台、金融、数据"的发展战略。

淘宝网在上市初期经历了爆发式的增长，从 2003 年上线时的年营业额 2271 万元，迅速上升至 2004 年的 10 亿元，增长率达 4300%；随后，其营业额从创始时期的爆发式增长逐渐趋于平稳，2011—2013 年的增长率维持在 55% 左右；截至 2014 年淘宝网的全年营业额超过 1.5 万亿，是 2004 年的 1500 多倍。截至 2014 年，淘宝网的注册用户约 5 亿，每天有 1.2 亿的活跃用户，在线商品数十亿件，占据着中国电子商务 C2C 和 B2C 市场 96.5%

和 57.6% 的份额，是我国网购流量最大的平台。在未来几年，淘宝网的目标不仅要成为亚洲最大的网上零售平台，更要成为一家商业数据公司，"业务数据化，数据业务化"是淘宝网的主要发展方向。

淘宝网的第一款数据产品"淘数据"发布于 2005 年，主要用于收集日成交额、用户访问量等，制成经营数据报表供决策层了解业务详情，它标志着其大数据战略的开端；意识到数据的价值后，2009 年将数据库从传统的 Oracle 系统迁移至 Hadoop 平台，专门用于开发和运行处理大数据，标志着淘宝正式进入大数据时代；此后经过一系列的发展和完善，淘宝发布了一系列基于大数据的应用，如聚石塔、数据魔方、阿里金融等。淘宝大数据的商业价值已逐渐从内部运用走向对外实践，从价值创造走向价值实现，在管理模式、运营模式、盈利模式等方面的大数据运用上，为其电子商务模式带来创新。

2. 大数据给淘宝网带来的电子商务模式创新

（1）管理模式创新

"聚石塔"是阿里集团推出的以云计算为基础提供数据储存和计算服务的软件，将所有的数据储存于云端。它突破了本地服务器的局限性，通过云端储存，达成数据集成，阿里集团的所有优势资源也在这里得以共享，从而打破孤岛现象，使弹性升级与推送变得更为安全稳定，也为管理模式的创新打下了坚实基础。2013 年，淘宝网的母公司阿里巴巴集团开创性地成立了数据委员会，旨在保证数据的质量和精细化，用来弥补单部门管理数据的局限性。该部门由底层数据负责人、支付宝商业智能负责人、无线商业智能负责人和一名数据科学家组成，以协调会的形式来指导各部门的相关工作而不对数据直接负责，既加强了企业内对数据的全局性安排，又避免了各部门之间的责任推诿。同年 1 月，马云宣布对集团现有业务架构和组织进行相应调整，成立 25 个事业部，方便各部门间进行有效的数据共享，消除各部门间利益与效益考核的隔阂，以整体生态系统中各种群的健康发展为重，使生态系统更加倾向于数据化。

（2）内部运营模式创新

淘宝网应用大数据提高内部运营效率。其淘数据、KPI 预警系统、数据门户、活动直播间、TCIF 用户档案都是淘宝以数据分析、挖掘为基础建立的内部管理应用。通过这些数据产品，淘宝实现了更便捷的管理，加强了对大型促销活动的调控能力、对用户数据的管理能力等，使得淘宝内部运营、考核、决策变得更为流畅。

（3）客户关系管理创新

淘宝 90% 以上的客户通过支付宝进行网络交易的支付，因此，支付宝通过对客户数据的分析，获取客户的消费能力、年龄阶层、个人偏好等相关信息，对客户进行分类，为用户提供针对性服务，提升用户体验。例如，通过对支付宝用户资金、近期消费记录的统计分析以及数据挖掘，淘宝获悉哪些用户使用支付宝的频率在减少，从而适度推送相关优惠信息等，及时挽回客户关系。此外，淘宝也试图通过消息提示功能为客户进行精准推送，利用"这么巧，它们都在这""我知道，你正需要……"等标题吸引用户。

（4）盈利模式创新

淘宝网对盈利模式的创新不局限于企业内部，它通过自身流量大的特点，收集大量的交易记录、交易金额以及通信内容、私人信息等构建用户信用体系，共享于阿里系的各个事业部。由于这些信息不同于银行的官方信用记录，更贴近生活，更真实也更细致，使得阿里金融的坏账率降低到0.78%，远低于银行放贷的坏账率。自2010年推出数据魔方以来，淘宝的大数据应用逐渐趋于商业化。出售数据服务已成为淘宝的重要盈利模式之一，不同于基础类服务收费，数据服务能为淘宝卖家提供有价值的信息，帮助他们更好地经营商铺，因此更易被接受；考虑到市场的激烈竞争，卖家也愿意购买相关数据服务。

3. 淘宝网大数据电子商务模式详析

淘宝网的前运营中心副总裁及淘宝商城的创始人之一的黄若，将中国的电子商务模式划分为平台、买卖及代销模式。淘宝网的电子商务模式是平台模式，其本质上是通过建立成熟的生态圈吸引交易双方大量的流量来到平台交易，通过流量变现，以广告收入来驱动盈利。电子商务模式创新的重要体现之一是其能提供新的产品或服务、开创新的领域、提供具有良性发展的企业环境、拥有明显区别于其他模式的构成要素等。下面从淘宝网的产品和服务、电子商务网络基本架构、核心资源能力和盈利模式等方面来具体分析其创新的电子商务模式。

（1）淘宝网的产品和服务

淘宝网针对不同群体不同需求开发了很多具有针对性的产品和服务，以完善客户（既包括卖家也包括消费者）体验，其服务产品总体可分为以下两类。

① 消费者服务

第一，社区类服务。在社区里消费者相互交换意见、推荐商品。这种互动的氛围不仅有助于优化消费者的购物体验，更能为互联网购物增加其所缺少的人情味。淘宝向消费者提供了3种消费者互动社区：一是淘江湖。消费者可像使用社交软件一样添加自己的朋友、亲人，从而获悉身边人的购物动态并及时分享购物经验。二是，淘心得。是社会性网络软件（Social Network Software，SNS）形式的导购中心，消费者可看到其他消费者的购物心得。三是，淘打听。其功能类似百度知道，是淘宝购物的问答平台，以更人性化的方式帮助消费者找到心仪的商品。第二，便利性服务。抓住消费者对折扣的需求，提供"淘宝客"和"聚划算"。消费者在淘宝客推广专区获得商品代码，再将代码发给亲朋好友或自己，通过该代码购买的商品可获得商家的回扣。该服务为消费者带来了便利，也成为淘宝商家的一种推广方式。而聚划算则通过团购为消费者带来商品减价，现已成为了独立的团购平台。

② 店铺卖家服务

淘宝网针对卖家所提供的服务几乎涵盖了商店经营的各个方面，从选货、装修到利润分析一应俱全。大量的数据分析工具不仅提高网上商铺的运营效率，同时也降低了商家的经营风险，真正做到让没有经验的人也能开好网店。除了上述服务及平台，同时用于阿里巴巴和淘宝网的"阿里旺旺"作为一款即时沟通软件打通了商家与消费者的界限，使得购物变得更加真实也更具针对性，同样也是针对消费者和卖家提供的重要服务之一。以上种类繁多的服务满足了淘宝平台上大部分消费者和卖家的需求，而在这些功能齐全的服务背后是一套完善的数据收集、筛选、分析、展现的价值链，这才是淘宝网赖以生存的核心能力。

（2）淘宝网电子商务网络基本架构

①购物平台基本架构

淘宝网主要由八大体系机制构成，其中店铺展示系统、信用评价体系、即时沟通工具、商品编码系统、支付体系这五大体系指导卖家更好地经营店铺，集中解决帮助消费者浏览商品、了解商品、完成交易的基本购物需求；离家成长机制、SNS 社区和淘江湖系统则为消费者提供交换经验的平台，以优化使用体验，使购物过程更加生活化。除此之外，淘宝网通过 API（Application Programming Interface）平台开放系统引入第三方服务公司，将店铺装修、商品摄影等这类耗费人工的服务交由第三方解决，精简淘宝网的管理结构，而且市场竞争的存在也一定程度上保证了第三方的服务质量。如今的淘宝网早已不仅是一个简单提供买卖平台的购物网站，而是一个完善电子商务网络零售购物的生态圈，消费者和销售商几乎可在这个环境下找到买卖所需的所有功能或服务。

②数据产品技术架构

淘宝网通过对数据的收集、处理、分析来进行决策，提供产品和服务。如今，每天用户通过 PC（Personal Computer）或移动设备发生的交易行为会产生海量的原始数据，通过设备采集后进入分发中心，按一定分发规则，数据分发至集群服务器；零散无序的、无关联的原始数据在集群服务器中加工成人或机器可理解的形式数据进一步挖掘，最后形成业务模型，运用到淘宝指数、数据罗盘以及阿里小贷这类应用产品中。为了数据在事业部之间的有效流通，建立了 CDO（Chief Data Officer）数据交换平台，以实现其价值最大化。

（3）淘宝网核心资源能力

①产品组合资源和市场知名度

产品的丰富程度是影响销售的重要因素，淘宝网作为一家依靠品类驱动的电商平台，地毯式的商品覆盖和应有尽有的商品组合使其在产品线上具有明显优势。相比其他网站，消费者在淘宝可一次性买齐所需的商品组合，从而节省在不同垂直分类网站之间来回切换对比的麻烦。同时，其知名度也使得该网站成为许多人首选的购物入口。

②融资能力

2014 年 9 月 19 日淘宝网母公司阿里巴巴集团在纽约上市时的开盘价为 92.7 美元，总市值 2285 亿美元，比京东 297 亿美元的市值高出 7.7 倍，充足的资金保证淘宝网在未来大数据应用的技术研发、市场推广、战略选择方面有着更强的竞争力和更多的选择。此外，在风险融资方面，淘宝网作为行业的龙头老大，市场发展前景看好，融资成本较竞争对手更低。

③ 有效的客户捆绑

淘宝网维系着千家万户的家庭收入、衣、食、住、行，其数据囊括不同阶层、不同年龄段、不同性格的消费者，积累了庞大的消费者数据库；同时，淘宝为中国创造了成千上万的就业岗位，许多地区形成了淘宝村，阿里巴巴官方公布的淘宝村 2015 年就有 211 个，以浙江（62 个）、广东（54 个）、福建（28 个）、河北（25 个）、江苏（24 个）等地最为集中。其数据量分布的"广"和"大"有助于数据挖掘时剔除不相关的影响因素，减少干扰信息对结果的影响，从而提升数据分析的精度和真实度，准确把握消费者和商家的购销习惯和特点。

淘宝网强烈的商业依附能力使其能快速把用户信息、网站流量转化为商业盈利，也使得其推行数据产品商业化时的收费更为顺畅。在淘宝母公司阿里巴巴的 25 个事业部中，数据平台事业部、信息平台事业部与云 OS 事业部等 3 个部门专门负责数据处理，将集团下同类业务数据进行整合、拓展，打通各子公司和事业群之间的界限，使得有效信息得以共享。

（4）淘宝网盈利模式

①支付宝

2004 年 12 月正式成立的支付宝最初是为了解决网络交易安全所设的一个功能，该功能采用第三方担保交易模式。2011 年 5 月 18 日央行首次向支付宝、易宝支付、快钱、财付通、银联、汇付天下等 27 家第三方支付机构下发"非金融机构支付业务许可"，第三方支付行业在 2012 年飞速发展，根据艾瑞数据发布的《2013 年中国第三方支付行业年度报告》，当年第三方互联网支付交易总额为 53729.8 亿元，支付宝占第三方互联网支付核心企业交易规模市场份额的 48.7%。支付宝模式下资金一般经 3~5 天支付到卖家，期间支付宝便可营利。由于每天都有交易，支付宝每天都有新的资金流入。只要能满足支付卖家的费用，其他款项均可用于获取存款或投资收益。假设淘宝一天的营业额为 18 亿元，按 4 天的期限将资金从买家转给卖家，则每天淘宝可用于投资的资金就有 72 亿元，以 2014 年降息后的存款年利率计算，淘宝一年可获得约 2.16 亿的利息收入。2014 年 2 月 8 日，支付宝推出理财产品"余额宝"吸收存款，一开始就以高于 5% 的年收益，吸引了大量资金的流入。截止到 2015 年 6 月，余额宝净值规模 6133.8 亿元。淘宝利用这些巨额预收款和自身的信用体系通过小额放贷创造大量的财富。

② 网络广告

淘宝通过网络广告、品牌旗舰店建设、代理商招募等方式，帮助客户开拓网络营销渠道、提升品牌效应、促进销售等。淘宝广告包括商品展示广告、品牌展示广告、旺旺植入广告等。由于淘宝商家众多，竞争激烈，淘宝允许商家竞价购买关键词，以提高在搜索结果中的排名，提高店铺的流量。自 2007 年 7 月正式启动网络广告业务，淘宝网 2010 年总收入约50亿元，其中广告收入40亿元，占总收入的80%，成为其主要的盈利模式。此外，淘宝还将网站中重要的Banner广告位和搜索结果右侧的广告对外销售，向广告客户推出增值服务，包括品牌推广、市场研究、消费者研究、社区活动等。

③技术服务

2011年10月10日，淘宝商城宣布正式升级商家管理系统，卖家需交纳的费用大幅提升，通过这样的价格筛选，淘宝网优化了平台的商家质量，其主要收费项目包括：第一，技术服务年费和实时划扣技术服务费。技术服务年费3～6万元不等，商户在入驻时一次性交纳，年终时有条件地部分或全部返还；实时划扣技术服务费的标准则是支付宝成交额×商品对应的技术服务费率。第二，软件和服务收费。淘宝依托自己的技术团队，借助消费行为数据库，根据商家的需求开发了大量的软件和附加服务并对此收费，如图片空间、会员关系管理、装修模板、数据魔方、量子统计等。

从2010年11月1日起，为顺应B2C发展趋势，方便商家直接把商品或服务卖给消费者，淘宝宣布独立出淘宝商城业务，并于2012年1月正式更名为"天猫"商城。为了吸引高端客户，淘宝对天猫商城把控更为严格，宣布提供100%品质保证的商品、对假冒伪劣商品零容忍、消费者可享受7天无理由退货等措施，旨在提高淘宝形象、提升服务质量。相应的，淘宝对"天猫"商城的商户收取更高服务费和技术费。根据天猫《2012各类目费率一览表》其各项费率的标准都较淘宝商城的标准高出一倍或数倍之多。

淘宝在国内占据着网络零售市场的多数份额，据中国报告大厅《2014年中国电子商务市场监测报告》，淘宝位居中国网络零售市场10强之排位第一，市场份额为59.3%，是排位第2的京东市场份额20.2%的两倍多。但其商家质量参差不齐，服务质量方面的问题日益凸显。据工商局2014年发布的网监数据，淘宝网正品率仅为37.25%，另外，在其商家管理、客户推送服务、物流体系等方面的大数据应用仍存在较大的提升空间。因此，通过智能识别和追踪系统，利用复杂的算法对海量商品进行商家鉴定，减少商家鉴别成本，提高鉴伪效率；对大数据进行细颗粒处理，精准细分客户需求；将全国可达的智能物流网络"天网"与以云计算的方式对物流进行全局调控的"地网"进行有效整合和具体实施等问题，都是未来值得深入研究的现实课题。

案例分享：贵州高职院校基于大数据、云计算的应用研究

2012年，联合国发布大数据政务白皮书，提出了各国政府（包括联合国在内）的一个历史性机遇：利用丰富的大数据对社会经济做出具体的分析，帮助政府更好地运行经济服务社会。同年，奥巴马在美国白宫宣布将"大数据战略"上升为国家意志，将大数据定义为"未来的新石油"并加大投资拉动相关产业。2013年12月5日—6日，由中国计算机协会主办，中国CCF大数据专家委员会承办的主题为"应用驱动的架构与技术"的中国大数据技术大会，这次大会成为大数据技术与应用深度结合的新起点，成为产业界、科技界与政府部门密切合作的新平台，进一步推动我国大数据的产学研。2014年3月1日，

在北京举行的贵州·北京大数据产业推介会上，贵州共获投 730.2 亿元用于大数据产业的发展，这一伟大的壮举将全面推动贵州互联网、网络营销发展进而影响贵州经济发展。百年大计，教育为本，在贵州"后发赶超，跨越发展"的过程中，教育的改善提升成了社会发展步伐是否稳健的重心，随着大数据的到来，贵州的教育正张开腾飞的羽翼迎接新一轮的跨越赶超，贵州在全国率先完成中小学生学习信息管理系统，学生学籍信息入库。为加快推进职业人才培养体系建设，促进经济工作稳定快速发展，贵州省教育厅、人社厅等多家单位携手并进，联合出台了加快职业人才教育培养的实施方案，以贵阳为中心，打造职业教育核心发展区，规划高职办学规模达到 25 万人，为贵州大数据产业发展提供充足的人才保障，建成具有贵州特色的现代职业教育体系。在大数据背景的前提下，贵州的职业教育发展将踏上更加非凡和精彩的跨越之旅。

1. 大数据、云计算简介

麦肯锡公司在 2011 年发布了一个前沿领域的研究：大数据。虽然到现在为止没有一个明确的定义，但是，大数据不是海量数据的表面理解，具有数据体量巨大、数据类型繁多、价值密度低、处理速度快等特点。"云计算是通过网络提供可伸缩的廉价的分布式计算能力"。云计算代表了以虚拟化技术为核心、以低成本为目标的动态可扩展网络应用基础设施，是近几年来最有代表性的网络计算技术与模式。从技术上看，大数据与云计算的关系就像一枚硬币的正反面一样密不可分。大数据必然无法用单台的计算机进行处理，必须采用分布式计算架构。它的特色在于对海量数据的挖掘，但它必须依托云计算的分布式处理、分布式数据库、云存储和虚拟化技术。

2. 高职院校大数据条件下云计算的应用

云计算的应用使得高校在信息工具化的时代能够脱离原始的"信息孤岛"现象，集中了原本分散的国内及世界的教育资源，让社会与学校，学校与教师，教师与学生之间有了更深的互动和相互带动，把社会各行各业对教育有利的资源通过计算机与网络终端带动教育的发展。高职教育与传统的本科教育不同，重点是培养学生的实际操作能力，通过资源库的分析和选取并优化应用，可以提高高职教育的目标性。

（1）依据社会人才需求信息，调整专业设置

目前的社会公开招聘信息都是通过互联网至少在全国范围内进行公开招考的，近几年，百度等各大网站都可以轻易地分析出招聘的条件和专业。各大中型企业招聘的专业类型等都可以通过数据提取，数据分析得到各专业的需求状况，通过分析、计算这些大数据，可以适当迅速地调整专业设置和专业学习计划，以适应信息瞬息万变的时代需求。

（2）利用数据库优秀教育资源，提高教学效果

近年来，各大高校、职院都在进行重点专业的课改工作，很多优秀的课程教学视频和配套资源等上网，通过相关网站对教育资源的数据进行搜索，在相应的学院、教研室，进

行数据的分析和研讨，经过相应的更改后可以直接应用于我们的教学和管理中，可以充分吸取网络教育资源的精华，变成自己教学工作进步的工具。

（3）充分利用电子图书馆，扩展"校企合作"的形式

贵州是教育相对落后的地区，首先，经济基础决定上层建筑，资金配套的硬件设施是学校教学工作前进的桥梁，近几年，国家的西部发展计划和贵州省对教育尤其是职业教育的大力支持，使得学校的教学环境有了很大的改善，很多学校都配套修建了电子图书馆和电子信息实训室。"校企合作"首先在发达地区开展，在贵州，合作项目近三年才开始试行，以贵州职业技术学院为例，2012年，由政府搭台的"中兴网络通信学院"项目达成协议，中兴在贵州职院第一次投入1000万元建立实训室并开始招生，除了学校教学计划必须完成的课程外，中兴选派有实战经验的一线老师加强学生实训的教学和指导，让学生更深入地练习自己的职业技能，除了学习学校扎实的基础理论，更吸收了中兴企业信息化的优势。

3. 高职教改的新方向

面向大数据的云计算主要是为学院提供基于云架构的知识、信息的存储，但对于这些数据的科学性分析和研究并不完备，尤其是职业院校需要的不仅仅是可以相对容易验证真理的理论知识，主要是一线的先进生产力和技术的学习研究资料，所以认真学习和研究大数据的处理方式，将是未来高职在大数据方面的发展新方向，当然事物两面性的原则，大数据的网络环境也为学院的发展带来负面的影响，比如，随处可见的传感器和摄像头等，都可能会泄露学校和学生的隐私信息，暴露学校的科研痕迹和学生的行踪轨迹，从而对学生的个人安全等构成威胁，所以，隐私信息保护系统也是当下研究的热点问题。

高等院校大数据云计算的研究近几年成为时髦的研究热点，除了跟随信息时代的潮流，顺应时代发展的步伐外，大数据、云计算的发展，对高校尤其是高职院校的发展提供了很大的机遇，鉴于事物两面性的原则，对于大数据和云计算对贵州高职教育的发展带来的负面效果也应该投入大量的精力和人力跟随国家的规划进行深入的探索和研究。

第二节　大数据及云计算的发展前景分析

大数据技术指的是人与物体通过计算机这一第三方媒介将二者之间的数据进行交互上传，而计算机将上传到网络中的数据进行归类、融合与处理的新型信息处理技术。大数据技术的悄然兴起极大地冲击了现有的IT架构，也给计算机网络技术的创新发展带来重大机遇。为了充分发挥大数据技术在网络信息中的作用与价值，网络技术人员应当积极探索大数据技术的运行规律，研究其基础理论与基本方法，在掌握其发展现状的基础上积极展望未来发展趋势。

一、大数据的发展现状与前景分析

1．大数据技术的研究发展现状

当前大数据技术的研究发展状况主要体现在基础理论、关键技术、应用实践、数据安全等四个方面。在基础理论方面，目前相关专家与研究人员尚未解决一些基本的理论问题。例如，当前学界对于大数据技术的科学定义、结构模型、数据理论体系等基本问题并未有确切的认识和判定标准，在数据质量和数据计算效率的评估活动中，也缺乏一个统一的标准，这就直接造成了技术人员在数据质量评价活动中工作效率低下的问题。在关键技术研究方面，大数据格式的转化、数据转移和处理等问题是技术亟须处理的核心问题。大数据由于其异构性和异质性的特征，使得提高大数据格式转化的效率成为了增加大数据技术应用价值的必经途径；而提升大数据计算能力的关键在于提高数据的转移速率，这就要求技术人员要及时对大数据进行整合与处理。在大数据的处理中，数据的重组与错误数据的再利用都是有效提高大数据应用价值的措施。在应用实践研究方面，目前大数据在实际中的研究应用主要体现为数据管理、数据搜索分析和数据集成。其中，数据管理主要用于大型互联网数据库和新型数据储存模型与集成系统中，而数据搜索分析则多用于模型社交网络中，数据集成则通过将不同来源不同作用的数据进行整合从而开发出整体数据库新的功能，目前正处于研究发展的起始阶段。最后，在数据安全方面，大数据技术的用户隐私和数据质量问题是当前数据安全研究工作的重点。一方面，大数据技术下用户隐私更容易被获取，信息泄露风险更大；另一方面，大数据由于在准确性、冗余性、完整性等方面的偏差，数据质量问题不可避免，亟需开发应用相应的数据自动检测修复系统。

当前大数据技术在发展过程中所面临的问题主要有两点。首先，现有的IT技术架构无法适应大数据技术的发展要求。科学技术的迅速发展推动了企业在数据生成、储存等多方面的长足进步，一方面，企业爆炸式的数据增加加剧了原有数据的储存压力；另一方面，大量的数据给传统的数据分析处理技术带来巨大挑战。这就要求IT行业必须及时革新数据储存和分析处理能力，重构IT技术架构以满足大数据的技术需求。其次，传统信息安全措施的失效。传统信息安全措施只能在一定程度上保护单个用户在单个地点的单一行为隐私信息，而在大数据技术的网络环境下，单个个人的不同行为信息从不同独立地点在网络数据中汇聚，就有很可能造成隐私泄露的问题，这就加大了大数据环境下对动态数据利用和隐私保护的难度。

2．大数据技术应用前景展望

（1）数据的资源化

在大数据技术中蕴含着丰富的数据信息资源，它们的科学有效应用能够切实为企业带来巨大的经济产值，产生更多经济收益。因此，要利用好信息资源就要进一步开放研究大数据技术。信息资源的有效应用离不开先进的数据技术和信息化思维，网络技术人员应当将传统信息资源开发管理方法与大数据技术有机地结合起来，通过将不同数据集进行重组和整合，发挥旧数据集所不具有的新功能，从而为企业创造出更多的价值。而掌握了数据资源处理技术的企业，在未来还能够通过将数据使用权进行出租或者转让等方式获取巨大的经济收益。

（2）科技的交叉融合

大数据技术的发展不仅能够将网络计算中心、移动网络技术和物联网、云计算等新型尖端网络技术充分地融合成一体，促进不同科学技术的交叉融合，同时还能够促进多学科的交叉融合，充分发挥出交叉学科和边缘学科在新时代的新功能与效用。大数据技术的长足进步与发展既要求工程技术人员要立足于信息科学，通过对大数据技术中的信息获取、储存、处理等各方面的具体技术进行创新发展，也要将大数据技术与企业管理手段结合起来，从企业经营管理的角度研究分析现代化企业在生产经营管理活动中大数据技术的参与度及其可能带来的影响。在一些需要处理和应用到大量数据的信息部门，企业一方面要着力提高大数据技术的应用水平，另一方面要及时引进跨学科人才，充分发挥多学科与交叉性学科在本部门中的参与度。

（3）以人为本的大数据技术发展趋势

科学技术的使用主体归根结底是人，虽然在大数据技术支撑的网络信息环境下，信息数据的及时流通与整合能够满足人类生产生活的所有信息需求，能够为人的科学决策提供有效指导，但大数据技术终究无法代替人脑，这就要求大数据技术在发展过程中要坚持以人为本的基本原则，重视人的地位，将人的生产活动与网络大数据虚拟关系结合起来，在密切人与人之间的交流的同时，充分发挥每一个独立个体的个性和特长。

毫不夸张地说，当前网络信息化时代已经是大数据的时代，在大量的数据信息中，人们能够通过正确利用这些巨量数据而方便自己的生活，提高生活质量。与此同时，大数据技术在推广与应用过程中仍然存在诸多需要技术人员去解决与克服的问题，这就要求我们应当正视大数据技术的作用与意义，着力推动社会活动的发展变革，为现代化建设发挥其应有的作用。

二、云计算的发展现状与前景分析

1. 云计算的发展现状

（1）国外"云计算"发展现状

Google 于 2007 年 10 月向全球宣布了云计划，Google 与 IBM 开展雄心勃勃的合作，要把全球多所大学纳入"云计算"中。

IBM 于 2007 年 8 月高调推出"蓝云（Blue Cloud）"计划，这一计划已经在上海推出。

IBM 的 Willy Chiu 透露，"云计算将是 IBM 接下来的一个重点业务。"这也是 IBM 扩张自身领地的绝佳机会，IBM 具有发展云计算业务的一切有利因素：应用服务器、存储、管理软件、中间件等，因此 IBM 自然不会放过这样一个良好机会，提出了"蓝云"计划。

亚马逊（Amazon. com）于 2007 年向开发者开放了名为"弹性计算机云"的服务，让小软件公司可以按需购买亚马逊数据中心的处理能力。2007 年 11 月，雅虎也将一个小规模的服务器群，即"云"，开放给卡内基—梅隆大学的研究人员。惠普、英特尔和雅虎三家公司联合创立一系列数据中心，目的同样是推广云计算技术。

而另外一家以虚拟化起家的公司 VMware，从 2008 年也开始摇起了云计算的大旗。VMware 具有坚实的企业客户基础，为超过 19 万家企业客户构建了虚拟化平台，而虚拟化平台正成为云计算的最为重要的基石。没有虚拟化的云计算，绝对是空中楼阁，特别是面向企业的内部云。到目前为止，VMware 已经推出了云操作系统 vSphere、云服务目录构件 vCloud Director、云资源审批管理模块 vCloud Request Manager 和云计费 vCenter Chargeback。VMware 致力于开放式云平台建设，是目前业界唯一一款不需要修改现有的应用就能将今天数据中心的应用无缝迁移到云平台的解决方案，也是目前唯一提供完善路线图帮助用户实现内部云和外部云联邦的厂家。

云计算的标准在国外也快速发展，目前最典型的两个云标准就是 OVF 和 vCloud API。OVF 是 VMware 领导业界厂商一起提交，经过 DMTF 核准的业界云负载标准。今天 VMware 的管理软件包都开始通过这个格式进行发布，而越来越多的软件开始走上 OVF 的格式标准。vCloud API 也是 VMware 和众多友商提交 DMTF 标准委员会的一个云访问控制 API 标准，相信不久也会获得核准成为业界云开发接口标准。

（2）我国"云计算"发展现状

Google 于 2007 年 10 月向全球宣布了云计划，同时与 IBM 合作，把全球很多大学纳入"云计算"计划当中。当月，Google 与 IBM 开始在美国大学校园，包括卡内基—梅隆大学、麻省理工学院、斯坦福大学、加州大学伯克利分校及马里兰大学等，推广云计算的计划。希望降低分布式计算技术在学术研究方面的成本，并为这些大学提供相关的软硬件设备及技术支援（包括数百台个人计算机及 Blade Center 与 System X 服务器，以及 Linux、Xen、Hadoop 等开源平台）。而这些学校的学生则可以通过网络开发各项以大规模计算为基础的研究计划。2008 年 1 月 30 日，Google 宣布在台湾启动"云计算学术计划"，与台湾台大、交大等学校合作，将这种先进的大规模、快速计算技术推广到校园。

2008 年年初，IBM 于 2007 年 8 月高调推出"蓝云（Blue Cloud）"计划。IBM 的 Willy Chiu 透露，"云计算将是 IBM 接下来的一个重点业务。"这也是 IBM 扩张自身领地的绝佳机会，IBM 具有发展云计算业务的一切有利因素：应用服务器、存储、管理软件、中间件等，IBM 抓住了这样一个良好的机会，提出了"蓝云"计划。2008 年 8 月，IBM 斥资 3.6 亿美元在美国北卡罗来纳州开始建立云计算数据中心，并将该数据中心称为史上最复杂的数据中心，投入了大量人力物力。该数据中心占地 6 万平方英尺（1 平方英尺 ≈0.093 平方米），并于 2009 年下半年投入运营。IBM 表示："使用该数据中心的用户能够获得空前的互联网计算能力，并获得业内领先的环保优势和成本"。IBM 还在东京建立了一所新的研究机构，建立帮助用户使用云计算基础设施。IBM 在东京的专家将为大企业、大学和政府提供云计算咨询，帮助他们利用云计算设施，设计云计算应用，以及向他们的用户提供基于云计算的服务。在 2009 年的计划中，IBM 计划推出数种云计算服务产品。IBM 与无锡市政府合作建立了无锡软件园云计算中心，开始了云计算在中国的商业应用。2008 年 7 月份瑞星推出了"云安全"计划。

2009 年，VMware 在中国召开的 vForum 用户大会，第一次将开放云计算的概念带入中国。而 VMware 在北京清华园的研发中心，也如火如荼地进行着云计算核心技术的研发和布阵。

2010 年 10 月 18 日发布的《国务院关于加快培育和发展战略性新兴产业的决定》中，将云计算定位于"十二五"战略性新兴产业之一。同一天，工信部、国家发改委联合印发《关于做好云计算服务创新发展试点示范工作的通知》，确定在北京、上海、深圳、杭州、无锡等五个城市先行开展云计算服务创新发展试点示范工作，让国内的云计算热潮率先从政府云开始熊熊燃烧。

2009 年 4 月，Google App Engine（GAE）的最新升级已经开始支持 Java，并且添加了一系列专门瞄准企业业务的新功能；此后，Google 还发布了一款 Eclipse 插件，可以对 Google App Engine 的 Java 开发提供强力支持，由此可见 Google 已经为企业级云计算做好了准备。

亚马逊于 2007 年开放了名为"弹性计算机云"（Elastic Compute Cloud，EC2）的服务，以便让小的软件公司可以按需购买亚马逊数据中心的处理能力，而不需要从硬件开始搭建自己的系统。如今，Linux、Window、JBoss、Eclipse 等常用操作系统和软件都已经在 EC2 平台上得到了支持，其他应用软件也在不断地加入。截至 2008 年年底，亚马逊的云计算相关业务收入已达 1 亿美元。

2007 年 11 月，雅虎建立了一个小规模的云，开放给卡内基—梅隆大学的研究人员。2008 年 7 月，雅虎与惠普、英特尔、伊利诺伊大学香槟分校、新加坡信息通信发展管理局以及德国卡尔斯鲁理工学院共同创立了开源试验场 Open Cirrus，主要进行云计算方面的研究和教育。2009 年 4 月雅虎宣布了与加州大学伯克利分校、康奈尔大学以及马萨诸塞大学阿姆赫斯特分校合作，与卡内基—梅隆大学一起使用雅虎的云计算群来进行大规模系统软件研究，开发新的应用程序以分析互联网上的各种数据集，如投票记录和在线新闻源等。

云计算在中国有巨大的市场潜力，不仅仅在于中国幅员辽阔，人口众多，更重要的是中国从 2009 年已经成为全球最大的 PC 消费国，相信不久的将来也会成为最大的 PC 服务器拥有国。如此庞大的 IT 投资，也成为国家节能减排中值得重点关注的一环，特别是

2008 年国家发改委发布的 IT 设备的耗电量数据几乎接近于当年长江三峡的发电量，让所有国人为之震惊。云计算将成为绿色 IT、节能减排最为重要的手段，提高了 IT 灵活性和可持续发展，也将积极推动和谐社会的构建，这也是为什么政府在"十二五"规划中将云计算定位为战略性新兴产业的原因之一。

大家最担心的就是云的安全问题，但如果从局部云或者私有云起步，安全问题可以轻松解决，因为它的访问还是严格监管，而整个流程都处于传统安全可靠手段之中。所以，在政府构建政府云、企业进行内部私有云的构建过程中，尽可以大胆放心往前走。而对于要构建的大范围公有云，相信政府的相关部门也要加紧立法，确保大家对云计算的安全担忧可以通过法律的层面进行保障。因为大家都明白，云安全核心不在技术层面，而在法律和人们的信心层面。当然，云计算是整个 IT 行业的一次重整，这是中国从 IT 大国走向 IT 强国的一次历史机遇。我们要紧紧抓住这次机遇，从政府的角度在政策保驾护航的同时，所有的 IT 从业人员共同努力，为中国 IT 在新历史时期的辉煌贡献力量。

2. 云计算未来的发展趋势

云计算作为一种应用模式，它的出现和应用范围的日益扩大，必将对产业链的上下游产生重要影响，它在不断地适应着企业的需求。未来随着企业需求的不断增多，云计算将如何发展？经过调查分析云计算有以下几个方向：

（1）混合云的发展方向

虽然现在很多企业都已经采用了云服务，但是对于大部分的企业来说，基本上采用的都是多个云服务供应商，包括公有云与私有云，以满足不同的需求。公有云与私有云的组合被大家称为混合云，混合云的优势是能够适应不同的平台需求，它既能提供私有云的安全性，也可以提供公有云的开放性。所以在未来混合云的发展是云服务的主流模式。

（2）大数据分析

大数据是高科技的热门话题，大数据分析使云计算和大数据能够很好结合。云计算是可以扩展，可以覆盖到大数据领域的，这些云服务能够为云计算提供平台，开源的云平台为大数据提供更好的开发与分析。

（3）SMB 应用程序保护

现在，大多数的中小企业还是无法承受整个应用程序的测试程序与昂贵的工具进行内部安全检查和数据保护等应用的，期待新的云计算技能够帮助企业利用 Web 应用程序来进行源代码的扫描，协助企业及时发现潜在的一些网络攻击，从而来按需求提供帮助，降低企业的费用。

（4）强调性能

不管在什么行业，我们更关心的是云的安全、管理和控制权等问题，目前的云计算更强调的是性能；是否能够可靠地执行他们所需要的能力，并且，在关键的时期，能够保证业务稳定地进行。因此，在未来，云计算的性能问题会是一个主要的发展趋势。

(5) 云游戏

云游戏是以云计算为基础的游戏方式，在云游戏的运行模式下，所有游戏都是在服务器端运行的，并且将渲染完毕后的游戏画面压缩之后通过网络传送给用户。云游戏平台是云计算技术在游戏领域创新性应用。云游戏近几年一直在上升，它以云联科技领先的游戏按需点播（Game on Demand）技术为前导，Gartner 曾经预测：70% 以上的财富 2000 强企业将至少有一个基于云计算的应用程序，可以看到云游戏的领域会是云的另一个主要的发展趋势。

2013 年，我国经济发展面临新的机遇与挑战，但平稳快速的经济增长仍将是主旋律，云计算作为战略性新兴产业突破口，将促进我国经济持续健康发展。

"十二五"中期，调整经济结构、转变经济增长方式仍是经济发展的主要任务，云计算能够促进社会创新能力的发挥、催生新的商业模式、提升经济发展效益与质量，转变经济增长方式。第一，云计算产业成为产业资本和政府投资的重点方向，云计算产业集聚将成为科技园区建设的新热点；第二，新型城镇化政策为智慧城市建设指明了方向，交通云、政务云、教育云、医疗云建设将成为重要环节；第三，国内外企业将在我国云计算市场抢点布局，市场竞争局面初步形成；第四，我国超过半数以上大中型企业关注规划和部署私有云，并采购面向云的软硬件及相关服务；第五，面向企业的云计算服务将更注重社会化、协作化、网络化的新要求，价格将更趋于合理，云计算基础技术的自主研发将继续获得政府大力支持；第六，电子商务交易平台、社交网络、金融企业、电信运营商等将进一步深化对大数据的运用；第七，国内面向个人的云计算服务开始普及推广；第八，国内桌面云部署将兴起，云端时代到来；第九，云计算将缩小地区差距，推动变革；第十，目前国内类似服务包括金山快盘、酷盘、迅雷随身盘等，均提供多终端数据传输与同步服务。经过笔者试用金山快盘，虽然受到网速等限制，但是已然使云存储出现在实际应用中，除此以外，有消息称，腾讯将推出"微云"服务，此服务将类似于 iCloud，也是提供云存储服务，目前还在内测中。

云计算简化了软件、业务流程和访问服务，帮助企业操作和优化他们的投资规模。有很多的企业通过云计算优化他们的投资。云计算很强大，且具有创新性，但它也有其自身的瑕疵。未来云计算的扩展、复杂性和变化的挑战，使企业获得更多创新，提高他们的 IT 能力，将为企业带来更多的商业机会。

第四章　数据挖掘

第一节　概述

随着中国加入 WTO，国内金融市场正在逐步对外开放，外资金融企业的进入在带来先进经营理念的同时，无疑也加剧了中国金融市场的竞争。金融业正在快速发生变化。合并、收购和相关法规的变化带来了空前的机会，也为金融用户提供了更多的选择。面对日益激烈的竞争，即便是网上银行也面临着吸引客户的问题，最有价值的客户可能正离您而去，而您甚至还没有觉察。在这样一种复杂、激烈的竞争环境下，如何才能吸引、增加并保持最好的客户呢？

数据挖掘（Data Mining，DM）是指从大量不完全的、有噪声的、模糊的、随机的数据中，提取隐含在其中的、有用的信息和知识的过程。其表现形式为概念（Concepts）、规则（Rules）、模式（Patterns）等形式。用统计分析和数据挖掘解决商务问题。

金融业分析方案可以帮助银行和保险业客户进行交叉销售来增加销售收入、对客户进行细分和细致的行为描述来有效挽留有价值客户、提高市场活动的响应效果、降低市场推广成本、达到有效增加客户数量的目的等。

（1）客户细分——使客户收益最大化的同时最大程度降低风险

市场全球化和并购浪潮使市场竞争日趋激烈，新的管理需求迫切要求金融机构实现业务革新。为在激烈的竞争中脱颖而出，业界领先的金融服务机构正纷纷采用成熟的统计分析和数据挖掘技术，来获取有价值的客户，提高利润率。他们在分析客户特征和产品特征的同时，实现客户细分和市场细分。

数据挖掘实现客户价值的最大化和风险最小化。SPSS 预测分析技术能够适用于各种金融服务，采用实时的预测分析技术，分析来自各种不同数据源——来自 ATM、交易网站、呼叫中心以及相关分支机构的客户数据。采用各种分析技术，发现数据中的潜在价值，使营销活动更具有针对性，提高营销活动的市场回应率，使营销费用优化配置。

（2）客户流失——挽留有价值的客户

在银行业和保险业，客户流失也是一个很大的问题。例如，抵押放款公司希望知道，自己的哪些客户会因为竞争对手采用低息和较宽松条款的手段而流失；保险公司则希望知道如何才能减少取消保单的情况，降低承包成本。

为了留住最有价值的客户，需要开展有效的保留活动。然而，在开展保留活动前首先需要找出最有价值的客户，理解他们的行为。可以在整个客户群的很小一部分中尽可能多地找出潜在的流失者，从而进行有效的保留活动并降低成本。接着按照客户的价值和流失倾向给客户排序，找出最有价值的客户。

（3）交叉销售

在客户关系管理中，交叉销售是一种有助于形成客户对企业忠诚关系的重要工具，有助于企业避开"挤奶式"的饱和竞争市场。由于客户从企业那里获得更多的产品和服务，客户与企业的接触点也就越多，企业就越有机会更深入地了解客户的偏好和购买行为，因此，企业提高满足客户需求的能力就比竞争对手更有效。

研究表明，银行客户关系的年限与其使用的服务数目、银行每个账户的利润率之间，存在着较强的正相关性。企业通过对现有客户进行交叉销售，客户使用企业的服务数目就会增多，客户使用银行服务的年限就会增大，每个客户的利润率也随着增大。

从客户的交易数据和客户的自然属性中寻找、选择最有可能捆绑在一起销售的产品和服务，发现有价值的产品和服务组合，从而有效地向客户提供额外的服务，提高活期收入并提升客户的收益率。

（4）欺诈监测

通过侦测欺诈、减少欺诈来降低成本。为了与欺诈活动作斗争，首先需要预测欺诈在何时、何地发生。数据挖掘技术侦测在欺诈中常见的模式，预测欺诈活动将在哪里发生。

对于银行业的公司来说，欺诈活动频繁发生的一个领域是自动取款机（ATM）。数据挖掘帮助公司预测欺诈性的 ATM 交易。银行可以来预测欺诈最有可能在哪个地理位置上发生。接着该信息就被传送给 ATM 网络的成员机构，由这些机构通知客户，让客户确定交易是否正当，从而避免发生更多的欺诈行为。有了这些信息，他们可以更快速地冻结账户或采取其他必要的手段。

（5）开发新客户

金融机构可以使用数据挖掘技术提高市场活动的有效性。银行部门对给出反馈的活动对象进行分析，使之变成新的客户。这些信息也可应用到其他客户，以提高新的市场活动的反馈率。

（6）降低索赔

保险公司都希望减少索赔的数量。可以使用聚类分析，根据现有客户的特征档案来找出哪些客户更有可能提出索赔请求。这些档案是通过对客户提取 200 至 300 个不同的变量而产生出来的。接着，就可以针对那些可能提出较少索赔请求的客户开展获取活动。

（7）信用风险分析

传统的风险管理已无法有效控制跨区域、跨部门、跨行业的多种风险，利用科学的数据分析系统提高欺诈的防范，降低信用风险尤为重要。客户科学评估造成风险的因素，有效规避风险，建立完善的风险防范机制。

(8) 客户流失

随着金融体制改革的不断深化和金融领域的对外开放，我国金融行业的竞争日趋激烈。《2006 年金融服务指数研究报告》显示，在我国金融业逐步对外资行业开放的今天，中国金融业的服务质量虽然有稳步提升，但总体仍需提高，中资银行面临着极大的优质客户流失的危险。这将对银行经营和效益产生极大的影响。除了提高服务质量，银行要加强营销活动，保留优质客户，首先面临的问题就是，谁可能流失？应该针对哪些客户进行客户保留活动？针对所有的客户开展保留活动，成本太大。合理的做法是应用数据挖掘技术，研究流失客户的特征，从而对流失进行预测并对流失的后果进行评估，采取客户保留措施，防止因客户流失而引发的经营危机，提升公司的竞争力。

具体来说，客户流失是指客户终止与企业的服务合同或转向其他公司提供的服务。客户流失分析是以客户的历史通话行为数据、客户的基础信息、客户拥有的产品信息为基础，通过适当的数据挖掘手段，综合考虑流失的特点和与之相关的多种因素，从中发现与流失密切相关的特征，在此基础上建立可以在一定时间范围内预测用户流失倾向的预测模型，为相关业务部门提供有流失倾向的用户名单和这些用户的行为特征，以便相关部门制定恰当的营销策略，采取针对性措施，开展客户挽留工作。

客户流失需要解决如下问题。

①哪些现有客户可能流失？

客户流失的可能性预测。主要对每一个客户流失倾向性的大小进行预测。

②现有客户可能在何时流失？

如果某一客户可能流失，他会在多长时间内流失。

③客户为什么流失？

哪些因素造成了客户的流失，客户流失的重要原因是什么。主要对引起客户流失的诸因素进行预测和分析。

④客户流失的影响？

客户流失对客户自身会造成什么影响？

客户流失对公司的影响如何？

对可能流失客户进行价值评估，该客户的价值影响了运营商将要付出多大的成本去保留该客户。

⑤客户保留措施？

针对公司需要保留的客户，制定客户和执行保留措施。

第二节　客户流失的类型

1. 客户流失现象简述

为了避免由客户流失造成的损失，必须找出那些有流失危险和最有价值的客户，并开展客户保留活动。客户流失现象可以分为以下三种情况：

①公司内客户转移：客户转移至本公司的不同业务。主要是增加新业务，或者费率调整引发的业务转移，例如，从活期存款转移至零存整取，从外汇投资转移至沪深股市投资。这种情况下，虽然就某个业务单独统计来看存在客户流失，并且会影响到公司的收入，但对公司整体而言客户没有流失。

②客户被动流失：表现为金融服务商由于客户欺诈等行为而主动终止客户与客户的关系。这是由于金融服务商在客户开发的过程中忽视了客户质量造成的。

③客户主动流失：客户主动流失可分为两种情况。一种是客户不再使用任何一家金融服务商的业务；另一种是客户选择了另一家服务商，如客户将存款从一家银行转移到另一家银行。客户主动流失的原因主要是客户认为公司不能提供他所期待的价值，即公司为客户提供的服务价值低于另一家服务商。这可能是客户对公司的业务和服务不满意，也可能是客户仅仅想尝试一下别家公司提供而本公司未提供的新业务。这种客户流失形式是研究的主要内容。

2. 客户流失分析

对于客户流失行为预测来说，需要针对客户流失的不同种类分别定义预测目标，即明确定义何为流失，进而区别处理。预测目标的准确定义对于预测模型的建立是非常重要的，它是建立在对运营商的商业规则和业务流程的准确把握的基础之上。在客户流失分析中有两个核心变量：财务原因/非财务原因，主动流失/被动流失。对不同的流失客户按该原则加以区分，进而制定不同的流失标准。例如，非财务原因主动流失的客户往往是高价值的客户，他们会正常支付服务费用并容易对市场活动有所响应，这种客户是企业真正需要保留的客户。而对于非财务原因被动流失的客户，预测其行为的意义不大。

研究哪些客户即将流失，是一个分类问题。将现有客户分为流失和不流失两类，选择适量的流失客户和未流失客户的属性数据组成训练数据集，包括客户的历史通话行为数据、客户的基础信息、客户拥有的产品信息等。Clementine 提供人工神经网络、决策树、Logistic 回归等模型用于建立客户流失的分类模型。

关于流失用户特征的分析，是一个属性约减和规则发现问题。Clementine 提供关联分析方法，可以发现怎样的规则导致客户流失。也可以利用 Clementine 的决策树方法，发现与目标变量（是否流失）关系最为紧密的用户属性。由于不同类型的客户可能具有不同的流失特征。因此，在进行深入的客户流失分析时，需要先进行客户细分，再对细分之后的客户群分别进行挖掘。

在预测客户流失时一个很重要的问题是流失的时间问题，即一个客户即将要流失，那么它什么时候会流失。生存分析可以解决这类问题。生存分析不仅可以告诉分析人员在某种情况下，客户可能流失，而且还可以告诉分析人员，在这种情况下，客户在何时会流失。生存分析以客户流失的时间为响应变量进行建模，以客户的人口统计学特征和行为特征为自变量，对每个客户计算出初始生存率，随着时间和客户行为的变化，客户的生存率也发生变化，当生存率达到一定的阈值后，客户就可能流失。

分析客户流失对客户自身的影响时，主要可以考虑客户的流失成本和客户流失的受益分析。客户流失成本可以考虑流失带来的人际关系损失等因素，通过归纳客户的通话特征来表征。减少客户流失的一个手段就是增加客户的流失成本。客户流失的受益分析就是判断客户流失的动机，是价格因素还是为了追求更好的服务等。这方面内容丰富，需作具体分析。

分析客户流失对公司的影响时，不仅要着眼于对收入的影响，而且要考虑其他方面的影响。单个的客户流失对公司的影响可能是微不足道的，此时需要研究流失客户群对公司收入或业务的影响。这时候可能需要对流失客户进行聚类分析和关联分析，归纳客户流失的原因，有针对性地制定防止客户流失的措施。

在预测出有较大流失可能性的客户后，分析该客户流失对公司的影响。评估保留客户后的收益和保留客户的成本。如果收益大于成本，客户是高价值客户，则采取措施对其进行保留。至于低价值客户，不妨任其流失甚至劝其流失。

总之在利用数据挖掘研究客户流失问题时，需要明确并深入理解业务目标，在明确的业务目标的基础上准备数据、建模、模型评估，最后将模型部署到企业中。

3. 客户流失应用案例

为了举例说明，我们设想一个虚构的银行 Z 银行使用保留客户的应用或客户流失建模。Z 银行正受到来自其他金融机构日益激烈的竞争。住房贷款是 Z 银行最宝贵的客户来源之一，在该业务中遇到一些客户会转投其他竞争对手。在营销策略方面，Z 银行给它的房贷新客户许多的优惠措施（如免费的电器和家具优惠券），因此它获得客户的初始成本相对要高于竞争对手。但是，由于此类贷款由市场主导，因此房屋抵押贷款给 Z 银行带来较小的风险，同时也使其处于一个有利的战略地位可以交叉销售其他的服务如期房贷款和住房保险。

除了保持其战略性市场主导地位，对于 Z 银行来说预测客户流失的可能性也很重要，以便减少那些获得不久就拖欠贷款的新客户。Z 银行有一个客户数据库，包含了有关房贷客户的交易和人口统计信息。

（1）商业理解

预测现有用户中哪些客户在未来 6 个月中可能流失以及对哪些流失客户采取保留

措施。

（2）数据理解

1）数据说明

选取一定数量的客户（包括流失的和未流失的），选择客户属性，包括客户资料、客户账户信息等。利用直方图、分布图来初步确定哪些因素可能影响客户流失。所选取的数据属性包括：

①客户号；

②储蓄账户余额；

③活期账户余额；

④投资账户余额；

⑤日均交易次数；

⑥信用卡支付方式；

⑦是否有抵押贷款；

⑧是否有赊账额度；

⑨客户年龄；

⑩客户性别；

⑪客户婚姻状况；

⑫客户孩子数目；

⑬客户年收入；

⑭客户是否有一辆以上汽车；

⑮客户流失状态。

其中客户流失状态有三种属性：

①被动流失；

②主动流失，这是分析中特别关注的一类客户；

③未流失。

在分析中，我们主要关注的是主动流失的客户。被动流失对银行来说是意义最小的，因为该指标代表的大多数客户是在贷款期内卖掉了房子，因此不再需要房贷了。主动流失指的是转投向 Z 银行竞争对手的客户，是该行关注的焦点。

在开发这个应用之前，Z 银行将所有现有的客户归到上述的三个类别中。同时按照常规，所有的人口统计信息（也就是从客户年龄到客户是否一辆以上汽车）每 6 个月更新一次，而交易信息（从储蓄账户余额到是否有赊账额度）则是实时更新的。为了让预测模型能预先进行指示以便采取补救措施，在目标变量（因变量）和输入变量（自变量）之间设定了 6 个月的延迟。也就是说，输入变量采集 6 个月后再将客户流失状态分类；因此该模型提早 6 个月预测客户流失。

2）数据描述及图表分析

在数据理解中，可以利用描述及可视化来帮助探索模式、趋势和关系。图4-1显示了 Clementine 中数据理解的数据流图，包括使用数据审核、统计量、网络图、条形图、两步聚类、关联规则、查看数据属性之间的关系。

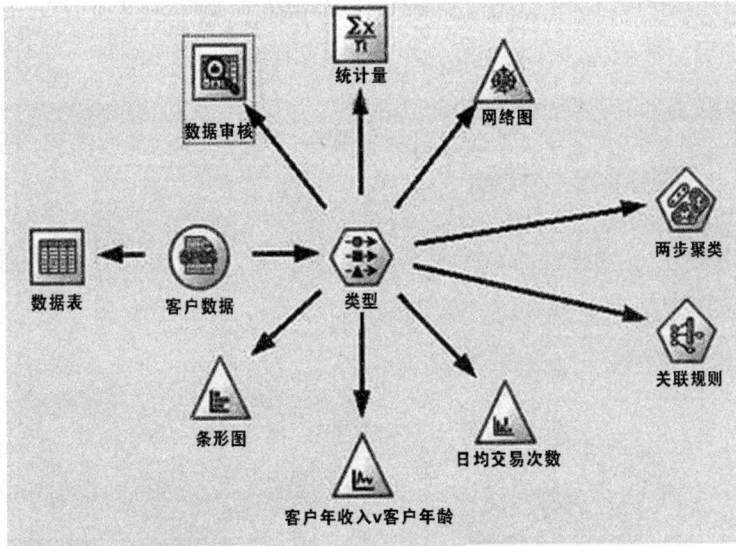

图4-1 数据理解的数据流图

图4-2显示了数据审核结果。可以很清楚地了解14个数据字段的基本情况。如数据类型、最大值、最小值、平均值、标准差、偏度、是否唯一、有效记录个数等。从图4-2可见，房贷客户的平均年龄是57.4岁，最小的18岁，最大的97岁。

图4-2 数据审核图

这些描述能帮助理解数据。使用绘图和直方图节点将数据可视化就产生了客户收入和年龄图及日均交易数的直方图（见图4-3）。将可视化的结果与目标变量联系起来，可以看出客户流失状态包含在不同的图表中。例如，客户的离中趋势，男性和女性客户的被动流失和主动流失以及每个级别的日均交易次数都包含在了图表中。这种对关系的初步评估对于建模是很有用的。更重要的是，结果表明主动流失在女性客户和不太活跃的客户（由日均交易次数确定）中较为多见。

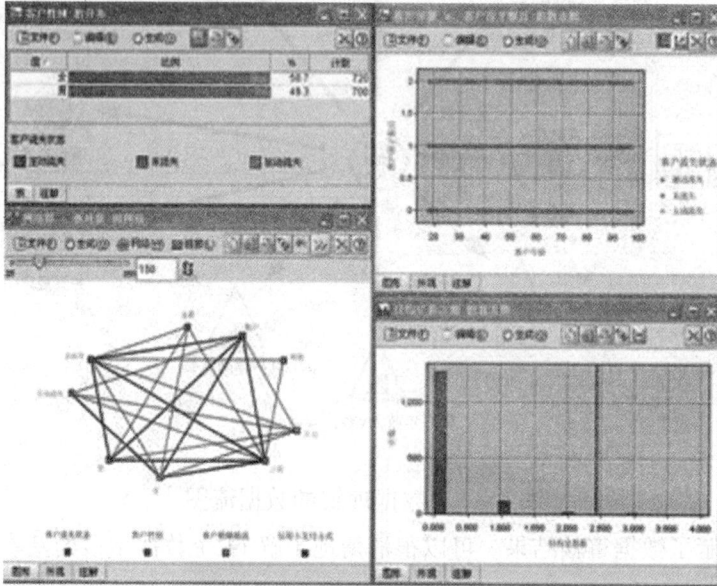

图4-3　各种数据分布图

最后，一幅网状图表明了客户性别、客户婚姻状况、信用卡支付方式、客户流失状态之间的联系（见图4-3左下面板）。较强的关系由较粗的线表示。那些在一定标准（由用户定义）之下的联系则不包括在图中（如在被动流失和选中的一些输入变量之间）。网状图表明现有客户（即非流动者）更多的是那些已婚男性，那些用其他账户进行信用卡支付的人。要注意的是，前面已经提到过，客户流失状态滞后输入变量6个月。

3）关联分析及聚类的结果

为了进一步了解房贷客户可以使用聚类。图4-4总结了使用两步聚类节点获得的结果。如图4-4所示，客户分为七种自然的聚类。所产生的聚类特征可用来定义和理解每个聚类以及聚类间的区别。例如，我们比较聚类1和聚类4，聚类1中包含的是较年轻并绝大多数已婚（92.2%），并且年收入较高的女性。而聚类4中包含的是较年长（平均要比聚类1大5岁），59.8%已婚，年收入较低（平均要比聚类1低4000美元）的男性。聚类的结果对于市场定位和分割研究是非常有用的，但是对于预测建模的作用则没这么明显。

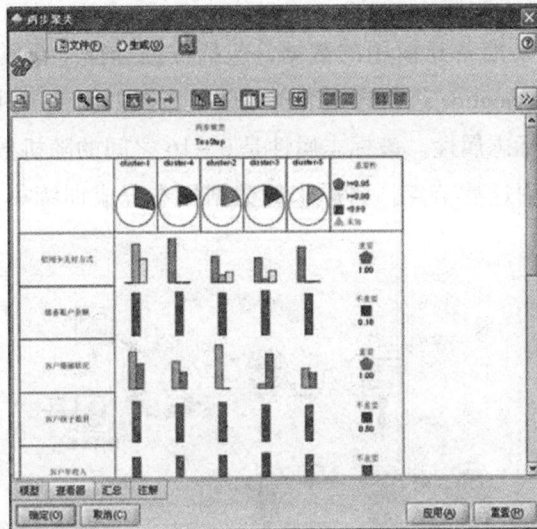

图4-4　两步聚类的部分结果

本例使用关联分析来制订规则，寻找输入变量和目标变量间的关系。这些规则不仅对发现模式、关系和趋势很重要，对于预测建模（如决定采用/不采用哪些输入变量）也很重要。我们使用 Clementine 的 GRI（广义规则归纳）节点来进行联合分析，结果如图4-5所示。其中，第一条联合分析规则表明，有 156 名（或 11.0% 的）房贷客户的投资账户余额低于 4988 美元，其中 81.0% 是被动流失的。同样，第三条规则表明有 198 名（或 13.9% 的）房贷客户的活期账户余额超过 1017 美元，其中 81.0% 是主动流失的。其他的规则可以类似地进行理解。这些规则表明交易和人口统计信息是如何与客户流失状态联系起来的。要注意的是，客户流失状态滞后输入变量 6 个月。

图4-5　关联分析的部分结果

（3）数据准备

根据数据理解的结果准备建模用的数据，包括数据选择、新属性的派生，数据合并等。在本例中，利用 Clementine 进行数据准备的数据流图如图 4-6 所示。通过分裂节点，给数据集添加一个新的标志属性。该标志属性是 0～16 之间的随机数。然后再根据标志属性值（<4 和≥4），利用过滤节点，将原来的数据样本分成训练集（约占 75%）和测试集（约占 25%）。

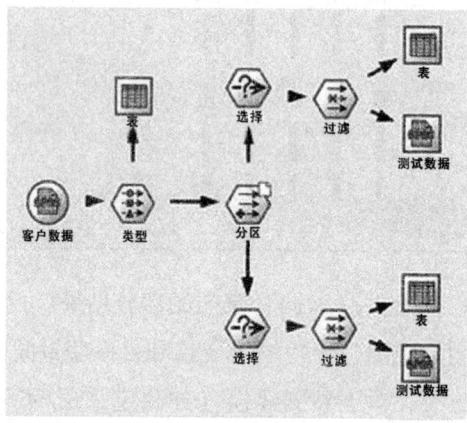

图 4-6　数据准备的数据流图

（4）建立模型及评估

预测建模是本例中最重要的分析，神经网络和决策树尤其适用于对房贷客户的流失建模。图 4-7 和图 4-8 展示的是使用 Clementine 训练神经网络模型和建决策树功能得到的神经网络和决策树的结果。

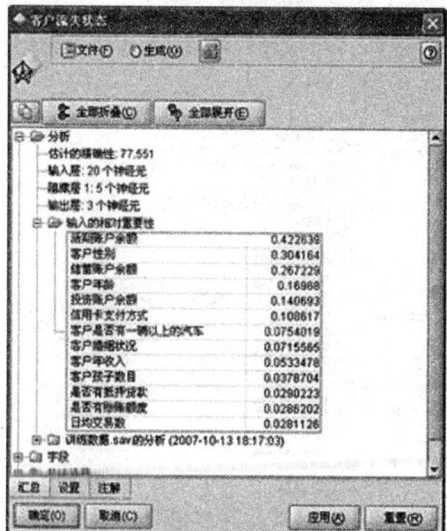

图 4-7　神经网络模型结果

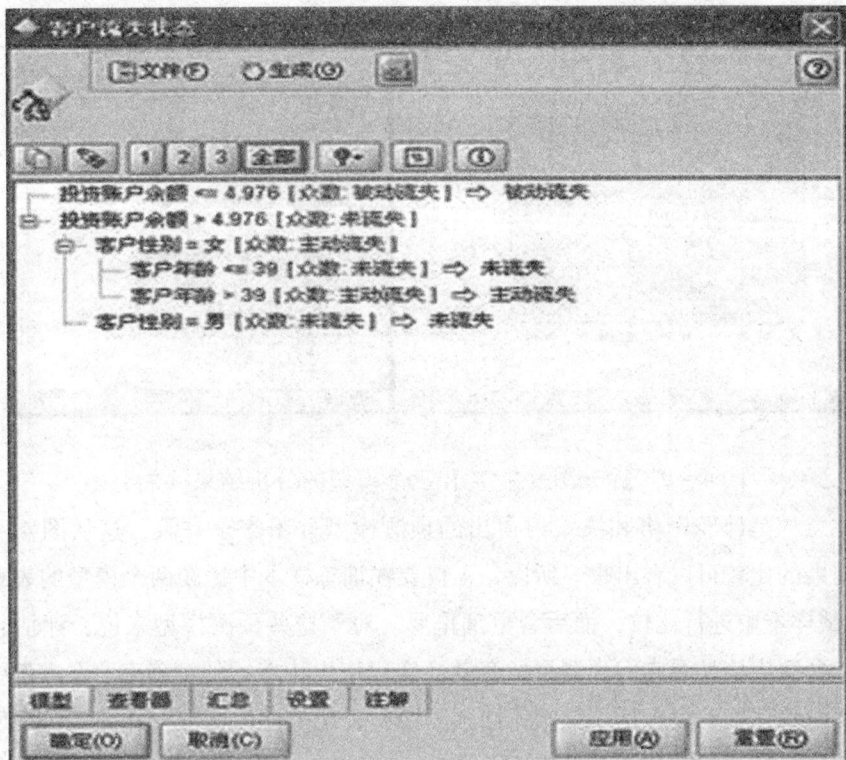

图 4 - 8 C5.0 决策树分类结果

决策树模型中有 4 个终端节点和仅仅 3 个重要的输入变量（按照重要性降序排列）：投资账户余额、客户性别和客户年龄。神经网络模型在输入层、隐藏层和输出层分别有 20 个、5 个和 3 个神经元。此外，最重要的 5 个输入变量是（按照重要性降序排列）：活期账户余额、储蓄账户余额、投资账户余额、客户孩子数目和客户孩子数目客户孩子数目。Logistic 回归模型统计有效，卡方检验的 p 值为 1.000，表明数据吻合得很好。此外，下列输入变量在统计时，在 0.05 的有效水平上预测客户流失状态也统计有效：储蓄账户余额 c（p 值 = 0.000）、活期账户余额（p 值 = 0.000）、客户年龄（p 值 = 0.002）、客户年收入（p 值 = 0.033）及客户性别（p 值 = 0.000）。

从用评估图节点产生的提升图中可以看出每个预测模型都是有效的，如图 4 - 9 所示（从左至右分别为 Logistic 回归、决策树和神经网络）。提升表中绘制的是累积提升值与样本百分比的关系（在这里是构造/培训样本）。基准值（即评估每个模型的底线）是 1，它表示当从样本中随机抽取记录的百分点时能成功地"击中"现有客户。提示值衡量的是当来自数据中的某一记录是一小现有客户的降序预测概率能被百分点反映时，预测模型"击中"现有客户的成功可能性（准确度）有多高。如图 4 - 9（左）所示，每个模型的提升值均大于 1，在 100% 时收敛于 1。由于每个预测模型都能以有效精度预测目标变量（起码对于现有客户和非现有客户之间的关系），因此我们可以说它们都是有效的。

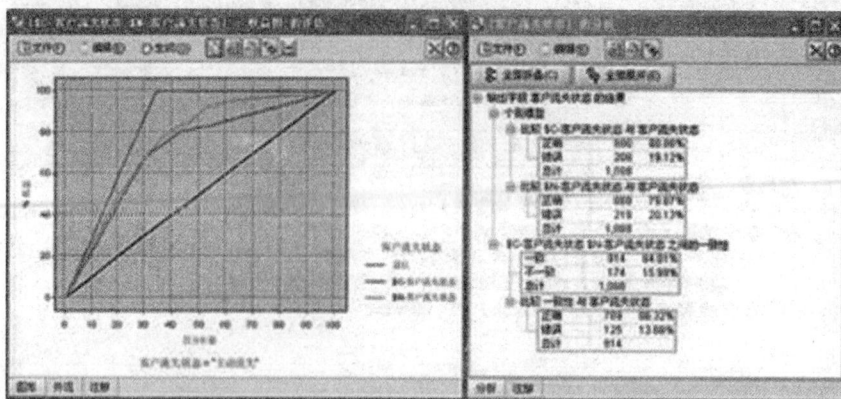

图 4-9　提升图（左）和三个模型的分析结果（右）

值得注意的是神经网络和决策树得出的预测模型并不完全一致，这从图 4-9（右）两个模型结果的比较可以看出来。所以，不仅要在训练样本中比较两个模型的表现，也要在训练/测试样本中进行比较，而后者更加重要。对于这些预测模型来说，评估它们相对表现的最佳办法应该是看它们预测目标变量（客户流失状态）的精确率。在本例中为了简单起见，假设总体精确度包括了比较不同预测模型表现的评估标准。在图 4-10 所示的右面板中，决策树模型的预测相对精确，总体精确度为 81.6%，因此根据评估标准，决策树模型是最好的预测模型，应该在 ZBANK 预测房贷客户的流失中使用。

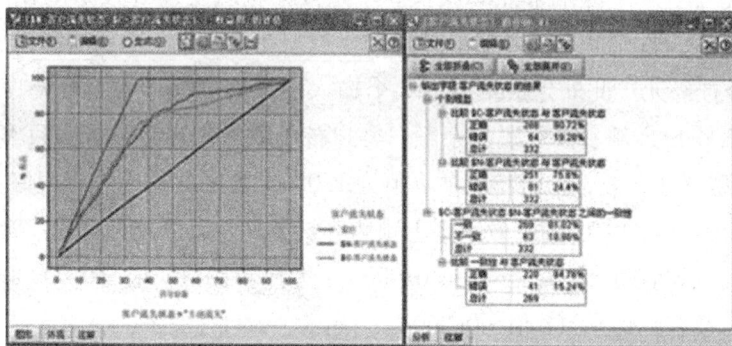

图 4-10　测试集的提升图（左）和三个模型的分析结果（右）

（5）模型部署

在本例中，决策树模型不仅精度最高，而且从图 4-8 中的简明规则可以看出，决策树的模型也容易理解。结果表明，Z 银行的房贷客户中，那些 39 岁以上，在投资账户中余额超过 4976 美元的女性更可能主动流失。要注意的是，客户流失状态滞后输入变量 6 个月。从到目前位置的结果来看，决策树客户流失预测模型能够更精确地根据交易和人口统计的信息判断出流失客户和非流失客户，从而产生增值效益。因此，Z 银行可以用决策树模型判断哪些客户倾向于主动流失，然后向他们提供优惠措施或采取其他预防措施。同样，客户流失模型可以判断哪些是流失风险较低的房贷申请者。使用数据挖掘的决策树模型可以用来对现有客户和新的房贷申请者进行评级。在 Clementine 中部署模型的数据流图如图 4-11 所示。运行数据流后，Clementine 自动将结果存储在逗号分隔的文件中。银行中其他人员即使没有安装 Clementine，也可以使用记事本等软件打开查看。并且可以很好地集成到银行现有的其他业务系统中。图 4-12 给出了一个结果的例子。其中按照客户流失概率的大小，对客户进行排序。

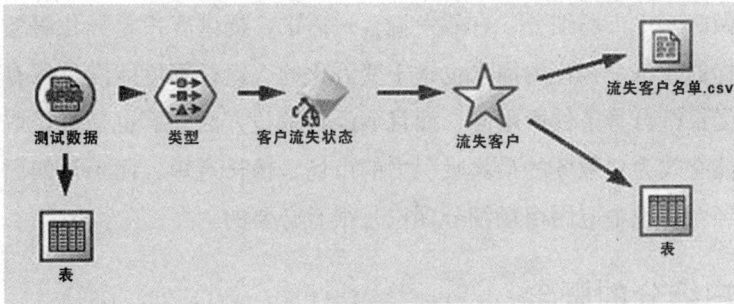

图 4-11　模型部署的数据流图

图 4-12　流失概率和客户价值的散点图

　　最后需要指出的是在本例中，模型的总体分类精确率是简化计算的。在实际使用中，一般还需要考虑误分类及其相关成本，还有流失客户和非流失客户在样本和总体中的相对比重。

第三节 客户细分

一、信用风险分析

随着金融市场逐步开放，商业银行和保险公司面临着巨大的压力和挑战。面对竞争和挑战、重点是做好客户市场细分，有效发掘客户需求，提供客户差异化服务。一个银行的客户是多种多样的，各个客户的需求也是千变万化的，银行不可能满足所有客户所有的需求，这不仅是受银行自身条件所限制，而且从经济效益方面来看也是不足取的，因而银行应该分辨出它能有效为之服务的最具吸引力的市场，扬长避短，而不是四面出击。对一个银行来说，在经营管理中应用市场细分理论是很有必要的。

二、客户细分的概念

客户细分的概念是美国市场学家温德尔·史密斯（Wendeii R. Smith）于 20 世纪 50 年代中期提出来的。

客户细分（Customer Segmentation）是指按照一定的标准将企业的现有客户划分为不同的客户群。客户细分是客户关系管理的核心概念之一，是实施客户关系管理重要的工具和环节。Suzanne Donner（苏珊娜唐纳）认为：正确的客户细分能够有效地降低成本，同时获得更强、更有利可图的市场渗透。通过客户细分，企业可以更好地识别不同客户群体对企业的价值及其需求，以此指导企业的客户关系管理，达到吸引合适客户，保持客户，建立客户忠诚的目的。

所谓客户细分主要指企业在明确的战略、业务模式和专注的市场条件下，根据客户的价值、需求和偏好等综合因素对客户进行分类，分属于同一客户群的消费者具备一定程度的相似性，而不同的细分客户群间存在明显的差异性。客户细分的理论依据主要有如下四方面：

①客户需求的异质性。影响消费者购买决策因素的差异决定了消费者的需求、消费者的消费行为必然存在区别。因此可以根据这种差异来区分不同的客户，客户需求的异质性是进行客户细分的内在依据。

②消费档次假说。随着经济的发展和消费者收入水平的提高，消费量会随之增加。但消费量的增加并非线性增长，而是呈现出区间性台阶式的变化形式，一旦消费者达到某种消费层次之后，消费变化的趋势将变得非常平缓。根据消费档次假说，消费者的消费档次或消费习惯在一段时期内是相对稳定的，这就为通过消费行为来划分消费群体提供了理论前提和基础。

③企业资源的有限性和有效市场竞争的目的性。资源总是稀缺的，由于缺乏足够的资源去应对整个客户群体，因此必须有选择地分配资源。为了充分发挥资源的最大效用，企业必须区分不同的客户群，对不同的客户制定不同的服务策略，集中资源服务好重点客户。

④稳定性。有效的客户细分还必须具有相对的稳定性，足以实现在此基础上进行的实际应用，如果变化太快，应用方案还未来得及实施，群体就已面目全非，这样的细分方法就显得毫无意义。

三、客户细分模型

客户群细分是为了选择适合企业发展目标和资源条件的目标市场。客户细分模型是指选择一定的细分变量，按照一定的划分标准对客户进行分类的方法。一个好的细分模型，首先是要满足细分深度的要求，不同的使用者对客户细分的深度也有不同的要求，这就要求模型划分的结果能满足不同使用者的需要。其次是对数据的处理能力和容错能力的要求，现代数据库的存储容量越来越大，数据结构也趋于多样性，误差数据也会随之增多，这就要求模型能适应数据在量和样上的膨胀，对误差数据能做出判别和处理。最后是模型要有很强的适用能力，变化是绝对的，而稳定只是相对的，无论是个人消费者还是消费群体，他们的消费行为都是在变化的，这就要求模型对客户的细分标准要随新的情况而不断更新。在对客户进行细分的方法中，除了传统的按照客户基本属性进行分类的方法以外，还有其他多种客户细分模型，如基于客户价值贡献度的细分模型、基于不同需求偏好的细分模型和基于消费行为的细分模型。基于消费者消费行为的客户细分模型研究，主要是以消费者的购买频率、消费金额等为细分变量，如 RFM 模型和客户价值矩阵模型。

（1）RFM 模型

RFM 细分模型是根据消费者消费的间隔、频率和金额三个变量来识别重点客户的细分模型。

R – Recency 指客户上次消费行为发生至今的间隔，间隔越短则 R 越大；F – Frequency 指在一段时期内消费行为的频率；M – Monetary 指在某一时期内消费的金额。研究发现，R 值越大、F 值越大的客户越有可能与企业达成新的交易，M 值越大的客户越有可能再次响应企业的产品和服务。

（2）客户价值矩阵模型

客户价值矩阵模型是在对传统的 RFM 模型修正的基础上提出的改进模型。用购买次数 F 和平均购买额 A 构成客户价值矩阵，用平均购买额替代了 RFM 模型中存在多重共线性的两个变量，消除了 RFM 模型中购买次数和总购买额的多重共线性的影响。在客户价值矩阵中，确定购买次数 F 和平均购买额 A 的基准是各自的平均值，一旦确定了坐标轴的划分，客户就被定位在客户价值矩阵的某一象限区间内。依据客户购买次数的高低和平均购买额的多少，客户价值矩阵将客户划分成四种类型，即乐于消费型客户、优质型客户、经常型客户和不确定客户，如图4-13所示。

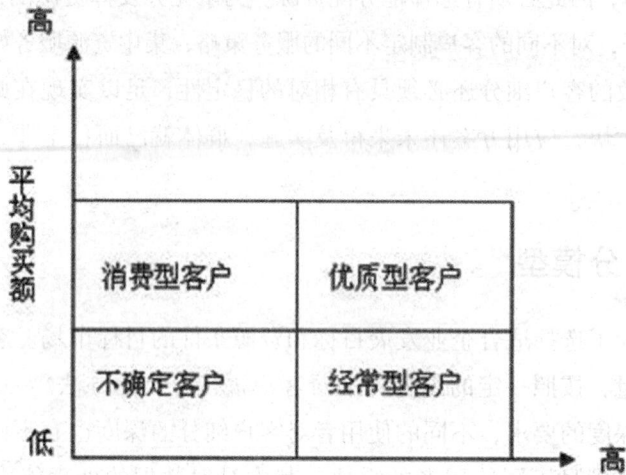

图4-13　客户价值矩阵

客户细分并没有统一的模式，企业往往根据自身的需要进行客户细分，研究目的不同，用于客户细分的方法也不同。总地来讲，客户细分的方法主要有四类：①基于客户统计学特征的客户细分；②基于客户行为的客户细分；③基于客户生命周期的客户细分；④基于客户价值相关指标的客户细分。

四、客户细分模型的基本步骤

客户细分包括六个基本步骤：

第一步，理解业务需求。

在未来的业务中，知道谁是客户是个非常好的起始点，以了解瞬息万变的市场环境。清楚地了解客户也是对每个客户组采取有针对性措施的基础。客户细分就是根据其特征将相似的客户归组到一起，这是了解客户和针对特定客户组进行市场定向所不可缺少的。客户细分可根据许多不同条件而进行。这些条件可由简单的年龄、性别、地理位置或这些变量的组合来构成。当这些条件变得越来越复杂时，数据挖掘技术就应运而生了。决定使用哪些条件取决于客户细分的目的和应用方法。在使用数据挖掘开发客户细分时，最重要的部分是其结果应当在业务远景中意义深远，并且能够在实际业务环境中进一步得到应用。需要记住的一点是：由于市场环境是动态变化的，细分建模过程应当是重复性的，且模型应随着市场的变化而不断革新。

第二步，选择市场细分变量。

由于变量选择的优劣对细分结果质量的影响非常显著，所以变量选择应该建立在理解业务需求的基础之上，以需求为前提，在消费者行为和心理的基础上，根据需求选择变量。此外，变量的选择还应该有一定的数量，多了不好，少了也不好。

第三步，所需数据及其预处理。

为创建数据模型，必须使用收集到的原始数据，并将其转换成数据模型所支持的格式。我们称这个过程中的这个阶段为初始化和预处理。在金融业中进行客户行为细分通常需要行为数据和人口统计数据等类型的数据。行为数据是客户行为，可通过客户的账户信息、购买产品的信息等捕获。人口统计数据（如年龄、性别、工作等）可根据客户办理业务时，提供给金融机构的信息获得。这在识别或描述客户组的特征时很有用。

第四步，选择细分技术。

目前，通常采用聚类技术来进行客户细分。常用的聚类算法有 K–means 聚类法、两步聚类法、Kohonen 网络聚类法等，可以根据不同的数据情况和需要选择不同聚类算法来进行客户细分。

第五步，评估结果。

在对用户群进行细分之后，会得到多个细分的客户群体，但是，并不是得到的每个细分都是有效的。细分的结果应该通过下面几条规则来测试：与业务目标相关的程度；可理解性和是否容易特征化；基数是否足够大，以便保证一个特别的宣传活动；是否容易开发独特的宣传活动等。

第六步，应用细分模型。

根据客户细分的结果，市场部门制定合适的营销活动，进行有针对性的营销。总之，客户细分是金融机构与用户二者实现双赢的重要举措。目前用户需求呈现多样化、个性化的趋势，只有通过深入分析用户消费行为，精确识别、细分用户市场，开发出针对不同层次用户的服务品牌进行服务营销，方能使得各方价值发挥到最大，实现共赢。不同级别的客户对服务的需求以及"赢"的概念是不同的，正是因为为不同的客户提供不同的产品和服务才能使客户都达到满意，从而在市场上占据有利地位。

五、细分方法介绍

在数据挖掘中，往往通过聚类分析的方法来实现细分。聚类分析方法至少有以下几类：

①K–means 聚类法。使用者需要首先确定数据分为 K 群，该方法会自动确定 K 个群的中心位置，继而计算每条记录距离这 K 个中心位置的距离，按照距离最近的原则把各个记录都加入到 K 个群，重新计算 K 个群的中心位置，再次计算每条记录距离这 K 个中心位置的距离，并把所有记录重新归类，再次调整中心位置，依次类推……，当达到一定标准时，结束上述步骤。这种方法运算速度快，适合于大数据量。

②两步聚类法。这种方法首先需要确定一个最大群数（比如说 n），并把数据按照一定的规则分为 n 个群，这是该方法的第一步。接着按照一定的规则把 n 个群中最接近的群进行归并，当达到一定的标准时，这种归并停止，这就是该种方法最终确定的聚类群数

（比如说 m），这是第二步。两步聚类法的一个显著优点是可以不指定聚类群数，它可以根据据结构本身自动确定应该把数据分为多少群。

③Kohonen 网络聚类法，是运用神经网络的方法对数据进行细分的数据挖掘方法。为了提升客户的全面经验，许多金融机构将数据挖掘应用于客户细分在客户个人属性以及产品之间提取直观的联系。从这些现存的客户以及潜在客户中得到的客户特征经验的知识进而可以用于配合市场营销工作来增加交叉销售的机会，提高投资回报率（ROI）（Peacock，1998）。这使得金融机构可以提供特定的产品与服务来满足客户的需要。数据挖掘中典型的细分应用要么是使用有监督学习方法，要么是使用非监督学习方法来进行（Chung 和 Gray，1999）。对于前者，数据挖掘模型学习客户的行为特征与已经确定的我们感兴趣的输出变量之间的关系。例如，客户评价模型，将客户分为不同的等级，并得出每个等级的特征。另一方面，非监督学习方法基于客户的输入属性产生不同的类别，而且不需要设定我们感兴趣的输出变量。每个类别的成员享有相似的特征，并且与其他的类别之间的特征是截然不同的。

六、客户细分实例

假设 Z 银行拥有以下数据：

①客户号；

②储蓄账户余额；

③活期账户余额；

④投资账户余额；

⑤日均交易次数；

⑥信用卡支付方式；

⑦是否有抵押贷款；

⑧是否有赊账额度；

⑨客户年龄；

⑩客户性别；

⑪客户婚姻状况；

⑫客户家庭情况（孩子数）；

⑬客户年收入；

⑭客户是否拥有一辆以上小汽车；

⑮客户流失状态。

假设 Z 银行希望建立更为有效的市场营销战略来给持有高价值投资组合的客户推销其金融产品。为了做到这些，Z 银行使用细分模型特征化了其客户，并且依赖客户属性分割这些客户为截然不同的类别。其后，自然可以利用这些从客户中得到的特征剖面来定制其市场营销战略来给其潜在的客户提供更多目标性的信息。

此外，假设 Z 银行使用监督学习以及非监督学习建模技术来生成客户的特征。这里我们使用 SPSS 公司的数据挖掘软件 Clementine。相关的数据挖掘应用程序图示如图 4 – 14。

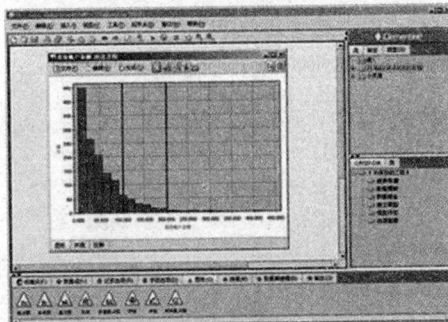

图 4 – 14 投资账户余额分段

对于监督学习模型，基于上面涉及的 13 个变量基础进行细分。目标变量是由输入变量——投资账户余额，直接生成的多分类变量。关于投资账户余额的分布可以由直方图节点来决定如何适当地将每个客户分类到三个箱柜中：高、中和低投资组合价值。关于投资账户余额的分布与归箱也显示在图 4 – 14 中。关于投资账户余额的归箱组成了我们感兴趣的投资价值目标变量。

进而可以构建 Logistic 回归模型来生成基于不同单个客户投资价值的不同分类的特征属性。

图 4 – 15 描述了 Logistic 回归模型的结果。进一步的结果表明，在预测每个客户的投资价值的预测模型中统计上显著的变量有储蓄账户余额和活期账户余额。进而，高价值投资组合客户的特征就由这些变量来决定。

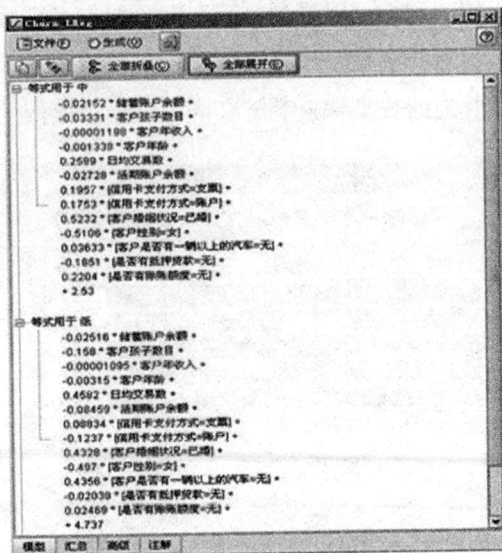

图 4 – 15 Logistic 回归模型

非监督学习细分模型是基于 14 个变量来做出的。在这种情形下，不需要设定目标变量。对于非监督学习细分，通常可以使用三种数据挖掘算法，也就是，两步聚类、Kohonen 网络聚类以及 K - means 聚类。对于我们的演示，这里仅仅使用了两步聚类，两步聚类分析结果如图 4 - 16 所示。

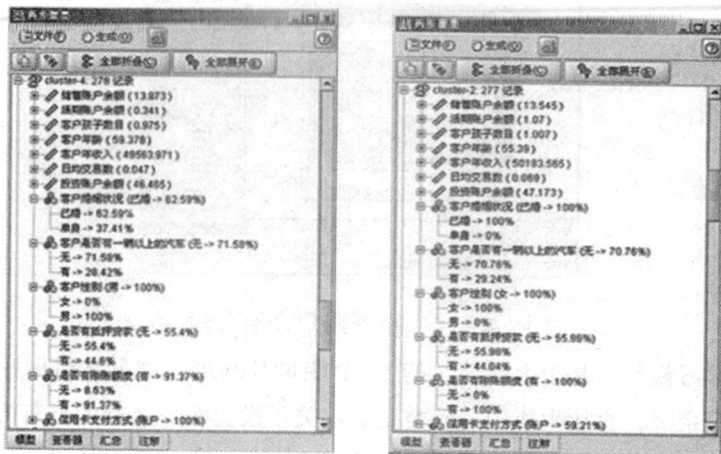

图 4 - 16　两步聚类分析结果

图 4 - 16 显示了使用两步聚类法生成的五个类别的聚类模型。关于每一类的信息也列了出来。例如，第 4 类包含 278 个客户，它描述了在这个类别中大部分的客户是男性且大部分无抵押贷款的客户。另外，第 2 类描述了大多数为已婚女性且拥有赊账额度的客户。

更进一步的数据探索是建立在两步聚类结果上的，通过利用我们所关心的变量的直方图或者分布图等图形化展示手段来比较五个类别的结果。图 4 - 17 显示了关于五个类别中流失状态以及流失率的比较。我们可以看到，第 2 类中拥有大多数的主动以及被动流失的客户。同样，第 3 类则是相当的混合了现存客户以及主动流失的客户。此外，第 4 类中具有最大的现存客户。对于其他的分类输入变量来讲可以绘出相似的分布图。

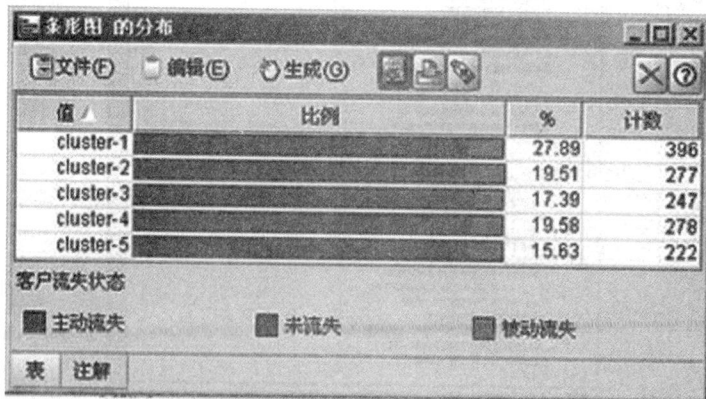

图 4 - 17　五个类别中流失状态以及流失率的比较

最后，关于投资账户的直方图也可以根据五个类别分别绘出，如图4-18。我们可以看到，第1类包含了相对其他几类更多的低投资账户的客户。另外，第3类则是由持有高价值投资账户的客户组成。如此，如果Z银行能够促销新产品，第3类的客户可能是更为有希望的目标群体，能够生成更好的市场营销结果。利用这些知识，Z银行现在能够设计适当的银行产品来满足那些不同的客户群体。

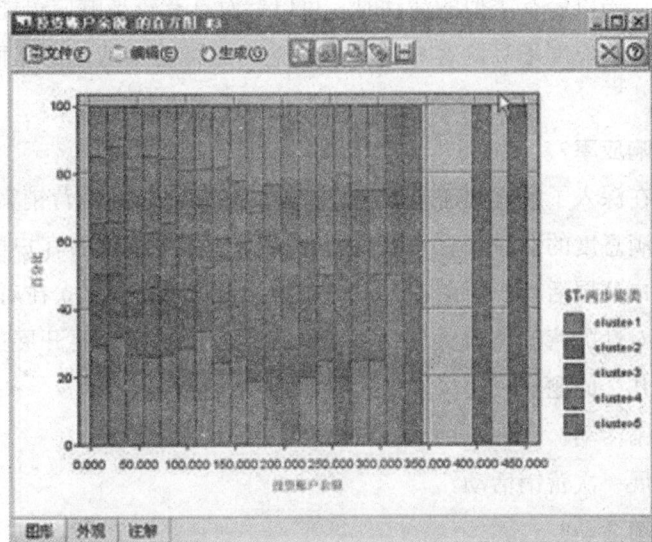

图4-18　五个类别的投资账户余额的直方图

七、营销响应

为了发展新客户和推广新产品，企业通常会针对潜在客户推出各种直接营销活动。然而，如果目标客户的选择不明确，营销活动往往花费巨大而取得的实际效益不佳，甚至可能遭遇由于活动响应率太低而无法收回成本的境况。在当今竞争激烈的金融市场上，一方面，客户每天通过短信、电话、信件、电子邮件、网站广告等方式会接触到大量的金融业务广告，缺乏针对性和足够吸引力的营销活动往往会被客户直接忽略；另一方面，用户越来越看重个性化服务，对新的金融产品具有较大的需求。

为了更好地满足客户需求，许多公司采用了促销活动管理系统来帮助执行促销活动。这些管理系统增加了公司采取的促销活动的数量，却并不一定能改善促销活动的效率。事实上，不合适的促销活动和过多的促销活动只会导致用户对公司的不满意度增加。

所以，有效促销活动不在于数量的多少，而在于要在恰当的时机，通过恰当的方式，向恰当的用户推销恰当的产品。也就是说，有效的促销活动，不在于涉及客户的数量多少，而在于针对的都是具有高响应概率的目标人群。这不仅可以提升客户的满意度，增强客户对公司的忠诚度，而且可以降低客户获取费用，增加营销活动投资回报率，直接带来公司效益的增加。数据挖掘中的营销响应分析可以帮助达到提高营销活动回报率的目标。

什么是营销响应?

营销响应模型是一种预测模型。目标变量是预测谁会对某种产品或服务的宣传进行响应,自变量是客户及其行为的各种属性,如客户年龄,客户收入,客户最近一次购买产品的时间,客户最近一个月的购买频率等。利用响应模型来预测哪些客户最有可能对营销活动进行响应,这样,当以后有类似的活动时,可以针对具有较高响应可能性的客户进行相应的营销活动。而对响应度不高的客户就不用对他们进行营销活动,从而减少活动成本,提高投资回报率。

如何提高营销响应率?

金融机构应当在深入了解客户需求和客户特征的基础上,制定营销策略,从而达到增加营业收入和客户满意度的双重目标。我们提倡的不是针对最佳的客户群开展营销活动,而是针对每一个客户开展活动。所谓"知己知彼,百战不殆",建立在对客户需求良好把握基础之上极具针对性的营销将极大地提高营销活动的成功率。要开展这样的营销活动,首先需要回答以下几个问题:

①对谁开展营销活动?
②多长时间开展一次营销活动?
③何时开展营销活动?
④如何开展营销活动?

金融机构在数据挖掘技术的帮助下,针对客户数据建立营销响应模型,在合适的时间,通过合适的渠道,以一种合适的接触频率,对合适的客户开展活动,从而提高营销活动的响应率和投资回报率。

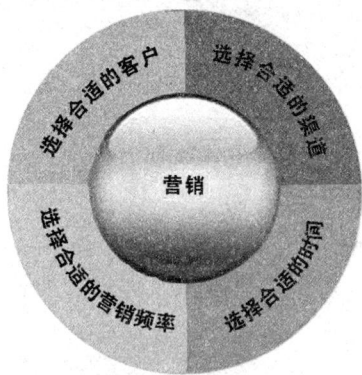

图 4 - 19 营销活动的四个要素

1) 选择合适的客户

金融机构对以往的营销数据进行分析,采用决策树等数据挖掘方法,识别出具有高响应率的客户的特征。通过选择合适的客户,可以排除对促销活动响应不积极的客户,将目标客户的数量大大减小，从而在实现更有针对性的营销的同时降低营销成本。据统计，通过减小目标客户的数量，通常可以节省 25% ~ 40% 的营销费用，同时增加营销响应率。

2）选择合适的渠道

要针对用户选择合适的营销渠道，也就是和客户接触的方式。通过使用每个用户偏爱的方式与之接触，也有利于提升客户响应率。在确定促销渠道时，要考虑客户对渠道的偏爱、渠道成本、期望的响应率、其他营销限制条件等。

3）选择合适的时间

在当今竞争激烈的社会里，客户有很多满足自己需求的机会和选择。因此，一旦发现了客户尚未被满足的需求或者出现遗失客户风险时，一定要及时和客户接触。这种事件驱动的促销方式，通常也可以取得较高的响应率。

4）选择合适的活动频率

此外，并不是促销活动越多，效果越好。活动计划者需要根据实际情况，针对具体的客户，选择一个最优的活动次数，既使得客户的各种需求得到较好的满足，又避免因为过于频繁的接触而导致客户的反感。同时，过多的营销活动，也会增加营销成本。需要在增加成本和提高响应率带来的收益之间寻找一个最优点。客户自身的偏好对于营销活动的频率确定也至关重要，比如，对于不喜欢过于频繁地接到促销电话的客户，就要适量降低电话促销的频率。通过更有针对性地选择客户和根据客户的需求和偏好来推广促销活动，可以将促销活动的投资收益率提高 25% ~ 50%。

表 4 - 19　营销活动四阶段总结

阶段	1. 合适的客户	2. 合适的渠道	3. 合适的时间	4. 合适的活动频率
目标	为营销活动选择最佳客户	为目标客户选择最优营销方式	在合适的时间对目标客户开展营销	确定最适合客户的营销频率
方法	预测分析	渠道优化	事件营销	促销优化
策略	预测谁是最有可能响应营销并且能给营销活动带来收益的客户	在客户偏爱的方式和公司的成本与能力之间选取最优结合点	变小的，经常性的营销活动为事件触发的营销活动	在客户响应率和公司收益之间选择最佳结合点
好处	降低 25% ~ 40% 的营销成本	降低接触客户的成本	响应率的提高至少达到两倍	提高 25% ~ 50% 的收益

八、营销响应应用案例

一家虚拟银行新推出了一种新的抵押贷款业务，为了推广新产品，该银行决定执行直接营销活动。为此，分析人员收集了以往进行类似产品的营销时公司执行营销活动的相关数据，经过数据挖掘应用，计算客户影响概率，得到客户响应率模型，进而对客户对新产品的响应概率进行预测。从中选取响应率高的客户开展新产品营销活动。

（1）商业理解

识别出可能响应直接营销活动的客户，提高营销活动的响应率。

（2）数据理解

收集部分以往的营销活动数据（包括对活动响应的客户数据和未对活动响应的客户数据），选择客户属性，包括客户人口统计学特征和账户信息等。利用直方图、分布图来初步确定哪些因素可能影响客户响应。所选取的数据属性包括用户编号、年龄、收入、孩子数目、是否有汽车、是否有抵押贷款、居住区域、性别、婚姻状况、在该银行是否有储蓄账户、在该银行是否有活期账户、是否对促销活动响应等 12 个字段。

其中是否响应是预测的目标变量，共有两个属性：否，客户未响应营销活动；是，客户响应营销活动。

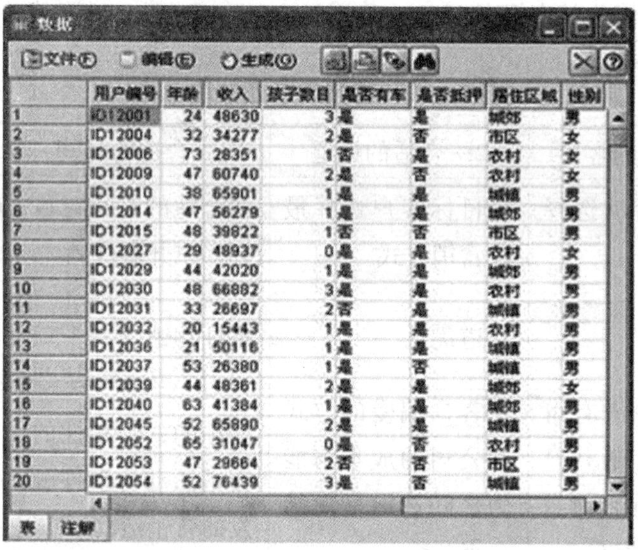

数据

文件(F) 编辑(E) 生成(G)

	用户编号	年龄	收入	孩子数目	是否有车	是否抵押	居住区域	性别
1	ID12001	24	48630	3	是	是	城郊	男
2	ID12004	32	34277	2	是	否	市区	女
3	ID12006	73	28351	1	否	是	农村	女
4	ID12009	47	60740	2	是	否	农村	女
5	ID12010	38	65901	1	是	是	城镇	男
6	ID12014	47	56279	1	是	是	城郊	男
7	ID12015	48	39822	1	否	否	市区	男
8	ID12027	29	48937	0	是	是	农村	女
9	ID12029	44	42020	1	是	是	城郊	男
10	ID12030	48	66882	3	是	是	农村	男
11	ID12031	33	26697	2	否	是	城镇	男
12	ID12032	20	15443	1	是	是	农村	男
13	ID12036	21	50116	1	是	是	城镇	男
14	ID12037	53	26380	1	是	否	城镇	男
15	ID12039	44	48361	2	是	是	城郊	女
16	ID12040	63	41384	1	是	是	城郊	男
17	ID12045	52	65890	2	是	是	城镇	男
18	ID12052	65	31047	0	是	否	农村	男
19	ID12053	47	29664	2	否	否	市区	男
20	ID12054	52	76439	3	是	否	城镇	男

表 注解

图 4－20　数据

首先采用直方图、散点图等工具对数据之间的关系进行初步探索。图 4－21 是按照响应与否察看收入与孩子数目之间的散点图。可见，如果只考虑“孩子数目”属性，发现随着孩子数目增加，响应的客户比率降低。同时考虑“孩子数目”和“收入”属性，发现响应比率与“收入”和“孩子数目”的比值相关，这个比值通常被称为“相对收入”。

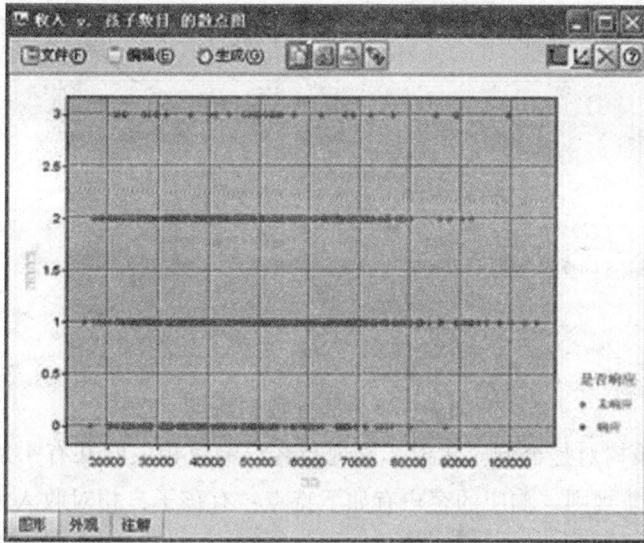

图 4 - 21　收入与孩子数目的散点图

图 4 - 22 是孩子数目的分布图。有一个孩子的客户占 44.3%。而在这些客户中，大部分是对直接营销活动进行响应的客户。总地来说，随着孩子数目的增加客户响应率降低。

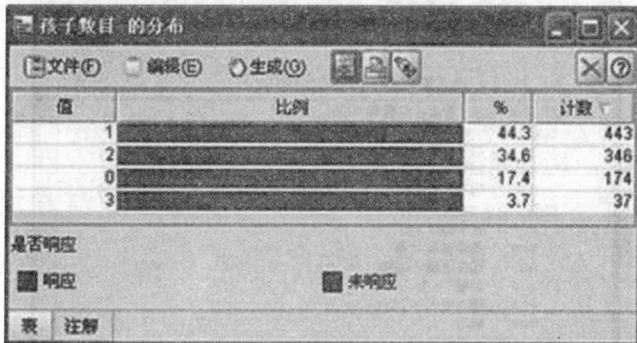

图 4 - 22　孩子数目的分布图

(3) 数据准备

根据数据理解的结果准备建模需要的数据，包括数据选择、新属性的派生、数据合并等。在数据理解中发现，是否响应与"收入"和"孩子数目"的比率有关，因此，派生出"相对收入"属性，定义为：如果"孩子数目"为 0，则相对收入 = 收入；否则，相对收入 = 收入/孩子数目。

(4) 建立模型及评估

对数据进行预处理之后，分别使用 C5.0 决策树模型、神经网络模型、C&RT 决策树分类模型，以客户属性为输入变量，以客户是否响应为目标变量进行分类。然后对测试集分别应用这三个模型，选取效果最好的模型部署到企业中。

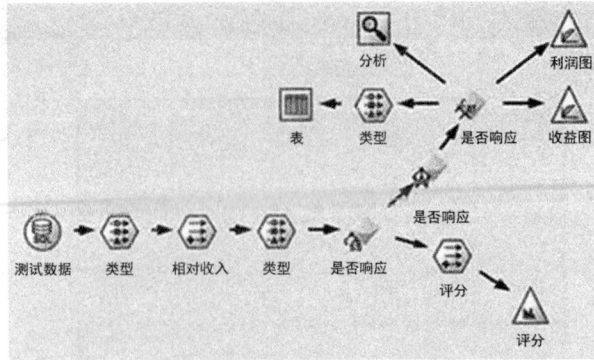

图 4 - 23   部分数据流图

使用 C5.0 决策树对是否响应建模，发现与客户响应相关的共有 4 条规则，与客户不响应相关的共有 8 条规则。响应的客户有如下特点：有孩子，相对收入大于 49997 元；或者有孩子，有车，居住在郊区，在该银行开有储蓄账户，相对收入大于 25563 元；或者是年龄大于 45 岁，没有抵押贷款，在该银行开有储蓄账户，相对收入大于 25563 元；或者是年龄大于 45 岁，没孩子，没贷款，收入小于 25563 元。

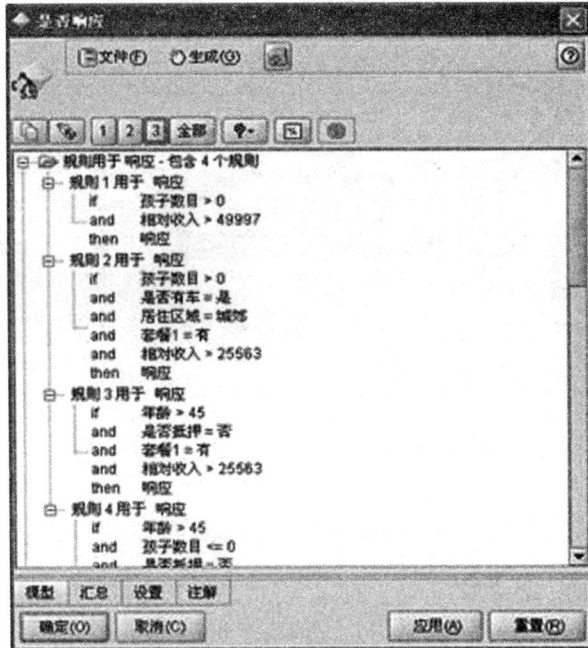

图 4 - 24   C5.0 决策树分类结果

如图图 4 - 25 所示神经网络模型在输入层、隐藏层和输出层分别有 20 个、3 个和 2 个神经元。此外，最重要的输入变量包括（按照重要性降序排列）：相对收入、孩子数目、收入等。其估计精度达到了 87.77%。

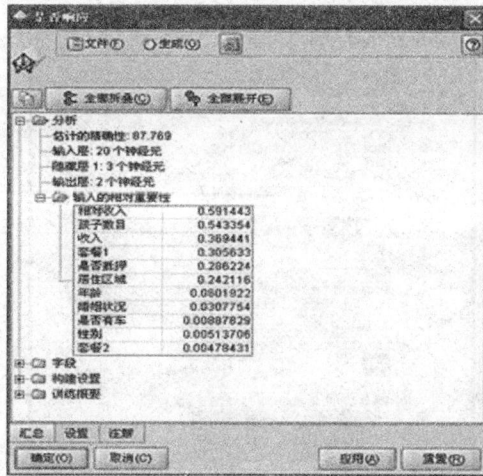

图 4 – 25　神经网络的输出结果

使用 C&RT 对是否响应建模，得到的规则包括：当相对收入小于 25564.5 元时，客户倾向于不响应；当相对收入大于 25564.5 元，孩子数目小于等于 0.5（需根据实际业务情况进行解释），没有抵押贷款，且年龄小于等于 45.5 岁时，倾向于不响应；当收入大于 25564.5 元，孩子数目小于等于 0.5，没有抵押贷款，且年龄大于 45.5 岁的客户响应率高（见图 4 –26）。

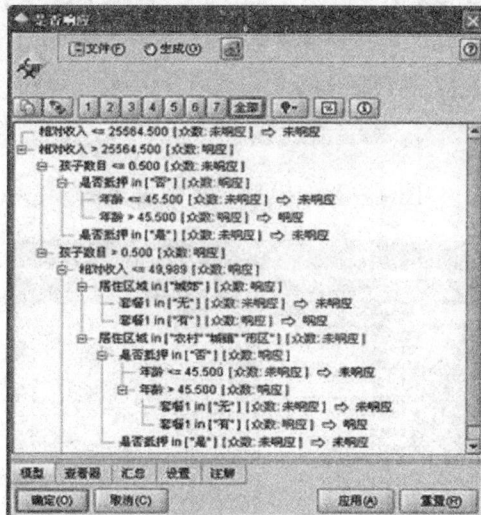

图 4 – 26　C&RT 分类结果

使用测试集评估不同模型的表现。其中"客户响应"表示目标变量的真实值，$C –响应、$ N – 响应、$ R – 响应分别表示使用 C5.0 决策树、神经网络、C&RT 得到的预测值。可见，C5.0 的预测精度（95.29%）最高。最后，还可以查看不同模型预测结果的一致性（见图 4 –27）。

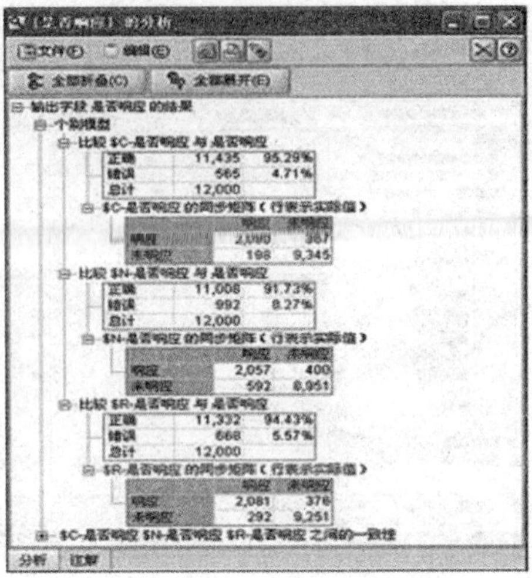

图 4－27　模型评估

(5) 模型部署

通过建模和评估后，选择预测精度最高的 C5.0 模型部署到企业中。新的用户数据在经过 C5.0 模型评分后，按照流失概率的高低排序，通过 Clementine Solution Publisher 发布。

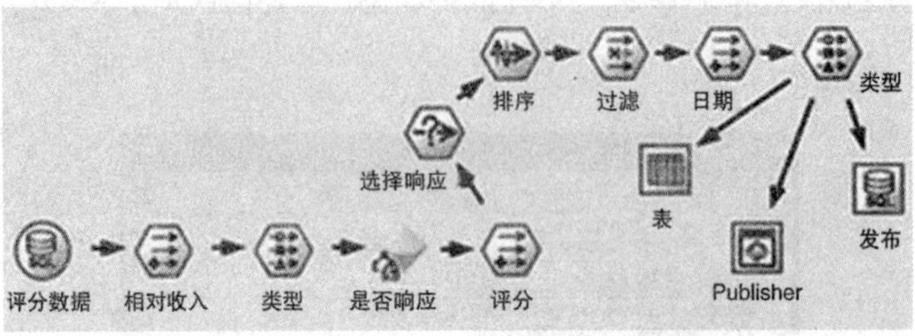

图 4－28　模型部署数据流图

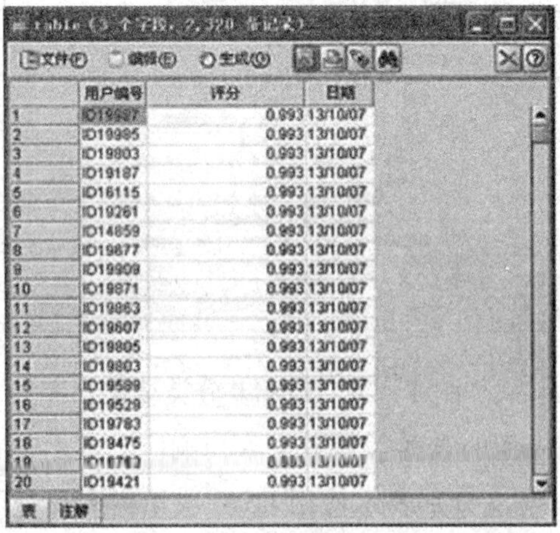

	用户编号	评分	日期
1	ID19987	0.993	13/10/07
2	ID19985	0.993	13/10/07
3	ID19803	0.993	13/10/07
4	ID19187	0.993	13/10/07
5	ID16115	0.993	13/10/07
6	ID19261	0.993	13/10/07
7	ID14859	0.993	13/10/07
8	ID19877	0.993	13/10/07
9	ID19909	0.993	13/10/07
10	ID19871	0.993	13/10/07
11	ID19863	0.993	13/10/07
12	ID19607	0.993	13/10/07
13	ID19805	0.993	13/10/07
14	ID19803	0.993	13/10/07
15	ID19589	0.993	13/10/07
16	ID19529	0.993	13/10/07
17	ID19783	0.993	13/10/07
18	ID19475	0.993	13/10/07
19	ID18763	0.993	13/10/07
20	ID19421	0.993	13/10/07

图 4－29　对新数据进行评分

第五章　信用评分

一、信用评分背景

自 20 世纪 90 年代以来，随着中国经济的快速发展，中国的信用消费已逐步浮出水面，信用卡消费、个人汽车贷款、耐用消费品贷款、助学贷款、住房按揭等各种个人消费贷款陆续开办。中国银行业资产规模进一步得到扩张，但信贷过快增长中潜在风险增大，不良贷款比率仍偏高并可能反弹。进一步加强信贷管理已经成为银行控制风险、保持规模增长的首要问题。自 1998 年起，商业银行就一直在强化信贷管理、规范信贷决策行为、防范信贷风险，并取得了一定的成绩，但仍存在一些比较突出的问题。主要表现在以下方面：

第一，对借款人的信用状况缺乏较全面的了解。由于我国的征信体系的建设尚处于起步阶段，商业银行不能像国外发达国家那样从征信局取得贷款申请人的信用资料，使得银行不能全面了解贷款申请人的信用状况，在发放个人贷款时信息不对称的问题相当突出。

第二，对个人信用评价缺乏科学的方法。在对贷款人的信用风险进行评估以及决定是否发放贷款时，主要依靠授信机构的信贷人员进行主观判断，从而决定是否给予某个消费者一定的信用消费权利，精确的信用评分方法几乎没有使用。个人信贷业务的特点是单笔业务的交易量较小，但是业务的数量却较大。因此，主要依赖信贷人员判断的信用评估和控制方法，不仅无法对个人信用程度进行精确的计量，而且无法对个人信用程度进行精确的计量，而且无法有效地降低单笔贷款的管理成本。

国际银行业信贷风险管理工具框架最为基础和核心的工作是建设信贷风险内部评级模型，只有在利用风险评级工具精确衡量风险的基础上，才能有效地运用更为复杂的信贷风险管理工具。这正是我国银行业所缺乏的。个人消费信贷的快速增长迫切要求商业银行建设并提高与消费信贷增长相适应的风险管理体系。

信贷风险内部评级模型的建立可以选择多种方式。在选择建立模型的方式时，必须遵循循序渐进的原则。例如，在数据质量不足和信贷文化较为落后的条件下，应该采取较为保守的方式作为起点，如采用专家经验模型或外部的评级模型。在使用这些模型的过程中，除了能够更精确地衡量信贷风险从而优化银行资产质量外，客户经理也能够逐步掌握模型的应用技巧，培养起信贷风险管理文化，为以后实施数量统计模型做准备。随着银行个人业务的发展，银行业已经积累了大量的数据，可以尝试自建数量统计模型，以挖掘出适合国内经济环境和银行自身情况的风险因素。

二、信用评分的概念

信用评分是指根据客户的信用历史资料，利用一定的信用评分模型，得到不同等级的信用分数。根据客户的信用分数，授信者可以分析客户按时还款的可能性。据此，授信者可以决定是否准予授信以及授信的额度和利率。虽然授信者通过分析客户的信用历史资料，同样可以得到这样的分析结果，但利用信用评分却更加快速、更加客观、更具有一致性。

在信用评分领域有两个非常重要的方面：一是客户信用资料的收集，二是利用信用评分模型进行评分。

客户信用资料的收集：是指在信用消费中，通过调查了解申请授信的消费者个人的信用信息。

利用信用评分模型进行评分：是指输入客户信用资料，通过信用评分模型得到客户的信用分数，确定客户的信用等级。

三、信用评分的方法

在信用评分的过程中，最关键的就是信用评分模型的构建。用来产生信用评分的模型不胜枚举，每一种模型均有其独特的规则。在此，我们主要介绍信用评分模型的构建方法。

信用评分模型的基本原理是确定影响违约概率的因素，然后给予权重，计算其信用分数。信用评分模型的构建，目前最为有效的手段是数据挖掘。下面对数据挖掘的定义进行简单介绍，并重点描述利用数据挖掘技术构建信用评分模型的步骤和方法。

四、信用评分模型构建步骤和方法

1. 信用评分模型构建步骤

利用数据挖掘技术构建信用评分模型一般可以分为 6 个步骤，它们分别是：商业理解、数据理解、数据准备、建立模型、模型评估、模型部署。

（1）商业理解

明确数据挖掘的目的或目标，是成功完成任何数据挖掘项目的关键。例如，确定项目的目的是构建个人住房贷款的信用评分模型。

（2）数据理解

在给定数据挖掘商业目标的情况下，寻找可以解决和回答商业问题的数据。构建信用评分模型所需要的是关于客户的大量信息，应该尽量收集全面的信息。所需要的数据可能是业务数据，可能是数据库/数据仓库中存储的数据，也可能是外部数据。如果没有所需的数据，那么数据收集就是下一个必需的步骤。如果银行内部不能满足构建模型所需的数据，就需要从外部收集，主要是从专门收集人口统计数据、消费者信用历史数据、地理变量、商业特征和人口普查数据的企业购买得到。接着要对收集的数据进行筛选，为挖掘准备数据。在实际项目中，由于受到计算处理能力和项目期限的限制，在挖掘项目中想用到所有数据是不可能实现的。因此数据筛选是必不可少的。数据筛选考虑的因素包括数据样本的大小和质量。一旦数据被筛选出来，成功的数据挖掘的下一步是数据质量检测和数据整合。目的就是提高筛选出来数据的质量。如果质量太低，就需要重新进行数据筛选。

（3）数据准备

在选择并检测了数据挖掘需要的数据、格式或变量后，在许多情况下数据转换非常必要。数据挖掘项目中的特殊转换方法取决于数据挖掘类型和数据挖掘工具。一旦数据转换完成，即可开始挖掘工作。

（4）建立模型

在时间或其他相关条件（诸如软件等）允许的情况下，最好能够尝试多种不同的挖掘技巧来建立模型。因为使用越多的数据挖掘技巧，可能就会解决越多的商业问题。而且使用多种不同的挖掘技巧可以对挖掘结果的质量进行检测。例如，在构建信用评分模型时，分类可以通过三种方法来实现：决策树、神经网络和 Logistic 回归，每一种方法都可能产生出不同的结果。如果多个不同方法生成的结果都相近或相同，那么挖掘结果是很稳定、可用度非常高的。如果得到的结果不同，在使用结果制定决策前必须查证问题所在。

（5）模型评估和结果解释

数据挖掘之后，应该根据零售贷款业务情况、数据挖掘目标和商业目的来评估和解释挖掘的结果。

6）模型部署

数据挖掘关键问题，是如何把分析结果即信用评分模型转化为商业利润。通过数据挖掘技术构建的信用评分模型，有助于银行决策层了解整体风险分布情况，为风险管理提供基础。当然，其最直接的应用就是将信用评分模型反馈到银行的业务操作系统，指导零售信贷业务操作。

2. 信用风险评分模型构建方法

信用评分模型是根据过去信用记录和个人资料进行数据分析，描述影响个人信用水平的因素，从而帮助贷款机构发放消费信贷的一整套决策模型。信用评分是为了帮助银行决策，使银行确定对特定的客户采取特定的行动，它采用的技术主要是数理统计和人工智能的有关技术，信用评分方法很多，而且随着技术的发展和业务上的要求，新的评分技术也在不断推出，这里我们简要介绍其中几种。

（1）判别分析法

判别分析法在个人信用评分历史上曾经是使用最广泛的方法。它通过利用所建立的判别函数的系数对特征变量加权来确定个人的信用得分。最早将判别分析用于信用评分系统的是 Durand（杜兰德，1941）。它的特点是：要求特征变量服从多元正态分布，且两类子总体的协方差矩阵相等。在实际消费信用数据中，这些条件往往不易满足。这是判别分析引起质疑和批评的主要原因。

（2）线性回归分析法

普通的线性回归曾被用于解决信用评分中的分类问题，它产生的也是一个线性评分卡。但是线性回归方法用于信用评分时存在明显缺陷，即回归方程两边变量的取值范围可能不一致：右边取值可以从负无穷到正无穷，但方程的左边是概率变量 p，其取值范围只能在（0，1）范围内。如果等式左边变换成 p 的一函数，它可以取任意值，则模型更有意义，于是，对线性回归进行改进而形成的 Logistic 回归方法就成为信用评分模型中使用最广泛的方法之一。

Logistic 回归模型克服了线性回归模型的缺陷，其回归方程两边的值均可取任意值。就理论背景而言，人们会认为在信用评分中 Logistic 回归比线性回归更合适，而 Logistic 也是现实中应用最广的评分模型。

（3）数学规划法

数学规划法通过研究对客户信用有影响的各个因素并确定它们的权重，把客户分为好、坏两类，从而建立一个线性规划方程，目的是使得方程误差最小，它也产生一个线性评分卡。绝大部分文献认为线性规划方法与统计学方法效果相当。

（4）神经网络法

神经网络是一种模仿人脑信息加工过程的智能化信息处理技术，具有自组织性、自适应性及较强的稳健性。神经网络模型类型较多，不下数十种。Chen& Titterington（切尼和提特林顿 1994）认为，神经网络方法实际上可以看作一种非线性回归。该方法可能存在过度拟合的问题。Davis（戴维斯，1992）也比较过神经网络与其他方法，认为神经网络能很好地处理数据结构不太清楚的情况，但其训练样本时间较长。此外，其可解释性较差也受到质疑。

（5）分类树法

分类树法最后不生成一个评分卡，而是将消费者分成不同的组，在组内各样本的违约概率尽量相等，而违约概率在组之间的差异则尽可能大。其特点是能更有效地处理特征变量之间存在相互作用的情形，而且即使有些特征变量存在一定的数据缺失，该方法也能适用。分类树法也有一些缺陷，如某些低端节点所包含的样本可能太少，从而使得在这些节点中所做的统计推断不可靠。

（6）最近邻法

也是一种非参数方法，其结果也是评分卡。它的思想是在申请人的特征向量空间内定义一种测度（距离）用于测量两个申请人之间的距离。当对一新申请人信用评估时，只要考察与他最近邻的 k 个人中"好客户"及"坏客户"的比例，根据此比例确定该申请人的信用类型。

在以上几种信用评分方法中，到目前为止应用最成功的还是 Logistic 回归方法，它已取代线性回归法、判别分析法而成为信用评分领域使用最普遍的统计方法。

五、信用评分应用案例

（1）商业理解

某银行的业务人员希望根据零售系统中现有的数据，了解具有较高风险的住房贷款协议的特征，以及那些已经贷款的客户中风险高信用低的客户特征，从而在实际的业务处理过程中，对新申请贷款的客户进行评估提供参考依据。其业务问题就是"能否通过贷款申请人的特征和贷款申请内容的情况来判断该客户的风险度"？

对于这个业务问题，首先必须将客户的"风险"转换成可预测的数据指标。对于个人贷款业务来说，客户在申请某个贷款产品后可能会发生的违约概率可以作为衡量该客户"风险"重要的数据指标，违约概率越大，该客户的"风险"度也就越高。违约行为反映在业务数据中就是客户在贷款期限内发生了逾期情况，而逾期情况又可以从逾期的时长、逾期金额的大小，以及在贷款期限内、截止到统计时间为止的逾期次数等多个方面进行考量。例如，将"还款逾期超过 60 天"作为客户发生违约的基本指标。相应的数据挖掘目标就是：违约客户的特征和预测；违约客户的评分和分级。

在本例中，我们将最大逾期时间不到 30 天并且有 12 期以上交易记录的客户定义为好客户；最大逾期时间超过 60 天的为坏客户。显然，有些客户既不能确定为好客户，又不能确定为好客户。如最大逾期时间在 30 天到 60 天之间的客户。因此，在我们所选取的建模总体中，客户实际被分为三类：好客户、坏客户和未确定客户。

（2）数据理解

数据主要来源于以下几个方面：

贷款协议文件：客户与银行发生贷款业务关系时所签立的协议；

贷款协议还款计划表：报告当期的贷款协议还款计划和往期还款历史记录；

客户信息文件：客户基本信息，包含性别、年龄、婚姻状况等信息；

客户信息文件（个贷）：客户附加信息，包括财产、工作、住址等信息。

首先，将各分行的原始数据进行追加，并从客户历史交易记录中汇总出逾期信息。将客户信息、协议信息和逾期信息进行合并，生成全行数据。下面所进行的数据理解和数据处理都是在这个数据样本文件的基础上进行的。

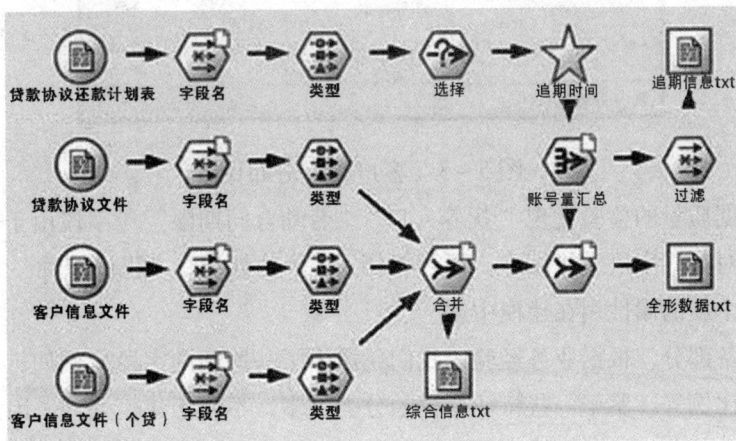

图 5-1 数据理解

通过 Clementine 中的数据审核节点查看数据的分布图（直方图、条形图）、数据的基本统计信息（最大值、最小值、平均值、标准差和偏度）和数据中有效数据所占的比例等（见图 5-2）。在数据审核节点中会自动对数据进行抽样来提高分析的速度。

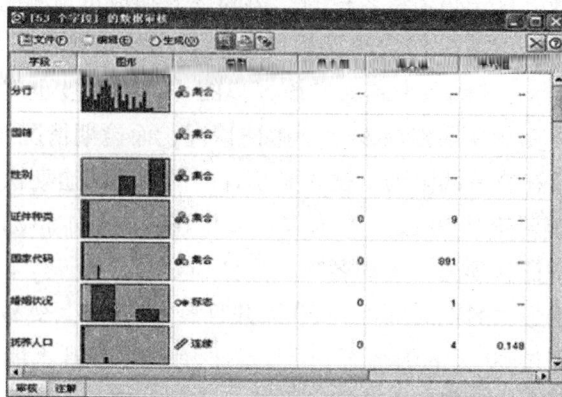

图 5-2　使用 Clementine 数据审核节点查看数据的分布和基本统计信息

（3）数据准备

根据商业理解，我们选择住房贷款、选择合同开始年份在 2003 年之后、还款周期为按月还款以及国家代码为中国的样本。选择好客户和坏客户样本，并进行均衡，均衡后的好坏客户占比基本相同，如图 5-3 所示：

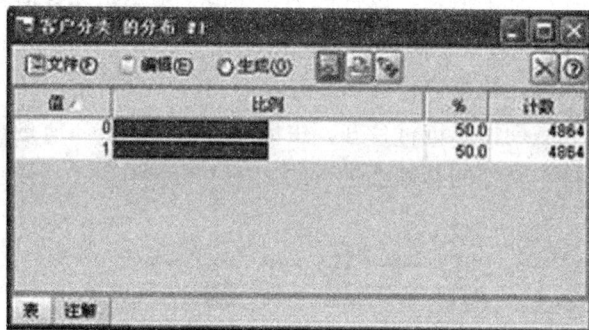

图 5-3　客户类型分布图

通过对数据质量的检验发现"抚养人口""劳动合同期限"等字段由于缺失太多而无法清洗，考虑对这些字段进行剔除。而"学历""单位性质""职位职称"等字段可以将缺失值作为一个新的属性用在建模中。

在数据准备部分，根据业务经验，我们还派生了一些新的字段，例如，月总收入、月还款占总收入比例等。鉴于一些特征变量的分类过多，不利于建模处理，因此对这些集合变量考虑进行重新分类，对连续变量也可以进行离散化处理。如图 5-4 是对贷款金额的分组，可以看出第 1、第 3 组的贷款人相对较优，而第 2、第 4、第 6 组的则比较差。

	贷款金额分组	好客户频数	坏客户频数	好客户频率	坏客户频率	好客户发生比
1	1	271	215	0.558	0.442	1.260
2	2	326	477	0.406	0.594	0.683
3	3	223	169	0.569	0.431	1.320
4	4	128	235	0.353	0.647	0.545
5	5	3741	3466	0.519	0.481	1.079
6	6	175	302	0.367	0.633	0.579

图 5－4 贷款金额分组

（4）建立模型

在本次建模中，主要使用 Logistic 回归、神经网络和 C5.0 决策树方法，从中挑选出最适合的模型用于评分和分级。不同的模型具有不同的优点和缺点，可以将不同的模型结合起来，充分利用各个模型的优点，从而得到一个更好的模型。

首先，使用神经网络和 C5.0 决策树方法分别建立信用评分模型；然后将这两个模型的评分结果作为解释变量之一，再加上其余的特征变量，最后建立一个基于 Logistic 回归的信用评分模型。由于神经网络和 C5.0 决策树方法的预测精确度比较高，因此其信用评分结果中应该综合了解释变量和因变量之间关系的更多信息，将这种信用评分结果作为解释变量之一，能够提高模型的精确度。而最终用 Logistic 回归建立模型，又保证了模型的稳健性。通过神经网络敏感性分析可以看出：分行和按揭成数在模型中是最重要的，这两个变量的分析结果要远大于其他变量。分行最重要进一步说明每个分行客户的特征差别很大，对全部分行统一建立模型必然会影响到模型的精确度。如果在各分行数据量足够的情况下，推荐对每个分行建立一个模型。也可以考虑将客户特征相似的分行划分为一类，对每类分行建立一个模型。

分行	0.762428
按揭成数分组	0.550723
产权性质	0.344848
贷款金额分组	0.338237
月总收入分组	0.313787
年龄分段	0.30376
还款方法	0.255217
住房类型	0.235511
担保细类	0.216185
贷款期限分组	0.214385
每月还款额分组	0.210471
学历	0.186243
单位性质	0.176939
月还款占总收入比例分组	0.172118
邮件地址状态	0.15526
户籍所在地	0.144189
职称职位	0.143339
对外负债	0.123937
婚姻状况	0.121364
性别	0.116448

图 5－5 神经网络敏感性分析

在 C5.0 模型生成的决策树中，按揭成数为第一个拆分的变量；对按揭成数为 2 的贷款人，还款方法为第二个拆分的变量；对按揭成数为 3 的贷款人，分行为第二个拆分的变量。

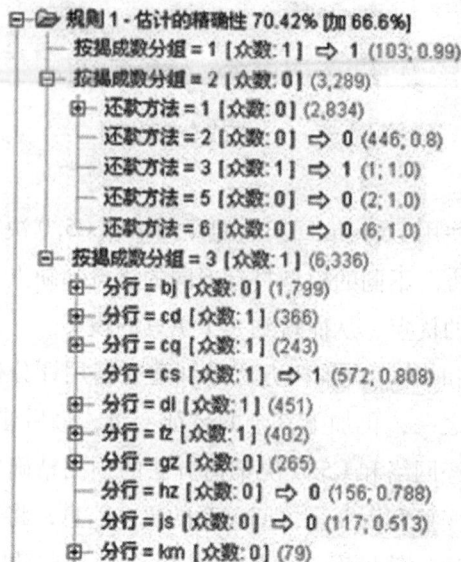

图 5-6　C5.0 生成的规则集

我们通过主成分分析共生成 5 个因子，这 5 个因子包含了绝大部分特征信息。通过这 5 个因子建立模型在损失一小部分信息的基础上解决了共线性问题。以 5 个因子作为输入建立了 Logistic 回归模型，结果如图 5-8 所示：

等式用于 因子-1

-0.03299 * 婚姻状况 +
0.06295 * 户籍所在地 +
0.04888 * 邮件地址状态 +
-0.04034 * 对外负债 +
0.05347 * 还款方法 +
0.1157 * 贷款金额分组 +
0.01736 * 贷款期限分组 +
0.04761 * 按揭成数分组 +
0.3083 * 每月还款额分组 +
1.168 * 月总收入分组 +
-0.1539 * 月还款占总收入比例分组 +
0.004874 * NNScore +
0.04207 * C5Score +
+ -3.174

图 5-7　由主成分分析得到的因子

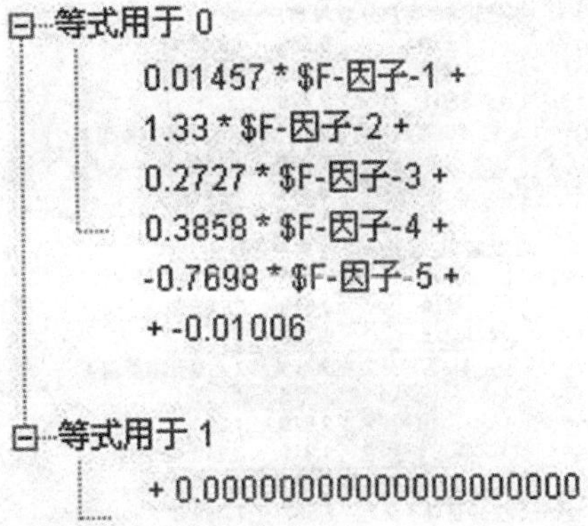
等式用于 0
0.01457 * $F-因子-1 +
1.33 * $F-因子-2 +
0.2727 * $F-因子-3 +
0.3858 * $F-因子-4 +
-0.7698 * $F-因子-5 +
+ -0.01006
等式用于 1
+ 0.0000000000000000000

图 5－8　Logistic 回归模型

以 Logistic 模型预测为好客户的概率乘以 1000 作为模型的评分。模型的评分在 0－1000 之间，评分越高代表贷款人越优。按照模型评分从低到高的顺序将贷款人等分为 10 级，每级都有相同比例的贷款人，10 级最优客户中好客户发生比为 9.031，而 1 级最差客户中只有 0.100。还可以对等级进行重新分组，合并具有相似好客户发生比的相邻客户等级。

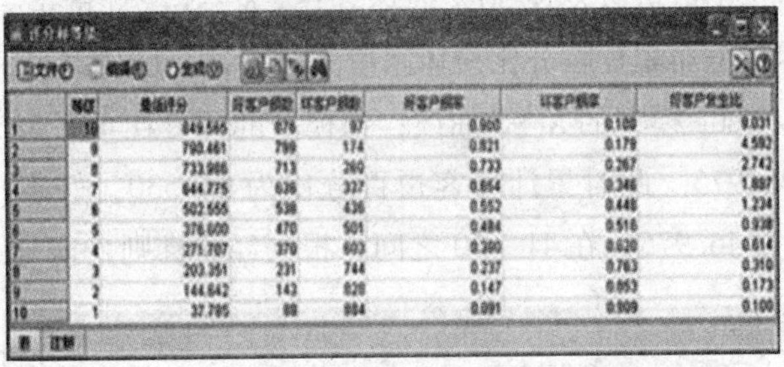

	等级	最低评分	好客户频数	坏客户频数	好客户频率	坏客户频率	好客户发生比
1	10	849.565	876	97	0.900	0.100	9.031
2	9	790.461	799	174	0.821	0.179	4.592
3	8	733.906	713	260	0.733	0.267	2.742
4	7	644.775	636	337	0.654	0.346	1.887
5	6	502.555	536	436	0.552	0.448	1.234
6	5	376.600	470	501	0.484	0.516	0.938
7	4	271.707	370	603	0.380	0.620	0.614
8	3	203.351	231	744	0.237	0.763	0.310
9	2	144.642	143	828	0.147	0.853	0.173
10	1	37.795	88	884	0.091	0.909	0.100

图 5－9　Logistic 回归模型给出的评分和等级

（5）模型评估

一个好的数据挖掘模型，要经过多方面的评估。在对模型进行评估时，既要参照评估标准，同时也要考虑到商业目标和商业成功的标准。在大多数的数据挖掘项目中，数据挖掘工程师要不止一次的应用某个特定的技术或者利用不同的可选择的技术产生多种结果。因此在这一阶段的任务中，也要根据评估标准比较所有不同的结果。

精确度是用来评估模型的最简单和最基础的指标。使用分析节点可以方便地对多个模型同时进行计算和比较。神经网络模型、C5.0 决策树模型和 Logistic 模型的精确度分别为 77.99%，69.58% 和 73.15%。其中神经网络模型的预测精确度是最高的，但是会出现过度拟合的问题。Logistic 回归模型对坏客户的预测是最好的，综合了 3 个模型的优点，既能保证精确度又能保证模型的稳健性。

图 5-10 神经网络模型、C5.0 决策树模型和 Logistic 回归模型的精度比较

从 3 个模型的收益图图 5-11 可以看出，神经网络模型要略微优于 C5.0 决策树模型和 Logistic 回归模型。对于 Logistic 回归模型来说，找出的 20% 的客户中就可以发现 35% 的坏客户，30% 的客户中就可以发现 50% 的坏客户。$K—S$ 统计量是一个易于理解和计算的统计量，它是好客户分布累计百分比与坏客户分布累计百分比之差，也就是区分度的最大值。图 5-12 是 Logistic 模型的 $K—S$ 曲线，当模型的评分在 412.585 时，两条曲线的垂直距离达到最大值 46.975。此时累计坏客户百分比为 66.530，好客户百分比为 19.572。模型的 $K—S$ 统计量为 46.975，在 41~50 之间，根据经验准则，这是一个好的模型。

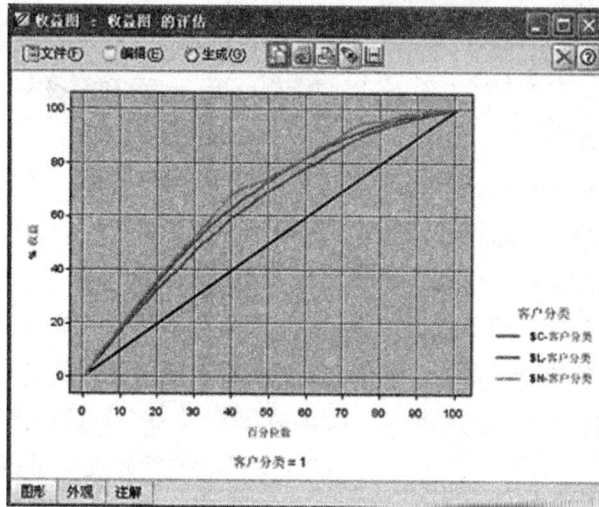

图 5-11 神经网络模型、C5.0 决策树模型、Logistic 回归模型的收益图

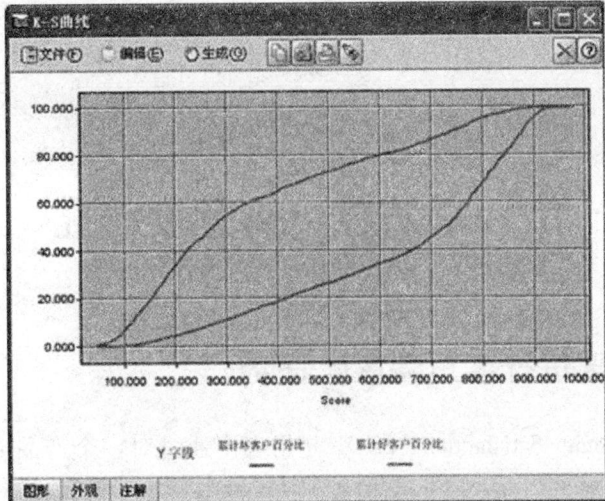

图 5-12　Logistic 回归模型的 K—S 曲线

ROC 曲线和 Gini 系数则是利用好、坏客户分数分布的全部信息对评分模型区分好、坏客户的能力进行评估。图 5-13 中的红线代表了 ROC 曲线，离对角线（蓝线）越远，对应的评分模型也就越好。这说明 ROC 曲线和对角线之间的面积越大，评分模型的区分能力也就越强。

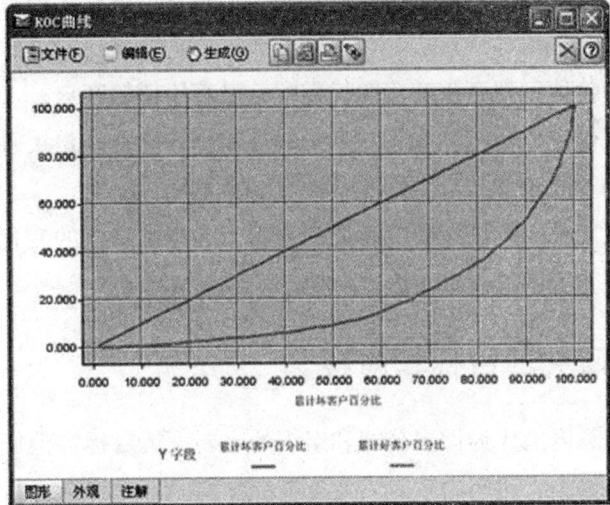

图 5-13　Logistic 回归模型的 ROC 曲线

第六章 客户满意度研究

一、为什么要进行客户满意度研究

客户满意（Customer Satisfaction，CS），是指客户通过对一个产品或服务的感知效果/结果与其期望值相比较后，所形成的愉悦或失望的感觉状态。客户满意度就是对客户满意水平的量化，客户满意度在国内外越来越引起理论界和实业界人士的关注。

但是面临客户多种多样的要求，以及这些要求反映的庞杂的信息，令企业的努力往往成效并不显著，而企业也存在资源有限的现实问题，不可能也不必要在所有方面令客户满意，如何做到用有限的资源有效提高客户满意度，这是客户满意度研究的任务，客户满意度研究是实现客户满意的第一步。客户满意度研究的应用价值主要表现在以下几个方面：

客户满意度研究能帮助企业把其有限的资源集中到客户最看重的特性方面，从而达到建立和提升客户忠诚并保留客户；

通过分析客户的价值，把有限的资源优先配给最有价值的客户；

通过客户满意度研究，还能预测客户未来的需求，并调整客户接触链上的服务人员的评价、培训、选拔和补充工作；

通过对客户满意度的持续跟踪研究，能动态揭示客户满意度的变化，评估满意度改善措施的效果，制定最为有效的行动策略。

二、满意度研究的目标和内容

虽然提高客户满意度已成为许多公司和组织的主要营运目标，他们投入大量人力、物力进行满意度方面的调查，然而由于对满意度指标把握的不准确和分析方法的贫乏，结果却难以得到关于改进产品和服务、提高客户满意度的有价值的结论。满意度指标确定和分析应用已成为进行客户满意度调查的关键和难点。而要理清和把握满意度调查的两个方面，有必要先明确客户满意度调研的目标和分类。

调查的核心是确定产品和服务在多大程度上满足了客户的欲望和需求。就其调研目标来说，主要达到四个目标：①确定导致客户满意的关键绩效因素；②评估公司的满意度指标及主要竞争者的满意度指标；③判断轻重缓急，采取正确行动；④控制全过程。

就调查的内容来说，又可分为客户感受调查和市场地位调查两部分。客户感受调查只针对公司自己的客户，操作简便。主要测量客户对产品或服务的满意程度，比较公司表现与客户预期之间的差距，为基本措施的改善提供依据。市场地位调查涉及所有产品或服务的消费者，对公司形象的考察更有客观性。不仅问及客户对公司的看法，还问及他们对同行业竞争对手的看法。

三、满意度研究方法

一个普通的客户满意度研究，通常的程序包含五大步聚，以下进行具体分析。

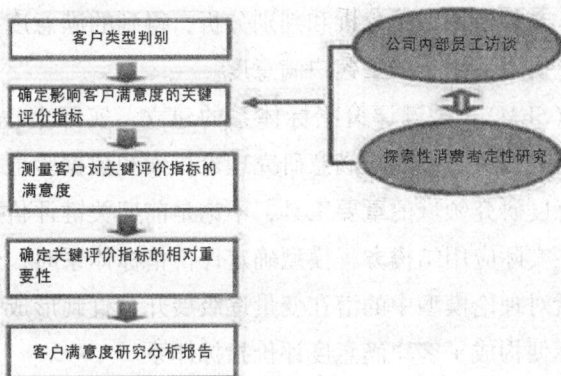

图 6-1　满意度研究的大致步骤

(1) 客户类型判定

在进行客户满意度研究之前，首先要清晰研究需要针对的客户。客户满意度研究的客户分类需考虑到：目前客户、过去客户和潜在客户。

对于已经建立了完善的客户关系管理数据库的企业，可以从数据库中根据客户分类要求列出所有的客户名单，根据抽样方法从名单中选取被访客户，工业产品、电信、银行、保险等的客户满意度研究通常可以用此方法。对于没有建立或不太可能建立完善的客户关系管理数据库的企业，则需要通过对目标群体进行随机抽样的方法来选取被访客户，快速消费品通常需要采用此方法来进行。

(2) 确定影响客户满意度的关键评价指标

关键评价指标的确定是客户满意度研究的重点，满意度研究首先应揭示出不同客户满意的评价指标在重要性上的差异、客户满意的程度，而且应找出满意和不满意的内在原因，并能比较各个竞争对手和自身在不同指标上的优劣。探索主要评价指标应从两个方向进行：一为企业内部，二为客户。

通过对企业内部员工/管理者的访谈，了解企业内部员工/管理者对所提供的产品或服务的专业性认识，因此会比较系统和完整地提供建立客户满意度评价的体系和具体的指标。但对客户的访谈也是必不可少的，因为企业内部员工/管理者对客户满意的理解与客户的实际需求通常会存在着差距，因此必须从客户的角度了解他们对满意情况的评价准则。

在这一过程中，有一些统计分析技术可以帮助企业制定和筛选出最能有效体现客户实际满意度的评价指标体系，下面是这一过程中经常用到的一些分析技术。

①因子分析法。利用因子分析方法分析客户的指标重要性评价数据，我们可以将不同指标分为若干个因子，从每个因子中选择一个指标。通过比较各个指标的负荷量和有效性可以帮助我们确定具体应选择的指标。

②判别分析法。应用判别分析方法，我们可以确定选出来的指标能否很好地预测整体满意或不满意的程度。交替使用因子分析和判别分析，得到的满意度指标不仅在统计上是有效的，而且在逻辑上讲也适用于测量客户满意度。

③结构方程模型（SEM）：关键评价指标体系的建立，实际上也是研究假设的确立，此部分是客户满意度研究的关键。随着满意研究理论探索和数据验证的不断深入，结构方程模型越来越成为满意度研究领域的重要工具，不论是前期关键评价指标体系的确定，还是后期满意度分析。在实际应用结构方程模型确定评价指标体系时，通常依据一定的客户满意度理论模型，然后对理论模型中的潜在变量逐级展开，直到形成一系列可以直接测量的指标，这些测量指标便构成了客户满意度评价指标体系。

（3）测量客户对关键评价指标的满意度

这部分主要通过定量研究进行，采用量级评分的方法进行测量。主要采用5级、7级或10级量表测量工具，对客户进行大规模的问卷调查。

（4）确定关键评价指标的相对重要性

这一步分析的一个关键部分是用整体满意程度作为因变量，用对关键评价指标的满意程度作为自变量进行结构分析。进行关键评价指标的满意度及其相对重要性测量的方法形形色色。但是，整体归结起来，可以大概划分为以下几种：

1）简单易行型

直截了当地问："你对××品牌的产品/服务总体上满意吗？"这种方式效率高，容易回答，而且容易了解到消费者对竞争品牌的总体评价。但是由于这样一个问题太过突兀和简单，受访者的回复在很多情况下不能代表其真实的意思。

2）双重评价型

这种方式需要调查设计者找到一些影响满意度的驱动要素，然后让受访者对被调查品牌在该驱动要素上的表现打分，同时还要对该驱动要素对其重要性程度进行打分。这样设计，不仅仅可以了解客户对某品牌产品/服务的满意度高低，而且可以了解对相应的满意度驱动要素的评价。这种方法考虑到满意度驱动要素，是一种进步。但是也存在几个缺陷：

① 根据我们的经验，这种方式难以区分不同要素对消费者的真实重要程度。

②用驱动要素对受访者的重要性替代这一概念，这种"概念替换"经常会误导企业的资源配置。

③这种方式需要受访者对每个驱动要素的表现和重要性分别进行评估，需要占用受访者较多的时间和精力，从而增加了调查成功的难度。

本方法目前在企业自身实施的满意度调查中应用得比较广泛，因为其应用基本不需要太多的统计分析技术，实施简单。

3）双重评价改进型

双重评价改进型调查方式是在双重评价方式的基础上改进而得到的。具体方法是，假定全部要素的重要性合计为100，受访者在对每个调查要素给予重要性权重的时候，需要使得权重和为100。这种方法可以部分弥补上面提到的①类缺陷，但也无法解决上一方法中的缺陷②和③）。

4）采用线性回归统计分析技术

随着市场调查分析技术的发展，统计工具在市场研究中应用得越来越多。利用多元回归分析技术，可以计算出满意度驱动要素对满意度的影响大小。这种影响大小可以解释为，当满意度驱动要素提升1分，满意度在现有的基础上可以提升多少分。当满意度的驱动要素非常少，而且这些要素相互之间的影响不强时，这种方法不失为一种简单有效的方法。

实际上，多元回归分析在研究满意度问题的时候会存在以下几个问题：

① 无法同时检验客户满意度各构成要素对客户整体满意度与客户忠诚度两个因变量的影响，模型中只能包含一个因变量。

②实际生活中，影响消费者对某种产品/服务满意度的要素通常非常多，对企业而言，这些要素越细化，在确定满意度提升的措施时越有可操作性。而随着影响要素的增加和细化，如果采用回归的方式，计算出来的影响要素一般会由于这些要素的相互作用和影响，使其数值变得无法解释现实情况。从科学的角度看，随着新的分析研究技术的涌现，回归统计分析技术已经不太适用客户满意度分析研究领域。

5）采用结构方程模型

在社会科学及经济、市场、管理等研究领域，有时需要处理多个原因、多个结果的关系，或者会碰到不可直接观测的变量（即潜变量），这些都是传统的统计分析方法不好解决的问题。结构方程模型（Structural Equation Modeling，SEM），由K. Jorekog（凯特·焦瑞克）于1973年提出，它是一种因果关系模型，通过要素间的因果关系/准因果关系来揭示现实生活中的相互关系。结构方程模型弥补了传统统计分析方法的不足，在过去三十多年里不断得到迅速发展，成为多元数据分析的重要工具。目前广泛地应用于许多市场研究分析当中，它也是目前国际上流行的客户满意度研究分析手段。

目前国际上流行的结构方程建模的工具主要有 AMOS、LISREL、MPLUS、EQS。其中，AMOS 以其友好的图形界面，强大的结构化方程建模功能而得到广泛应用。

四、结构方程模型在客户满意度测评中的应用

由于客户满意度研究对企业具有重大的指导作用，科学高效的研究方法和手段将成为满意度研究机构的核心竞争力，其研究成果能够为企业更加合理地配置资源提供科学依据。而结构方程模型已成为进行满意度研究的最重要的工具。目前，美国用户满意指数（ACSI）、瑞典用户满意指数、欧洲用户满意指数、中国用户满意指数（CCSI）等国家级用户满意度研究都是采用结构方程模型构建关系。

一个有效实用的客户满意度研究结构方程模型的构建，需要对客户需求和感知进行深入研究，通过大量的前期工作，比如客户焦点小组访谈、客户需求分解、客户预调查、行业专家拜访、购买消费现场观察等多种手段，才能构建起一个基础模型。然后通过消费者试调查，采集到一定的数据后，对数据进行多种统计处理、分析和检验，根据相应的结果对模型进行必要的调整，然后才能应用到实际的客户满意度分析中。否则，随意构建的模型只能成为使得数字游戏显得高深莫测的工具。图 6 - 2 是运用结构方程模型来研究满意度模型的整个过程和大致思路：

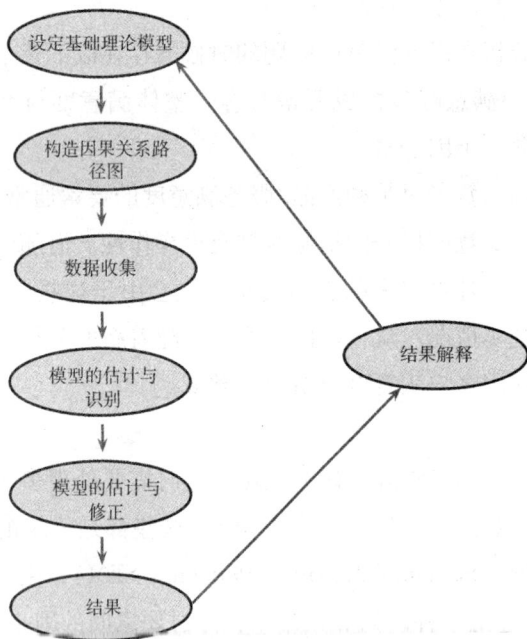

图 6 - 2　利用结构方程模型进行满意度研究的过程和思路

在满意度研究中常用的结构方程模型示例如图 6 - 3 所示。

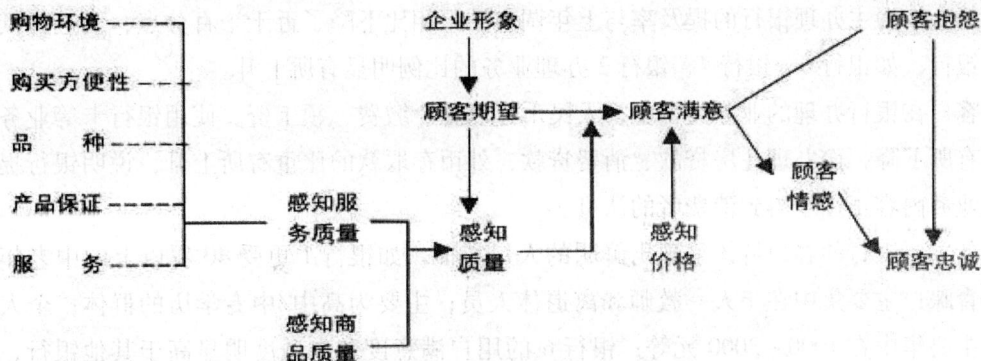

图6－3　满意度模型框架示例

五、满意度研究在金融行业中的应用

现在我国已兑现入世承诺、金融业全面开放。中国金融服务领域的竞争将愈演愈烈，只有了解消费者的需求，预测他们的消费趋势，并开发新的产品/服务来满足消费者的需求，同时在现有业务上提供令人满意的高质量服务，才能在这场竞争中立于不败之地。因此"客户满意"越来越成为众多金融服务行业已经意识和正在努力提高的经营指标，成为该行业工作的重点。

下面借在某市对八家银行（银行1～8）的满意度研究案例，介绍如何应用结构方程模型进行满意度研究。

（1）研究目标和过程

本调查虽然针对的是个人银行业务，没有直接涉及对公业务，但是任何一个人首先和银行发生业务联系的是个人业务。如果一个"公家人"或"公司人"在个人银行业务上对某家银行不满意，很难想象这个人在以后的对公业务上会与这家银行建立愉快的合作。毕竟，如今的银行业早就不是垄断行业了！本次研究框架根据银行满意度测评结构方程模型，对34个满意度驱动要素——知名度、银行实力、银行信誉、产品/服务创新、网点数量、网点位置分布、外部标识、内部环境、服务窗口数量、服务种类标示、服务设施配备、宣传资料、营业时间、办理业务种类、人员服务态度、手续简便、等候时间、办理效率、热线电话接通率、语音提示、自动声讯效率、人工热线接通情况、服务态度、业务水平、网上银行安全性、开通方便、操作方便、资料记录准确及时、网页速度、ATM机数量、可靠性、处理速度、取款金额次数限制、ATM机安全性等进行测算，给出分值及其对满意度的影响大小，并根据分析结果提出了满意度改进建议。

（2）主要结论

调查发现，从该市居民经常办理个人业务的银行和客户心目中最好的银行的提及率分布来看，银行1均高居榜首，但是银行1作为最好银行的提及率仅有主办理银行提及率的一半；而银行2和银行6作为最好银行的提及率远远高于其作为主办理银行的提及率。另外银行 1 作为主办理银行的提及率与上年调查结果相比下降了近十个百分点，而选择其他商业银行，如银行 6、银行 7、银行 2 办理业务的比例明显有所上升。

客户在银行办理的业务类型中，人民币存取款、缴费、领工资、使用银行卡等业务的比重有所下降，而办理住房贷款、消费贷款、外币存取款的比重有所上升，说明银行提供的新业务内容正逐步得到消费者的认可。

各主要银行的客户群体呈现出鲜明的人口特征。如银行 1 更受 40 岁以上的中老年人群的青睐；主要集中在工人、教师和离退休人员；主要为高中/中专学历的群体；个人月收入主要集中在 1000 - 3000 元等；银行 6 的用户满意度和忠诚度明显高于其他银行，银行 1 的用户忠诚度最低。

银行 1 在服务厅、网络方面占有一定的优势，但是在服务软件、服务硬件方面均远远落后于其他银行；

银行 6 虽然继续在银行形象、服务软件、服务硬件方面处于领先，但是与上年调查结果相比有了一定的退步。

第七章　CRISP – DM 简介

在 1996 年，当时数据挖掘市场是年轻而不成熟的，但是这个市场显示了爆炸式的增长。三个在这方面经验丰富的公司 DaimlerChrysler、SPSS、NCR 发起建立了一个社团，目的是建立数据挖掘方法和过程的标准。在获得了 EC（European Commission）的资助后，他们开始实现他们的目标。为了征集业界广泛的意见共享知识，他们创建了 CRISP – DM 专家组（Special Interest Group，SIG）。

1999 年，CRISP – DM SIG 组织开发并提炼出跨行业数据挖掘标准流程（CRoss – Industry Standard Process for Data Mining，CRISP – DM），同时在 Mercedes – Benz 和 OHRA（保险领域）企业进行了大规模数据挖掘项目的实际试用。SIG 还将 CRISP – DM 和商业数据挖掘工具集成起来。SIG 组织目前在伦敦、纽约、布鲁塞尔已经发展了 200 多个成员。当前 CRISP – DM 提供了一个数据挖掘生命周期的全面评述。它包括项目的响应周期，各个阶段的任务和这些任务之间的关系。所有数据挖掘任务之间关系的存在是依赖用户的目的、背景和兴趣，最重要的还有数据。SIG 组织已经发布了可以免费使用的 CRISP – DM 1.0 的电子版。

数据挖掘项目的生命周期由六个阶段组成。如图 7 – 1 展示了这一数据挖掘过程的各个阶段，这些阶段之间的顺序并不固定，在不同阶段之间来回循环往往是非常有必要的。究竟下一步要执行哪个阶段或者哪一个特定的任务，都取决于每一个阶段的结果。图中的箭头表明了各阶段之间最重要和最频繁的依赖关系。图中最外层的这个循环表明了数据挖掘本身的循环性质。经过一个具体的数据挖掘项目得到了某项解决措施或办法并加以展开，并不代表数据挖掘本身已经结束。从这一数据挖掘过程以及解决措施展开的过程中所吸取的经验、教训，又引发了新的、通常是更加有挑战的商业问题。接下来的数据挖掘过程将会从过去的项目经验中获利。在接下来的内容中，我们将简要地勾勒一下每个阶段的轮廓。

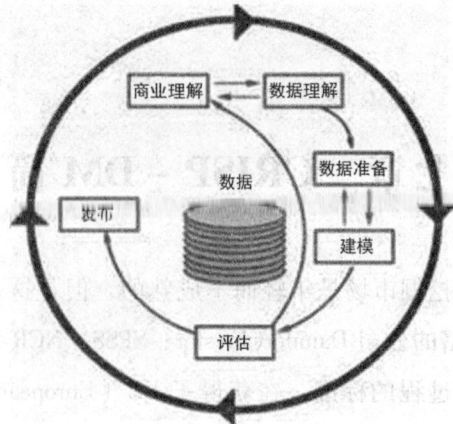

图 7 – 1　CRISP – DM 数据挖掘标准流程

（1）数据理解

数据理解阶段开始于数据的收集工作。接下来就是熟悉数据的工作，具体如检测数据的质量，对数据有初步的理解，探测数据中比较有趣的数据子集，进而形成对潜在信息的假设。

（2）数据准备

数据准备阶段涵盖了从原始粗糙数据中构建最终数据集（将作为建模工具的分析对象）的全部工作。数据准备工作有可能被实施多次，而且其实施顺序并不是预先规定好的。这一阶段的任务主要包括：制表、记录、数据变量的选择和转换，以及为适应建模工具而进行的数据清理等。

（3）建立模型

在这一阶段，各种各样的建模方法将被加以选择和使用，其参数将被校准为最为理想的值。比较典型的是，对于同一个数据挖掘的问题类型，可以有多种方法选择使用。一些建模方法对数据的形式有具体的要求，因此，在这一阶段，重新回到数据准备阶段执行某些任务有时是非常必要的。

（4）模型评估

从数据分析的角度考虑，在这一阶段中，已经建立了一个或多个高质量的模型。但在进行最终的模型部署之前，更加彻底地评估模型，回顾在构建模型过程中所执行的每一个步骤，是非常重要的，这样可以确保这些模型达到企业的目标。一个关键的评价指标就是看，是否仍然有一些重要的企业问题还没有被充分地加以注意和考虑。在这一阶段结束之时，有关数据挖掘结果的使用应达成一致的决定。

（5）部署（发布）

模型的创建并不是项目的最终目的。尽管建模是为了增加更多有关于数据的信息，但这些信息仍然需要以一种客户能够使用的方式被组织和呈现。这经常涉及一个组织在处理某些决策过程中，如在进行网页实时更新或者营销数据库的重复打分时，拥有一个能够即时更新的模型。然而，根据需求的不同，部署阶段可以是仅仅像写一份报告那样简单，也可以像在企业中进行可重复的数据挖掘程序那样复杂。在许多案例中，往往是客户而不是数据分析师来执行部署阶段。然而，尽管数据分析师不需要处理部署阶段的工作，对于客户而言，预先了解需要执行的活动从而正确地使用已构建的模型是非常重要的。

（6）数据挖掘经验谈

1）采用 CRISP – DM 方法论

采用 CRISP – DM 方法论作为数据挖掘的指导能帮助确保获得成功的商业结果。在现实中对于一个数据挖掘项目来说，最初设定的商业目标很容易淹没在复杂数据挖掘技术和海量数据中，所以以一个已经被验证方法论为指导是很关键的。

2）以终为始

为了能在项目终结时得到期望的投资回报率（Return on Investment，ROI），应该在项目启动前已经确定了如何评估最终的结果的标准（例如，使用什么样的商业考核指标，它们是被如何计算或派生的）。例如，你是不是想在 20% 的客户中找寻潜在流失者？基于客户保留计划的消费和营销反应程度，你如何将这些信息转换成商业收入增长期望值？或者你知不知道如果确定出额外的十条欺诈信息能节约多少开支？

3）设定期望值

确保项目投资者明白数据挖掘不是解决商业问题的魔术棒。数据挖掘是借助计算机技术辅助解决商业问题的一种方法。就像任何商业问题，投资者需要首先提出可解决的问题，然后找寻方案。例如，你计划为公司市场部做客户细分，那么应该与市场部的同事一起明确什么样的结果是最终希望得到的，例如，我们使用产品信息和人口统计数据，所以希望得到基于客户的收入、年龄等信息的细分，这样能显示不同层次客户对产品的喜好。

4）限定最初的项目范围

以现实可行的目标和日程表为开始，当你获得成功后，再转向更复杂的项目。例如，与其试图立刻提高新客户的获取值，还不如集中精力在小的更实际的目标如对某一区域进行交叉销售、客户保留项目。

5）确保团队合作

数据挖掘项目是一个团队工作。数据挖掘需要商业使用者理解实际问题和数据，也需要数据分析家提供分析解决方案，以及数据库管理者提供权限。例如，你可能在项目中需要数据挖掘专家、数据库专家和市场经理。因为他们来自不同的部门，可能在数据挖掘项目合作中会出现问题，所以找到可行的合作方式是很重要的。

6）避免陷入数据垃圾

在项目进行中，始终明确需要解决的商业问题，确保项目结果的最终完成。如果你只是在没有项目计划的情况下简单地开始分析一堆数据，你将会很容易迷失在数据里而且浪费时间。不要让项目被大量数据单纯驱动，集中精力在商业目标上。你可能不需要使用系统中的所有数据，仅仅使用和项目相关的数据就可以了。你甚至可能会发现现有的数据不能足以解决现实的商业问题。即使海量数据也不能保证你就拥有准确的用于建模的数据，例如，使用最新的信息进行预测客户行为往往比用大量的历史数据准确。

（7）数据挖掘部署策略

数据挖掘的结果发布可以很简单，例如只是生成一个规则集，对具体某个商业问题给出一个参考建议；也可能很复杂，如需要实时嵌入到客户的决策支持系统，为决策者提供前瞻性决定提供依据。以下阐述四种优化策略帮助部署高级分析结果，以及为获得最大投资回报设定的预测分析解决方案。这些策略是通过概括现实中使用 Clementine 数据挖掘平台的众多部署案例得到的，具有普遍应用性。

快速更新批处理方式：使用快速高效的批处理功能部署数据挖掘，为数据简单快速的打分。

海量数据批处理方式：策略性应用代码部署，注意代码开销平衡，集中在为海量数据高速打分。

实时封装方式：将数据挖掘部署封装应用并将集成风险最小化，应用在用户定制的高速、实时为数据打分上。

实时定制方式：将数据挖掘部署到为客户量身定做的应用产品上，在企业组织结构下实现不同功能的实时打分或者不能以实时封装方式部署的特殊商业目标。

第八章 数据挖掘在制造行业的应用

第一节 概述

一、面临的挑战

经济一体化的浪潮席卷全球，社会化生产与地域资源优势的整合，给中国企业成为"世界制造工厂"提供了前所未有的机遇。自从中国加入 WTO 以来，中国企业面临更加激烈的国际市场竞争。市场竞争是实力的竞争，是品质的竞争，归根结底是企业管理水平和效率的竞争。

二、面临的问题

制造业需要从以前的粗放式生产经营模式过渡到精细化的生产管理。由于质量是现代企业核心竞争力最基础、最根本的要素，如何提升质量水平，以达到控制不合格品率，降低生产成本成为许多企业面临的严峻问题。另外，对原材料的供应和产品的销售进行预测，了解产品质量状况的分布模式并对之进行中长期 的预测分析也是现代企业面临的挑战。

三、SPSS 与制造业

在美国，85% 以上的制造业公司在应用 SPSS 的分析工具。SPSS 通过评估订货模式、库存水平和可替换零部件的定价等的结合，在维持较高客户满意度的同时帮助制造业公司提高盈利水平。SPSS 预测分析工具可以计算出最优的库存策略，决定某个部件的最优订购时刻和最优数量。SPSS 简单易用的质量控制图表程序可以对产品质量进行监测和控制。SPSS 的质量控制图模块可以对产品的各个质量指标进行监测和控制，及时捕捉到生产过程中质量指标的变化，告警质量分析人员，分析或调整生产过程，使生产线正常运行。

SPSS 的方差分析工具主要用于实验数据的分析确定哪些因数位级（水平）或组合影响产品的质量特性，从而优选出最佳机型、流程或配方等。SPSS 的方差分析工具包括单因素方差分析（ANOVA）、协方差分析（ANCOVA）、多因素方差分析（MANOVA）。

SPSS 的回归分析主要用于寻找有关质量特性与各个生产因素之间的关系，以做出科学预测或确定最佳作业条件。回归分析主要包括线性回归、Probit、Logit、多变量回归、Logistic 回归、非线性和约束非线性回归（NLR 和 CNLR）等。在生产过程中的抽样数据往往带有时序性，时间序列技术可以更好地分析数据之间的关系（如自相关性）。时间序列技术包括 ARIMA、EXSMOOTH、SEASON、SPECTRA、AREG 等，它们是分析产品过程的有利利器。SPSS 提供了从产品设计、生产过程分析到产品质量监控，产品差错分析到质量控制和预测的各种相关工具。

（1）产品设计方法

如果应用正交试验设计方法来进行产品的质量设计，可以用尽可能少的试验次数，确定哪些因数位级（水平）或组合影响质量特性，从而优选出最佳机型、流程或配方等，找出组成比较合适的生产条件的各个因素的合适的生产水平。这样可以减少工作量，降低生产误差和生产费用。应用试验设计可以找出各个因素对考核指标的影响规律。比如，哪些因素是起主要作用，哪些因素是起次要作用的？哪些因素单独作用，哪些因素除了自己单独作用以外，它们之间还产生综合作用？这种作用的效果有多大？SPSS 提供的实验设计法、多变量解析法、方法研究、抽样调查方法、功能检查方法等可以实现以上的分析和设计方法。SPSS 的强大的方差分析工具，如单因素方差分析（ANOVA）、协方差分析（AN-COVA）、多因素方差分析（MANOVA）是高级产品设计分析的最佳选择。

（2）质量控制

通过 SPSS 可以实现全面的统计质量控制管理，并且使质量管理过程变得简单、直观、易于实现。日本著名的质量管理专家石川馨曾说过，企业内 95% 的质量管理问题，可通过企业上上下下全体人员活用质控七工具而得到解决。SPSS 可以实现统计质量控制的七个基本工具（或叫品管七大手法），是控制图、因果图、直方图、帕累托图（Pareto）、统计分析表、数据分层法、散布图。运用这些工具，可以从经常变化的生产过程中，系统地收集与产品质量有关的各种数据，并用统计方法对数据进行整理、加工和分析，进而画出各种图表，计算某些数据指标，从中找出质量变化的规律，实现对质量的监测和控制。

第二节　SPSS – 质量控制图表

SPSS 通过菜单和语法的形式，可实现各种控制图的绘制。除了帕累托图、直方图、散布图等统计分析图外，还包括一些特有的图表，如误差图、规则违反表、时序图等一些质量管理中常用的图表分析方法。

通过菜单可以方便地绘制以下控制图：

（1）X—S 控制图（均值 – 标准差控制图）。

（2）X—R 控制图（均值 – 极差控制图）。

（3）X—Rs 控制图（单值 – 移动极差控制图）。

（4）不合格品率的控制图——P 图。

（5）不合格品数的控制图——Pn 图。

（6）不合格数的控制图——C 图。

（7）单位不合格数控制图——U 图。

另外，SPSS 还可以在以上控制图上应用以下控制规则，如果控制图上的点子同时满足下述两个条件，则认为生产过程处于统计控制状态：

（1）绝大多数点子位于控制界限以内。

（2）连续 25 个点中没有一个点在界外（控制图上界和下界之间）。

（3）连续 35 个点中至多一个点在界外（控制图上界和下界之间）。

（4）连续 100 个点中至多有两个点在界外（控制图上界和下界之间）。

（5）点子排列无下述异常现象。

（6）同侧链。连续 7 点或多于 7 点位于中心线同一侧。

（7）单调链。连续 7 点或多于 7 点单调上升或下降。

（8）间断同侧链。连续 11 点中至少有 10 点位于中心线同一侧；或者连续 14 点中至少 12 点在中心线同侧；或连续 17 点中至少有 14 点在中心线同侧；或者连续 20 点中至少 16 点落在中心线同侧。

（9）高位或低位链。连续 3 点中至少有 2 点落在两倍于上界与中心线距离以外；或者连续 7 点中至少有 3 点落在两倍于上界与中心线距离以外。

1. 均值控制图、np、u 控制图

2. 控制图的诊断

SPSS 控制图附带的规则违反表可以用于分析生产过程是否处于统计控制状态，帮助找到失控的部件或失控的生产时刻。

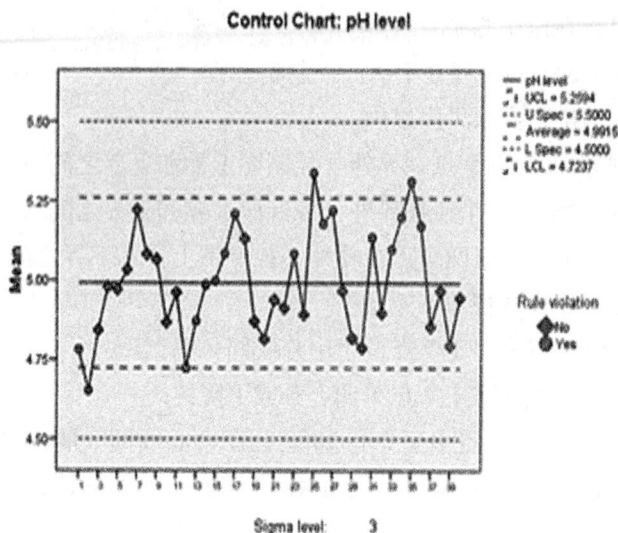

Control Chart: pH level

3. 带控制规则的 X – Bar（均值）控制图

Rule Violations

Time of measurment	Violations for Points
1	2 points out of the last 3 below -2 sigma
2	Less than -3 sigma
2	2 points out of the last 3 below -2 sigma
12	Less than -3 sigma
12	6 points in a row trending up
13	6 points in a row trending up
14	6 points in a row trending up
15	6 points in a row trending up
16	6 points in a row trending up
17	6 points in a row trending up
23	4 points out of the last 5 above +1 sigma
25	Greater than +3 sigma
25	2 points out of the last 3 above +2 sigma
25	4 points out of the last 5 above +1 sigma
26	2 points out of the last 3 above +2 sigma
26	4 points out of the last 5 above +1 sigma

4. 控制图统计量——执行能力和运行能力指标统计

	Act. % Outside SL	4.6%
Capability Indices	CPa	.762
	CpLa	.749
	CpUa	.775
	K	.017
	CpMa,b	.761
	Est. % Outside SLa	2.2%
Performance Indices	PP	.652
	PpL	.641
	PpU	.663
	PpMb	.652
	Est. % Outside SL	5.0%

The normal distribution is assumed. LSL = 4.5 and USL = 5.5.

a. The estimated capability sigma is based on the mean of the sample group ranges.

b. The target value is 5.0.

5. Clementine 数据挖掘在制造业中的应用

Clementine 是业界领先的数据挖掘产品，它集成了最先进的数据挖掘模型和算法，例如 K – means、C5.0、Quest、CHAID 等分类算法，Kohonen、K – means、两步聚类法等聚类算法，Apriori、GRI、GARMA 等关联规则算法。制造行业可以利用它来实现以下传统方法所不能完成的预测分析：

（1）需求规划；

（2）需求预测；

（3）产品定价；

（4）产品质量状况模式和预测；

（5）生产过程短期监控分析；

（6）生产过程长期走势分析；

（7）生产过程异常模式分析；

（8）产品质量分析；

（9）供销预测；

（10）原材料需求预测；

（11）销售收入预测；

（12）其他各种财务指标分析、预测。

6. 经营分析

（1）分析经营中的问题和原因，例如，盈利增长或者降低的原因；

（2）各分公司的情况对比分析；

（3）预测故障的发生，防患于未然。

7. 制造业成功案例 ——POSCO（韩国）基于 Clementinede 的预测和控制系统

POSCO，韩国的世界级钢铁公司，使用 Clementine 作为基础引擎开发了预测和控制系统，从而有效地稳定了钢的输出质量 Y。当 Y 的预测偏离了目标值，系统自动地提示工程师重新设置指定的关键参数到某一水平。

为了满足预测和控制的项目目标，POSCO 使用了 Clementine 的 C&R Tree 模型在成百上千的监测变量中确定了关键的驱动因子，建立了一个简洁的预测模型，并使用回归模型确定控制型驱动因子的置换。

第九章　大数据的信息安全

第一节　信息安全问题

云计算是一种基于互联网的新兴应用计算机技术，在信息行业的发展中占据着重要的位置，它为互联网用户提供了安全可靠的服务和计算能力。其信息安全问题不仅仅是云计算所要解决的首要问题，也是决定云计算的发展前景的关键性因素。

在云计算之前的时代，传统 IDC 机房就面临着许多的安全风险。然后这些问题毫无遗漏的传递到了云计算时代，不仅如此，云计算独有的运作模式还带来了更多新的问题。

1. 云内部的攻击

（1）安全域被打破

在对外提供云计算业务之前，互联网公司使用独立的 IDC 机房，由边界防火墙隔离成内外两块。防火墙内部属于可信区域，自己独占，外部属于不可信区域，所有的攻击者都在这里。安全人员只需要对这一道隔离墙加高、加厚即可保障安全，也可以在这道墙之后建立更多的墙形成纵深防御。

但是在开始提供云计算业务之后，这种简洁的内外隔离的安全方案已经行不通了。通过购买云服务器，攻击者已经深入提供商网络的腹地，穿越了边界防火墙。另外，云计算内部的资源不再是由某一家企业独享，而是几万、几十万甚至更多的互相不认识的企业所共有，当然也包含一些怀有恶意的用户。显然，按照传统的方式划分安全域做隔离已经行不通了，安全域被打破。传统 IDC 时代攻击者处于边界防火墙外部，和企业服务器、路由器之间只有 IP 协议可达，也就是说攻击者所能发起的攻击，只能位于三层之上。

但是对于云计算来说，情况发生了变化。在一个大二层网络里面，攻击者所控制的云服务器与云服务提供商的路由器二层相连，攻击者可以在更低的层面对这些设备发动攻击，如基于 ARP 协议的攻击，比如说常见的 ARP 欺骗攻击，甚至更底层的以太网头部的伪造攻击。关于以太网头部的伪造攻击，笔者曾经遇到过一次。攻击者发送的数据包非常小，仅仅包含以太网头部共 14 个字节，源和目的物理地址都是伪造的，上层协议类型为 2 个字节的随机数据，并非常见的 IP 协议或者 ARP 协议，对交换机造成了一些不良影响。

（2）虚拟层穿透

云计算时代，一台宿主机上可能运行着 10 台虚拟机，这些虚拟机可能属于 10 个不同的用户。从某种意义上说，这台物理机的功能与传统 IDC 时代的交换机相当，它就是一台交换机，承担着这 10 台虚拟机的所有流量交换。

入侵了一台宿主机，其危害性与入侵了传统时代的一个交换机相当。但是与交换机相比，是这台宿主机更容易被入侵还是交换机更容易被入侵？显然是宿主机更容易被入侵。

首先，攻击者的 VM 直接运行在这台宿主机的内存里面，仅仅是使用一个虚拟层隔离，一旦攻击者掌握了可以穿透虚拟层的漏洞，毫不费力地就可以完成入侵，常见的虚拟化层软件如 xen、kvm 都能找到类似的安全漏洞。

其次，交换机的系统比较简单，开放的服务非常有限。而宿主机则是一台标准的 Linux 服务器，运行着标准的 Linux 操作系统以及各种标准的服务，可被攻击者使用的通道也多得多。

2．大规模效应

（1）传统攻击风险扩大

为了方便让 VM 故障漂移以及其他原因，云计算网络一般的都会基于大二层架构，甚至是跨越机房、跨越城市的大二层架构。一个 VLAN 不再是传统时代的 200 来台服务器，数量会多达几百台、几千台。在大二层网络内部，二层数据交换依赖交换机的 CAM 表寻址。当 MAC 地址的规模达到一定规模之后，甚至可能导致 CAM 表被撑爆。类似的，ARP 欺骗、以太网端口欺骗、ARP 风暴、NBNS 风暴等二层内部的攻击手法，危害性都远远超过了它们在传统时代的影响。

（2）攻击频率急剧增大

由于用户的多样性以及规模巨大，遭受的攻击频率也是急剧增大。以阿里云现在的规模，平均每天遭受数百起攻击，其中 50% 的攻击流量超过 5GBit/s。针对 Web 的攻击以及密码破解攻击更是以亿计算。这种频度的攻击，给安全运维带来巨大的挑战。

3．安全的责任走向广义

随着更多的云用户入住，云内部署的应用更是五花八门。安全部门需要负责的领域也逐渐扩大，从开始的保护企业内部安全，逐渐走向更上层的业务风险。

云计算资源滥用主要包括两个方面。一方面是使用外挂抢占免费试用主机，甚至恶意欠费，因为云计算的许多业务属于后付费业务，恶意用户可能使用虚假信息注册，不停地更换信息使用资源，导致云服务提供商产生资损。作为安全部门，需要对这种行为进行控制。另一方面，许多攻击者也会租用云服务器，进行垃圾邮件发送、攻击扫描、欺诈钓鱼之类的活动，甚至用来做 botnet 的 C&C。安全部门需要能准确、实时的发现这种情况，并通过技术手段拦截。

不良信息处理。不良信息主要是指云服务器用户提供一些色情、赌博之类的服务，云服务提供商需要能够及时识别制止，防止带来业务风险。

二、云计算环境下的信息安全策略

1. 边界安全

为了适应由于网络边界模糊带来的安全需求，大量的边界防护设备，如防火墙、入侵检测等系统也进行了相应的改造，提高虚拟化环境下的安全防护能力以适应新的安全需求。

以防火墙系统为例。在云计算环境下的防火墙普遍采用虚拟防火墙技术，将一台物理的防火墙基于虚拟设备资源进行划分，每个虚拟后的防火墙不但具备独立的管理员操作权限，能随时监控和调整策略的配置情况，同时多个虚拟防火墙的管理员也支持并行操作。物理防火墙能保存每个虚拟防火墙的配置和运行日志。经过虚拟化之后的防火墙能像普通的物理防火墙一样，由不同的业务系统使用，由各自业务系统自主管理和配置各自的虚拟防火墙，采用不同的安全策略，实现各业务系统之间的安全隔离。虚拟化之后的安全设备也与网络设备、服务器等一样实现资源的池化。从安全的角度出发，不同的虚拟机也应该像物理服务器一样划分到不同的安全域，采取不同的边界隔离。

关于虚拟机之间边界防护的技术思路有两种，一种是以虚拟化厂商为代表，在利用虚拟化的边界防护设备的基础上，与虚拟化管理功能进行整合，通过内置的端口检测虚拟机之间的数据流量。这种方式与交换设备无关，但消耗资源多，不能实施灵活的安全策略。另一种划分思路是以网络设备厂商为代表，由网络设备对虚拟机进行标识并将其流量牵引到物理交换机中实现流量监测，具体实现方法是采用边缘虚拟桥 EVB 协议将内部的不同虚拟机之间网络流量全部交予与服务器相连的物理交换机进行处理。在这种工作模式下，交换设备与虚拟化管理层紧密结合，能实施灵活的虚拟机流量监控策略，同时也使得安全设备的部署变得更加简单。

2. 数据传输安全

在云计算环境中的数据传输包括两种类型，一种是用户与云之间跨越互联网的远程数据传输，另一种是在云内部，不同虚拟机之间数据的传输。为了保证云中数据传输的安全，需要在信息的传输过程中实施端到端的传输加密，具体的技术手段可以采用协议安全套接层或传输层安全协议（SSL/TLS）或 IPSec，在云终端与云服务器之间、云应用服务器之间基于 SSL 协议实现数据传输加密。

在某些安全级别要求高的应用场景，还应该尽可能地采用同态加密机制以提高用户终端通信的安全。同态加密是指云计算平台能够在不对用户数据进行解密的情况下，直接对用户的密文数据进行处理，并返回正确的密文结果。通过同态加密技术能进一步提高云计算环境中用户数据传输的安全可靠性，但这种技术目前仍然处于研究阶段，还不能投入商业应用领域。

3. 数据存储安全

对于云计算中的数据存储安全的一个最有效的解决方案就是对数据采取加密的方式。在云环境下的加密方式可以分为两种：一种是采用对象存储加密的方式；另一种是采用卷标存储加密的方式。

对象存储时云计算环境中的一个文件/对象库，可以理解为文件服务器或硬盘驱动器。为了实现数据的存储加密，可以将对象存储系统配置为加密状态，即系统默认对所有数据进行加密。但若该对象存储是一个共享资源，即多个用户共享这个对象存储系统时，则除了将对象存储设置为加密状态外，单个用户还需要采用"虚拟私有存储"的技术进一步提高个人私有数据存储的安全。"虚拟私有存储"是由用户先对数据进行加密处理后，再传到云环境中，数据加密的密钥由用户自己掌握，云计算环境中的其他用户即便是管理者都无权拥有这个密钥，这样可以保证用户私有数据存储的安全。

另一种数据存储安全的解决方案是卷标存储加密。在云计算环境中，卷标被模拟为一个普通的硬件卷标，对卷标的数据存储加密可以采用两种方式：一种方式是对实际的物理卷标数据进行加密，由加密后的物理卷标实例出来的用户卷标不加密，即用户卷标在实例化的过程中采用透明的方式完成了加解密的过程；另一种方式是采用特殊的加密代理设备，这类设备串行部署在计算实例和存储卷标或文件服务器之间实现加解密。这些加密代理设备一般也是云计算环境中的虚拟设备，通过串行的方式来实现计算实例与物理存储设备之间透明的数据加解密。它的工作原理是当计算实例向物理存储设备写数据时，由加密代理设备将计算实例的数据进行加密后存储到物理存储设备中；当计算实例读取物理存储设备数据时，由加密代理将物理存储设备中的数据解密后将明文交给计算实例。

4. 云服务器安全

对于云服务器的安全，首先，在云服务器中也需安装病毒防护系统、即时升级系统补丁，但是与传统服务器不同的是，在云服务器中应用的病毒防护系统和补丁系统也相应地进行升级以适应新的环境。如病毒防护系统为了在不增加系统冗余度的前提下提供更好的病毒查杀能力，提出了安装一个病毒防护系统的虚拟服务器，在其他系统中只安装探测引擎的模式。当系统需要提供病毒查杀服务时，由引擎将请求传递给安装病毒防护系统的服务器完成病毒查杀任务。

除了外部的安全防护手段之外，云服务器上部署的操作系统自身的安全对云服务器的安全也起着至关重要的作用。目前国外的一些云服务提供商已经退出了云安全操作系统，已经具备了身份认证、访问控制、行为审计等方面的安全机制。

5．阿里云的解决方案

在阿里云，安全部门是由公司成立的第一批员工加入的，初期占公司员工总数的 10%以上。从一开始就将云的安全性作为首要问题。2013 年 12 月 10 日，英国标准协会（简称 BSI）宣布阿里云计算有限公司（简称阿里云）获得全球首张云安全国际认证金牌（CSA－STAR），这也是 BSI 向全球云服务商颁发的首张金牌。

（1）分布式虚拟交换机

为了解决云 VM 的网络控制问题，我们设计了一套分布式的虚拟交换机，并提供 Web API 供外部调用。分布式虚拟交换机部署在每一台宿主机里面，与控制中心通信，上报、接收安全策略。它主要有如下两大功能：

①自动迁移的安全组策略

在云时代，不同的用户共用同一段 IP 地址，基于 IP 地址已经难以区分业务了。因此，我们使用用户 ID 来做区分，基于用户 ID 来实现安全域，实施安全策略。当用户的 VM 出现故障迁移到其他宿主机时，这个 VM 的安全策略会自动迁移过去。

②动态绑定过滤

我们借鉴思科的 DAI 技术，实现了对数据包的动态检查，在 VM 发出的数据包出虚拟网卡之前做一次过滤，剔除伪造的报文。如伪造源 IP 地址的报文、伪造源 MAC 地址的报文。靠近源端过滤，可以有效地减轻恶意流量对网络造成的影响。

（2）基于数据分析的云盾系统

基于数据分析的个性化安全，与监控恶意行为类似。我们统计并绘制每个云服务器的 BPS、PPS、QPS 时间曲线图，掌握最终用户的访问规律。根据 User－Agent、源 IP 地址归属分析移动 App、PC 的访问分布。基于这些统计数据，我们定制每个云 VM 的 WAF 防御策略，DDoS 防御触发阈值、清洗阈值等，这就是阿里云的云盾系统。由于前文描述过的大规模的原因，我们的云盾系统每天可以捕获大量的恶意 IP 地址，包括 Web 攻击行为、DDoS 攻击行为、密码破解行为、恶意注册行为等。我们的安全系统将这些 IP 地址作为统一的资源库提供，所有的安全产品进行联动，在攻击者对某个 VM 进行攻击之前就完成了防御。由于有了这些数据的整合，阿里云的云盾形成一个完整的体系，在各个不同的层面形成防御，组建战略纵深。各个子产品的数据打通，互相协助，一同进化，保护着云平台的安全。

（3）宏观分析统计

鉴于隐私的考虑，我们不对应用层数据做监控，而是通过对五元组之类的数据做宏观统计，发现恶意用户对云主机的滥用。如上图是一个典型的端口扫描之后做密码扫描的例子。凌晨 1 点到 9 点之间，云 VM 在最外做端口扫描，因为许多主机不存活，导致出流量远大于进流量，而且具备非常典型的攻击特征，他只尝试访问大量 IP 地址的 22、1433、3389 端口。在上午 10 点半左右，进的流量开始大起来，而且目的端口不变，目的 IP 是前面 IP 地址的子集。这说明，攻击者已经提取了开放服务的主机，在进行密码扫描了。

云计算是未来 IT 互联网产业发展的趋势，是年来的研究热点。随着云计算的进一步发展和应用，无论是对云服务用户而言，还是对云服务提供商而言，信息安全问题势必成为云计算发展的关键技术问题。

第二节　大数据时代的信息安全

随着科技的发展，现代社会产生和捕获的数据量迅猛增长，我们已经迈进了大数据时代。万物互联的时代越走越近，安全威胁也如影随行，保护大数据时代的个人隐私和网络安全，必须要采取更主动、更智能的应对方式扫清威胁。

一、大数据时代面临的信息安全挑战

随着信息技术的飞速发展，物联网、云计算、移动互联网等新兴技术使得种类繁多的计算机、传感器、移动设备等源源不断创造出呈指数增长的信息，这些信息既包含人的，也包含各种物的，并且这种增长速度还在不断加快。让我们的世界悄然进入了"大数据时代"，如此巨大的变化让我们之前使用的常规计算工具已经无法应对各种新的挑战，这也引起了产业界、科技界和各国政府的高度关注。大数据是指所涉及的数据量的规模大到无法通过目前的主流软件工具在合理时间内达到截取、管理、处理并整理成对各种决策具有更积极目的的信息。一般认为它具有 4 大特征：数据量大、数据类别多、生成和处理速度快、价值密度低。大数据被美国政府认为是"未来的新石油"，对它的运用能力将成为未来国家综合国力的体现之一，也将是国家的核心资产之一。但随着数据的进一步集中和信息量的增大，处理方式的改变，在信息安全方面也给我们带来了一些新的问题。

1. 大数据时代带来的机遇

大数据技术的核心从传统的对信息的存储和传输，转变为对信息的挖掘和应用，随之带来整个世界商业模式的巨大变革，其潜在的应用价值将会带来新的巨大市场。面对无处不在的数据，对信息安全提出了新的要求，随着技术的进步，必然带来信息安全产业的快

速发展。和大数据技术相关的产业链也将迎来新的发展期。2012 年美国奥巴马政府发布了
"大数据研究和发展计划"，涉及美国联邦政府的六个部门，旨在提高从海量和复杂的数据
中分析萃取信息的能力，是美国继 1993 年"信息高速公路"计划之后的又一次重大科技
发展部署，此外，日本、英国、澳大利亚等国都相继出台过和大数据技术相应的战略举
措。可见大数据技术在今后科技发展进程中的重要性和它将带来的众多机遇已经引起了全
世界广泛关注。

2. 大数据时代信息安全技术面临的挑战

世界各地各行各业大量数据的产生，对数据处理分析的实时性、有效性提出了更高的
要求，它推动了大数据技术的快速发展。大数据是一个较新的概念，在某种意义上来说它
是多种新技术的集合，包括一些新的分析技术、存储数据库、分布式计算等，和传统技术
相比，其结构、信息类型、工作方式都发生了质的变化。众多新技术集成在一起，系统地
进行工作，必然带来很多新的问题，面对大数据技术要处理的海量数据，在信息安全领域
给我们带来了以下新的挑战。

(1) 大数据会成为网络恶意攻击的目标

由于大数据涉及的信息飞速增长并且更加复杂和敏感，蕴含的价值也更高，它自然会
吸引更多的攻击者。一些通过定期逐一对数据进行扫描的安全软件也难以适应如此大量的
数据。因为数据更多更集中，黑客一次成功的攻击从中可以获取的有用信息也更多，会给
用户带来更多未知的损失。由于终端用户更加复杂，传统的防护方式对终端用户的合法性
判断更加困难。

(2) 个人隐私信息的泄露风险更大

由于更多地使用网上购物、社交网络和网上信息注册等需要使用个人敏感信息的频率
越来越高，不可避免增加了个人隐私信息泄露的风险，如果用户对个人敏感信息使用不
当，可能会造成与之关联的多方面信息的泄露，造成难以估计的损失。如何对某些数据的
所有权和使用权进行界定，是保护用户个人信息的主要问题之一。

(3) 信息的存储和安全防护面临新的挑战

由于需要处理的数据呈几何倍数增长，多种复杂的信息集中存储在一起，如果管理不
当，极有可能造成数据的泄露，也会直接影响对信息处理的效率。如此大量的数据，常规
的存储和安全防护手段已经无法满足安全需求，开发相应的安全策略和方法如果不能跟上
信息的增长速度，就会直接造成存储安全防护方面的漏洞。

(4) 大数据技术可能被用于网络攻击中

由于大数据是对大量原始信息的分析处理然后再利用，不法分子可以通过社交网络、
微博、邮件等多种途径获取有用信息，为网络攻击做准备，也让网络攻击目的性更强、影
响面更大。随着新型大数据技术不断的发展和应用，与之相关的新的攻击方式必然出现。

（5）大数据成为实施高级可持续攻击（APT）的载体

大数据的特点为攻击者实施可持续的数据分析和攻击提供了很好的隐蔽条件，将攻击隐藏在大数据中，让传统的实时匹配分析检测很难分辨，因为高级可持续攻击是不确定的实时过程，很难被实时检测。攻击者轻易设置误导安全监测的攻击，即可导致安全服务提供商的安全监测偏离目标。

3. 大数据时代下个人信息受到侵犯的表现

（1）数据采集过程中对隐私的侵犯

大数据这一概念是伴随着互联网技术发展而产生的，其数据采集手段主要是通过计算机网络。用户在上网过程中的每一次点击、录入行为都会在云端服务器上留下相应的记录，特别是在现今移动互联网智能手机大发展的背景下，我们每时每刻都与网络联通，同时我们也每时每刻都在被网络所记录，这些记录被储存就形成了庞大的数据库。从整个过程中我们不难发现，大数据的采集并没有经过用户许可而是私自的行为。很多用户并不希望自己行为所产生的数据被互联网运营服务商采集，但又无法阻止。因此，这种不经用户同意私自采集用户数据的行为本身就是对个人隐私的侵犯。

（2）数据存储过程中对隐私的侵犯

互联网运营服务商往往把他们所采集的数据放到云端服务器上，并运用大量的信息技术对这些数据进行保护。但同时由于基础设施的脆弱和加密措施的失效会产生新的风险。大规模的数据存储需要严格的访问控制和身份认证的管理，但云端服务器与互联网相连使得这种管理的难度加大，账户劫持、攻击、身份伪造、认证失效、密匙丢失等都可能威胁用户数据安全。近些年来，受到大数据经济利益的驱使，众多网络黑客对准了互联网运营服务商，使得用户数据泄露事件时有发生，大量的数据被黑客通过技术手段窃取，给用户带来巨大损失，并且极大地威胁到了个人信息安全。

（3）数据使用过程中对隐私的侵犯

互联网运营服务商采集用户行为数据是为了其自身利益，因此对这些数据的分析使用在一定程度上也会侵犯用户的权益。近些年来，由于网购在我国迅速崛起，用户通过网络购物成为新时尚也成了众多人的选择。但同时由于网络购物涉及很多用户隐私信息，比如真实姓名、身份证号、收货地址、联系电话，甚至用户购物的清单本身都被存储在电商云服务器中，因此电商成为大数据的最大储存者同时也是最大的受益者。电商通过对用户过往的消费记录以及有相似消费记录用户的交叉分析能够相对准确预测你的兴趣爱好，或者你下次准备购买的物品，从而把这些物品的广告推送到用户面前促成用户的购买，难怪有网友戏称"现在最了解你的不是你自己，而是电商"。当然我们不能否认大数据的使用为生活所带来的益处，但同时也不得不承认在电商面前普通用户已经没有隐私。当用户希望保护自己的隐私，行使自己的隐私权时会发现这已经相当困难。

（4） 数据销毁过程中对隐私的侵犯

由于数字化信息低成本易复制的特点，导致大数据一旦产生很难通过单纯的删除操作彻底销毁，它对用户隐私的侵犯将是一个长期的过程。大数据之父维克托·迈尔－舍恩伯格（Viktor Mayer－Schonberger）认为"数字技术已经让社会丧失了遗忘的能力，取而代之的则是完美的记忆"。当用户的行为被数字化并被存储，即便互联网运营服务商承诺在某个特定的时段之后会对这些数据进行销毁，但实际上这种销毁是不彻底的，而且为满足协助执法等要求，各国法律通常会规定大数据保存的期限，并强制要求互联网运营服务商提供其所需要的数据，公权力与隐私权的冲突也威胁到个人信息的安全。

二、大数据时代的信息安全保障

1. 大数据信息安全研究现状

（1） 大数据信息安全的两面性

2012 年 Gartner 安全和风险管理峰会上，Gartner 公司副总裁 Neil MacDonald 预测，到 2016 年，40% 的企业（以银行、保险、医药和国防行业为主）将积极地对至少 10TB 数据进行分析，以找出潜在危险的活动。Gartner 还认为，由于 APT 攻击崛起，大数据分析成为很多企业信息安全部门迫切需要解决的问题。传统安全防御措施很难检测高级持续性攻击，因为这种攻击与之前的恶意软件模式完全不同。

不过，事情总有两面性，大数据便于黑客攻击的同时，智能分享平台和大数据分析应对 APT 攻击的方式在安全厂商中的声音越来越响。既然 APT 攻击很难被检测出来，企业就必须先确定正常、非恶意的活动，才能尽早确定企业的网络和数据是否受到了攻击。这需要颠覆很多以往关于网络和信息安全的观念，例如，搞清楚攻击是如何发起的，会造成什么影响，继而根据分析结果建立安全模型并非易事，要建立合理的模型进行检测和记录。APT 攻击建模不只是针对一个攻击包或者某一个威胁架构，而是针对大范围的数据；为了精确地描述威胁特征，建模的过程可能耗费几个月甚至几年时间，企业需要耗费大量人力、物力、财力成本，才能达到目的。大数据对于安全问题是一把"双刃剑"，结果取决于技术的使用者及其目的。大数据的安全问题是一种自身的对抗与博弈，这也是安全问题本身固有的特点。

（2） 大数据与国家安全策略

2012 年 3 月 29 日，美国奥巴马政府宣布投资 2 亿美元，启动"大数据研究和发展计划"，该计划涉及美国国家科学基金、美国国家卫生研究院、美国能源部、美国国防部、美国国防部高级研究计划局、美国地质勘探局 6 个联邦政府部门，旨在加快科学、工程领域的创新步伐，推动和改善与大数据相关的收集、组织和分析工具及技术，提升从大量、复杂的数据集合中萃取信息的能力，强化美国国家安全，转变教育和学习模式。该计划的提出，表明美国正在实施基于大数据的国家信息网络安全部署。

（3）大数据成为企业的核心资产

2012 年瑞士达沃斯论坛上发布的《大数据，大影响》的报告称，数据已经成为一种新的经济资产类别，就像货币或黄金一样。对于企业来讲，数据正在取代人才成为企业的核心竞争力，在进入大数据时代之前，企业脱离于人才而单独存在的智商基本是零，正因如此，人才对企业异常重要。在大数据时代，数据资产取代人才成为企业智商最重要的载体。这些能够被企业随时获取的数据，可以帮助和指导企业对全业务流程进行有效运营和优化，帮助和指导企业做出最明智的抉择。在大数据时代，企业智商的基础就是形形色色的数据。

大数据中重新定义企业智商的同时，对企业的核心资产也做了重塑，数据资产当仁不让地成为现代商业社会的核心竞争力。在大数据时代，企业必须熟悉和用好海量的数据。与其他行业相比，互联网行业已经提早感受到了大数据带来的深切变化。当很多企业还在因为大数据对商业世界的变革无所适从时，一些互联网企业已经完成了核心竞争力的重新定义。这些互联网企业正在发生的变化，一定程度上恰恰是其他企业在大数据时代的未来。

2. 现有针对安全问题的解决方案

（1）解决大数据安全问题的模型必须满足的基本条件
①利用自动化工具，在收集数据的过程中划分数据类型；
②能够持续分析高价值数据，对数据价值、变化做出评估；
③确保加密安全通信框架的实施；
④制定相关联数据处理策略。

（2）保证大数据安全采取的措施
①对数据进行标记

大数据类型繁多、数量庞大直接导致了大数据较低的价值密度。从海量数据中筛选出有价值的数据，既能保证其安全性，又能实现大数据的快速运算，其实现方法是对大数据进行分类标识。

②设置用户权限

分布式系统架构适用于具有超大数据集的应用程序，可以对用户访问权限进行设置。首先对用户进行划分，为不同的用户赋予不同的访问权限。对每个用户群设定最大的访问权限，再对用户群中具体用户进行权限设置，实现细粒度划分，不允许任何用户超过为其设定的最大权限。

③增强加密系统

为了保证大数据传输的安全性，需要对数据进行加密处理。通过加密系统对要上传的数据流进行加密，对要下载的数据同样要经过对应的解密系统才能查看。因此需要在客户端和服务端分别设置一个统一的文件加密/解密系统对传输数据进行处理。同时，为了增强其安全性，应该将密钥与加密数据分开存放。借鉴 linux 系统中 shadow 文件的作用，该文件实现了口令信息和账户信息的分离，在账户信息库中的口令字段只用一个 x 作为标示，不再存放口令信息。

④发现潜在的数据联系

大数据的信息安全更加注重的是安全技术而不是对数据本身的保护。目前已有对数据的安全性保护措施，但这些技术对于大数据来说是否可以同样使用还需要验证。大数据拥有有别于其他一般数据的一些特性，这需要在现有技术上做一些改进，来适应大数据的这些特性。但是大数据之间没有明显的关联性，如何去发现这些数据间潜在的关联性有一定的难度。

3. 未来可能的研究方向

Gartner 公司分析师表示，使用"大数据"来提高企业信息安全不完全是炒作，这在未来几年内将成为现实。大数据将为安全团队带来新的工作方式，通过了解大数据的优势、制定切合实际的目标以及利用现有安全技术的优势，安全管理人员将会发现他们在大数据进行的投资是值得的。RSA 中国区总经理胡军表示，"大数据将带动安全行业方向性的改变，安全与数据互相影响，未来共同促进发展。现今的安全需要更全面和广泛的可视性，敏捷的分析，可采取行动的情报和可扩展的基础设施。"

我们可以看到，大数据安全已经成为不可阻挡的趋势。在未来不论是从商业需求角度，还是产品技术角度，大数据安全都将成为业界关注的热点。

（1）加强对重点领域敏感数据的监管

海量数据的汇集加大了敏感数据暴露的可能性，对大数据的无序使用也增加了要害信息泄露的危险。在政府层面，明确重点规划数据库的范围，制定完善的重点领域数据库管理和安全操作制度，加强对重点领域数据库的日常监管。在企业层面，加强企业内部管理，规范大数据的使用方法和流程。

（2）运用大数据技术应对高级可持续攻击

传统安全防御措施很难检测高级持续性攻击，先确定正常、非恶意活动是什么样子，才能尽早确定企业的网络和数据是否受到了攻击。安全厂商利用大数据技术对事件的模式、攻击的模式、时间和空间上的特征进行处理，总结抽象出来一些模型，变成大数据安全工具。整合大数据处理资源，协调大数据处理和分析机制，推动重点数据库之间的数据共享，加快对高级可持续攻击的建模进程，消除和控制高级可持续攻击的要害。

大数据时代已然到来，随之而来的也有一些不可避免的机遇和挑战。根据梳理出的当前大数据安全与隐私保护的相关关键技术，我们可以看出，当前国内外针对大数据安全与隐私保护的相关研究还不充分，只有通过技术手段与相关政策法规等相结合，才能更好地解决大数据安全与隐私保护问题。

第三节　云计算与大数据的信息安全案例

案例一：棱镜下的大数据安全恐慌

随着大数据、云计算等技术的进一步发展，越来越多的大数据将出现云端，并在各行各业中发挥作用，但是互联网的无国界性也使得全球化的网络犯罪更容易实施。如何保护和适度利用这些大数据，是国家、社会和产业界需要共同面对的一个问题。而在国家层面，中国不仅要打造具有自主知识产权的软硬件产业链，还要积极参与跨国性网络保密技术标准与法律规定的制定，参与网络信息安全国际合作。"数据安全"也将会成为国家新的建设方向。

"棱镜门"主角斯诺登结束了长达一个月的"蜗居"生活，离开莫斯科机场中转区进入莫斯科市中心，并得到了一年的难民身份。尽管围绕着斯诺登所展开的报道仍层出不穷：比如有莫斯科未婚姑娘表示愿意提供住房并嫁给他，网民们甚至劝斯诺登和美女间谍查普曼结婚，以获得俄罗斯永久身份；还有德国科学家协会和国际反对核武器律师协会发起的"揭秘奖"被斯诺登"摘取"，并奖励斯诺登3000欧元。而美国的失望情绪，也清楚地显示出其很担心斯诺登泄露更多美国政府机密的可能性。而在这场国家博弈的背后，一场关于大数据时代国家安全话题的集体讨论因为"棱镜门"在国家层面上所投射的影响正在迅速展开，而这也为发展中的大数据产业蒙上了一层阴影。

1. 大数据时代信息安全问题

科学技术常常都是一把"双刃剑"，而对目前现代工业和现代社会以计算机为核心的计算模式来说，数据安全是极其敏感的话题，因为在目前的社会发展条件下，信息已经成为重要战略资源。而在大数据时代，大数据呈现出巨大、快速变化和关联复杂等特性，这使得原来数据边界的定义更加模糊，比如个人信息和企业信息的获取、使用和控制往往更加容易。

在斯诺登的爆料里，谷歌、雅虎、微软、苹果、Facebook、美国在线、PalTalk、Skype、YouTube等九大公司遭到参与间谍行为的指控。这些公司都是IT企业中的巨头，掌握着巨大的信息源，而这些公司向美国国家安全局开放其服务器，也就使政府能轻松地监控全球上百万网民的邮件、即时通话及存取的数据。无疑，他国的国家安全和社会稳定也就非常容易遭受攻击。如果对大数据进行分析加工，个人的隐私也不复存在。比如，个人的上网痕迹往往透露出他的生活特征。而如果对电子邮件、搜索记录、视频和语音交谈、照片、通话、文件传输、社交网站信息等海量数据进行分析，再通过比对现实世界中信用卡或者电话录音等，几乎可以真实地还原每一个人的生活状况。虽然美国可以用"反恐"来作为幌子遮盖美国对大数据技术利用的野心，但斯诺登事件所带来的潜在危害已经让很多国家不寒而栗。

而从更为广阔的视角来分析这个问题，斯诺登事件所折射的则是美国希望借大数据继续维护其网络霸权地位的思维。国防科技大学刘杨钺指出，"棱镜门"显示出强权政治依然是主导网络政治的根本逻辑。美国秘密开展"棱镜"等网络监控计划，其核心目的在于维持和增强对网络空间信息和行为的控制权，以维系其网络霸权地位。"棱镜门"反映出国家行为体依然是影响网络政治的中心力量。透过"棱镜门"，人们再次发现，一些所谓秉持独立价值并服务于社会利益的跨国企业和非政府组织，事实上不过是西方国家推行网络战略的隐形工具。

美国这种行为明显地暴露了它所谓的"网络自由"的虚伪性。在互联网领域，美国明显采取的是双重标准。斯诺登所透露的"棱镜"项目，从一个侧面反映出，美国是当今世界最大的网络监控者，也是最大的网络攻击者。另外，美国利用这个"棱镜"项目恐怕还另有企图。比如，美国有可能要在新兴的互联网第五维战场排兵布阵，抢占信息的制高点，为未来争夺网络霸权奠定基础。所以奥巴马辩解"你不能在拥有100%安全的情况下，同时拥有100%隐私和100%便利"就可以理解为美国安全政策的解说词了。而国务院发展研究中心副研究员李广乾博士则指出，大数据技术不仅是保护关键基础设施的有效手段，更是确保美国掌控赛博空间制空权的利器，是放大美国现有的经济、军事、科技优势的杠杆。与传统的军事部署、军事手段相比，依托关键基础设施而展开的大数据技术能够兵不血刃地达到以往难以实现的目标。这对任何国家的政府特别是军方来说，都具有莫大的诱惑，毕竟"不战而屈人之兵"才是战争的最高境界。从这个意义上讲，出现一个、两个还是N个类似的"棱镜"项目，都不足为奇。

2. 中国信息安全建设滞后

网络是数据赖以储存、处理和传输的系统，网络已经成为信息传导的主要载体。最近两年来，大数据产业在中国从概念中迸发，并将中国信息产业发展推向一个新的阶段。不过，业内人士指出，目前大部分企业都愿意花大把的钱购买服务器、交换机，却很少有企业去关注大数据的信息安全策略。作为新的信息富矿，大数据正在成为黑客重点攻击的对象之一。

国家信息中心信息安全研究与服务中心联合瑞星公司发布的《2013年上半年中国信息安全综合报告》，对上半年的病毒、恶意网址、个人隐私、移动互联网及企业信息安全等五大方面进行了详细分析。报告显示，伴随着虚拟化、云应用新技术和新设备的广泛应用，互联网泄密等信息安全风险日益增加。其中多款无线路由器被曝存在重大安全漏洞，黑客可以利用无线路由器的漏洞对网络中的电子设备进行全面监控，包括电子设备中内置的麦克风和摄像头，硬盘中存储的文件以及用户对电子设备进行的操作。由于大部分用户只会在安装路由器时进行简单设置，并不会定期检查路由器并刷新固件程序，所以路由器一旦被黑客入侵，用户可能会被终身监视。

根据"棱镜门"揭秘者斯诺登的爆料，美国国家安全局正是通过路由器监控了中国网络和计算机。由于中国几乎所有大型网络项目的建设，包括政府、海关、邮政、金融、铁路、民航、医疗、军警等要害部门的网络建设，以及主要电信运营商的网络基础建设，使用的基本都是美国思科的路由器和相关设备，而这正是中国信息安全"后门"问题最可能的原因之一。

网络硬件的安全漏洞，实际上只是大数据时代信息安全问题的原因之一。另外一个则是中国在大数据立法、管理体制、技术开发、产业扶持等方面的滞后。大数据时代网络信息将更加开放，大数据也是与社会系统紧密耦合的复杂巨系统，因此，大数据信息安全需要法律、管理和技术的有机结合形成合力，大数据信息安全的管理也更需要宏观的、整体的进行战略规划设计。纵观发达国家在数据安全方面的措施，说明西方国家很早就开始调整科研发展规划，将数据安全技术列为战略性技术予以重点投入。比如2000年1月，美国专门提出了《信息系统保护国家计划》；2000年9月，俄罗斯批准了《俄罗斯信息安全学说》；斯托克豪姆欧洲理事会在2001年3月23日—24日提出了理事会和委员会将制定一个有关电子网络及其应用安全的全面战略，并及时提交盖特伯格欧洲理事会。随后日本提出了《日本信息安全技术对策指针》，法国提出了《法国信息网络安全管理体系》，韩国提出了《信息通信架构保护法》。在技术研发领域，发达国家一方面通过立法阻止外国的IT设备大规模进入本国市场。比如2012年10月，美国国会报告称，由于华为和中兴"可能对美国国家安全构成威胁"，应当禁止其在美国的收购及交易活动。美国众议院情报委员会为了阻止华为和中兴的扩张步伐，居然用这样的言辞来说明"中国有办法、有机会也有动机来利用电信公司实现恶意目的。""鉴于对美国国家安全利益的威胁"，美国相关机构"必须阻止涉及华为和中兴的收购和并购活动。"报告称，华为和中兴可能被用于"植入来自中国的恶意硬件或软件"，并可能成为"入侵美国国家安全系统和接入美国公司非公开网络的潜在间谍工具"。

实际上，根据美国的逻辑思考，外国公司已经开始使用"恶意硬件或软件"来作为潜在间谍工具收集数据和情报。以目前美国厂商当前占据优势的路由器、交换机（思科）、服务器（IBM/HP/DELL）、存储设备（EMC）等领域为例，这些公司早已经与美国政府结成了秘密的合作伙伴关系。另外，发达国家正在加大网络安全技术和产品的研究与开发，有重点地进行技术攻坚。比如，美国重点研究了密码、数字签名、身份认证、防火墙、监控系统等；英国研究出了高灵敏度的RFC网络电子分级装置，对网上信息进行分级、认定和分类；法国则把研究重点放在高性能过滤系统、有害信息的过滤技术、追踪非法侵入的信息源等；日本在20世纪90年代初就开发了自主操作系统内核和通用网络时代的加密算法。而中国则在IT关键技术、核心设备、主要标准、体系架构等多方面受制于发达国家。一个典型的例子是联想PC的核心技术，包括CPU和操作系统等都是美国的，在这样的对比之下，中国要发展大数据产业，的确需要事先引起中国网络信息安全部门的警觉。

3. 案例启示

"棱镜门"事件给很多国家以警示，对于中国这样一个正在发展中的大国，国家信息安全是社会和经济稳定发展的保障。而"棱镜门"也确定了其自身的里程碑事件的意义，即对国家大数据信息安全的有效促进。中国工程院院士、中科院计算所研究员倪光南表示，"参照发达国家，一个国家的网络空间战略应是一个体系，它包括国际、国内战略和用以支撑的一系列法规、相应的组织机构等。中国在这方面起步迟，显然需要有一个逐步完备的过程。但重要的是，在十八大提出的关注网络空间安全的号召指引下，中国网络空间安全将进入一个新阶段，在这个领域中国一定会迅速地追赶发达国家。"中国工程院院士李国杰认为，大数据对信息安全来讲增加了一个新的维度，其更加重视数据本身的安全，因为数据一旦被破坏以后，就不能恢复。因此大数据如何通过立法，通过各种手段真正保护个人的隐私，这是国家需要高度重视的一个新的安全问题。所以只有保证数据分析者获得数据合法性以及数据的安全性，才能确保大数据是对我们发展有利的。

实际上，中国确实已经开始着手相关的工作。比如2012年12月，工信部信息安全协调司发表消息称，推进国家信息安全战略出台，已经成为该司2013年的首要工作。安全协调司将在2013年研究建立信息安全审查和重要信息技术产品信息安全检测制度，并组织开展云计算、物联网、移动互联等安全技术研究和标准制定。

2012年12月，十一届全国人大常委会第三十次会议审议了加强网络信息保护的决定的草案；同期在全国工业和信息化工作会议上，工信部部长苗圩也明确将"大力推进信息化发展，切实保障网络信息安全"作为2013年的重要任务，并从打造产业价值链、强化顶层设计和统筹规划、加强法律及标准研究制定、加强基础设施与技术手段体系化建设等六个方面进行了阐述。另外，国家的《中华人民共和国政府采购法》也对国内厂商的支持做出了明示。前几年洋品牌长驱直入中国的 IT 市场，然而美国却多次发难在美国开展业务的中国企业引起了中国政府的警觉。目前，国家正在加大资金投入和政策支持力度，快速推进具有自主产权的高质量网络信息安全设备、系统或服务等产品的研发，未来将形成中国独立自主的信息产业。未来中国很有可能对相关行业立法，以保证在重要行业部门使用的 IT 设备上尽快实现完全国产化，确保在未来的信息安全博弈中获得胜利。而随着大数据、云计算等技术的进一步发展，越来越多的大数据将出现云端，并在各行各业中发挥作用，但是互联网的无国界性也使得全球化的网络犯罪更容易实施。如何保护和适度利用这些大数据，是国家、社会和产业界需要共同面对一个问题。而在国家层面，中国不仅要打造具有自主知识产权的软硬件产业链，还要积极参与跨国性网络保密技术标准与法律规定的制定，参与网络信息安全国际合作。"数据安全"也将会成为国家新的建设方向。

案例二：云计算教育大数据的信息安全策略研究

在云计算环境下，教育大数据在教育领域和教学实践中发挥着越来越重要的作用。但是，在云环境下教育大数据是否能够安全地被管理、检索、使用受到越来越多用户的关注。

云计算的超大规模、高度可靠性、通用性和扩展性为教育大数据的挖掘和分析提供了保障，但是在云环境下的教育大数据经受着数据泄露和不经授权的更改、挪用的安全威胁，数据能否安全地被管理、检索、使用受到越来越多用户的关注。因此，在云环境下对教育大数据建立安全保障体系显得越来越重要。

1. 云环境下教育大数据面临的安全问题

云环境下教育大数据面临的安全问题主要体现在技术、安全标准和监管体系三个方面的挑战。

（1）技术的挑战

云环境下教育大数据面临的安全技术问题主要是数据存储、权限划分和虚拟安全。

①数据存储

教育大数据的应用基础就是拥有海量的教育数据资源，如何存储和备份这些教育数据资源，充分发挥教育大数据在云环境下的作用，使其能够被合理合法地检索和使用，这就涉及数据存储技术的问题。

②权限划分

教育大数据在云环境下的应用涉及数据提供方、用户、云服务商，这三者身份的明确认证和数据资源使用，以及如何保证教育大数据不被未经授权的删除、更改，这就涉及权限划分的问题。

③虚拟安全

教育大数据根据保密级别和授权范围不同，需要不同层面的使用者和管理者具有不同的权限，而对不同级别的使用者和管理者的身份信息需要进行数据隐私的保护，这也是教育大数据安全性的另一个重要体现。虚拟安全技术保证用户信息安全、数据资源安全，但它存在安全隔离、受控迁移、权限访问等系列安全问题，这涉及虚拟安全技术的问题。

（2）安全标准的挑战

在互联网高速发展的大时代背景下，云服务提供商提供的云服务平台种类繁多，功能五花八门。因此，需要建立一个统一的规范安全标准来约束云服务商的行为，保障数据提供方的数据安全和用户信息的安全。

①明确云服务的安全目标

明确教育大数据的安全需求，制定具有针对性的安全目标，量化各类教育资源的安全指标，通过第三方进行测试评估，给出具体的度量、测评方法，检验云平台服务商的服务质量。

②规范安全服务功能和评估方法

明确云平台应该具备的安全性能，如数据保密、访问权限控制、数据安全存储、身份认证、虚拟化安全。在规范这些功能的性能指标的前提下，提出评估方法，检测其功能是否达到安全标准。

③规范安全等级划分和评价

明确云平台的服务安全等级，同时提出评价标准，帮助用户了解云服务提供商所提供云服务的安全性能，为用户选择适合的云服务商及其项目提供可借鉴的参考。

（3）监管体系的挑战

云平台所具有的高度开放性、可共享性、实时动态性使得对教育资源的监督管理难度与以往相比大大增加。因此，传统的监管方式已经不能适应新的挑战。

与传统方式项目相比，云服务平台的创建具有较强实时性，但是其关闭同样具有动态性，因此，云平台在互联网环境下的动态性迁移，导致追踪和管理的难度加大。在全球化的背景下，云平台按照需求为世界各国的用户提供服务，存储在云环境下的教育资源不能被同一个政府监管，所在国不同导致的法律差异也使得监管难度加大。因此，建立标准统一、规范完整的安全监管体系来保障教育数据安全势在必行。教育数据提供方要求云服务提供商按照保密要求严格保管数据，保证教育资源在合法的前提下使用，维护教育资源提供方的合法权益。

2. 基于云计算教育大数据信息安全策略的构建

（1）保障体系技术框架的构建

①数据存储

云计算环境下对教育大数据安全保护措施的基本原则是进行分类。根据安全等级不同实施不同级别的保护，按照数据重要程度依次为：公开数据、一般数据、重要数据、关键数据和核心数据五类。对公开数据进行常规的日常备份，进行完整性保护。对一般数据，此类数据有常见的使用价值，数据进行定期重点备份。对重要数据，此类数据价值重要或具有保密性质，需要进行重点保护，数据应进行冗余备份。对关键数据，此类数据具有非常高的使用价值或机密性质，需要特别保护，数据应进行冗余备份并异地存放。对核心数据，此类数据具有最高的使用价值或绝密性质，需要进行绝对保护，数据的备份按一式多份并异地存放的原则实施，在备份系统运行后，应严格按照制度进行日常备份，并记入备份管理日志。

②身份认证

建立行之有效的单点登录入口和完整统一的身份认证系统能够有效减少重复验证用户身份带来的效率低下，并减少运行消耗，提高云服务的便捷性，增强用户利用教育大数据的使用效率。统一的身份认证方式使用户不必在登录每一个经授权的应用系统时重复输入用户名和密码，这种方式大大降低了用户个人信息泄露和被窃取的可能性，保证了用户信息的安全传输。单点登录在以统一的身份认证机制为保证的前提下，用户只需使用密钥或注册时设置的登录信息在单击登录入口登录一次，在系统认证通过后就可以访问该用户具有相应权限的所有应用系统，避免重复登录带来的麻烦。

③可信访问控制

实现访问控制要以对合法用户进行权限划分为前提，当用户越级或者跨边界访问数据时，需要在边界再一次进行认证，以此次认证的通过与否来决定用户能否进行下一步操作。因此，建立针对性的访问控制策略，保证数据在网络传输过程中免受攻击，保证传输机密性。

④数据隐私保护

云计算中客户的隐私数据主要是个人信息和敏感信息。用户需要对加密数据进行一些操作时就必须先把数据从云服务器中提取出来，进行解密之后才能对数据进行操作，然后再上传至云服务器，云计算保护隐私数据工作流程如图1所示。

⑤虚拟安全

云平台服务商在物理服务器上布置虚拟安全体系，为用户提供创建、操作、关闭虚拟服务器的功能。在管理虚拟服务器的过程中，要根据功能和权限将虚拟机相互隔离并实施以监控日志为主要内容的日志管理。

（2）保障体系安全使用标准的构建

建立云环境下教育大数据的安全使用功能和标准，制定评测安全的测定办法，对教育数据在云环境下的安全使用具有积极意义。

①安全测评框架

在遵守和维护国家相关政策法规的情况下，云环境下的教育大数据的安全测评办法主要考虑从管理和技术两个层面进行测评。在管理层面上，将安全管理机构、人员岗位设置、岗位职责、系统运营维护、应急事件管理纳入管理类考核指标；在技术层面上，将云环境下教育大数据安全评测办法分为平台安全、数据安全、虚拟技术安全、环境安全、网络安全、应用程序安全在内的六个层面的安全测评。

②安全服务功能

数据存储、身份认证、访问权限控制、虚拟化安全和安全审查是云平台所必须具备的安全功能，因此明确云平台所应该具备的安全性能和指标有利于对云平台进行客观评估。只有具备以上安全功能的云平台才有资质成为教育大数据的委托管理方。

③安全性能指标

根据云平台安全性能，其指标包括六类：功能性、可靠性、易用性、使用效率、维护性和可移植性。功能性包括适合性、准确性、互操作性、安全保密性；可靠性包括成熟性、容错性、易恢复性；易用性包括易理解性、易学性、易操作性、吸引性；使用效率包括时间特性、资源利用性；维护性包括易分析性、易修改性、易测试性；可移植性包括适应性、易安装性、共存性、易替换性。

④安全使用标准

根据安全性能六类指标制定云平台评定量表，划分相应安全等级，帮助用户了解云服务商提供服务的安全度，为用户选择适合的云服务项目提供参考。

（3）保障体系安全监管体系的建立

组建政府主管部门、云计算服务商、用户、第三方评测机构共同参与的云监管体系，制定云服务安全标准，并由第三方评估机构进行评估，以此来检验云服务商的安全防护措施是否符合标准。同时，对通过测评的云计算服务提供商进行安全认证，数据提供方和用户从已经得到认证的云服务商名册中选择适合自身要求的服务，建立合作和租赁关系。

通过分析云环境下教育大数据在技术上、安全标准和监管体系上所面临的安全威胁，针对云环境下教育大数据存在的安全问题，设计了一套包括安全技术策略、安全标准策略和安全监管策略在内的安全保障体系，为实现云计算环境下教育大数据安全提供了参考。

第十章 大数据服务

第一节 大数据服务分类

智慧政府的大数据服务是为政府部门、统计行业提供结构化和非结构化数据集成服务平台，可以分为工具类大数据服务和面向应用的大数据服务两大类。工具类大数据服务主要是利用产品化的工具产生或生产数据，主要包括 ETL（Extraction – Transformation – Loading）数据抽取服务、元数据管理服务、数据仓库建模服务和数据共享交换服务等。面向应用的大数据服务为针对已有的数据进行数据资源消费（数据利用），主要包括数据查询检索服务、数据汇总统计服务、数据分析预测服务、数据立方服务、文件立方服务、GIS（Geographic Informati。n System）分析服务和评价指数服务等。

一、工具类大数据服务

工具类大数据服务的基本分类方法及依据如表 10 – 1 所示，这里未能枚举所有大数据服务内容。

表 10 – 1 工具类大数据服务的基本分类参考表

业务域	服务大类	应用分类	具体应用	应用编码
工具类大数据服务	ETL 数据抽取服务	原始数据源管理	定义和维护原始数据源信息	GBD01001
		原始数据表定义	定义和维护原始数据表信息	GBD01002
		属性维原始数据维护	属性维标准化	GBD01003
		目录维原始数据维护	目录维标准化	GBD01004
		标准化对应设置	设置指标对应关系	GBD01005
		数据处理	按步骤处理数据	GBD01006
		日志功能	ETL 过程跟踪	GBD01007

业务域	服务大类	应用分类	具体应用	应用编码
工具类大数据服务	元数据管理服务	指标管理	指标信息维护	GBD02001
		指标分类管理	指标归类	GBD02002
		目录分类管理	目录归类	GBD02003
		目录管理	目录信息维护	GBD02004
		报告期管理	报告期分类	GBD02005
		报告期管理	报告期数据管理	GBD02006
		计量单位管理	计量单位类别及数据管理	GBD02007
工具类大数据服务	数据仓库建模服务	数据仓库分类管理	不同数据源分类	GBD03001
		专业管理	业务分专业管理	GBD03002
		属性维管理	属性维度基本属性	GBD03003
		属性维表父子关系管理	定义维度间父子关系	GBD03004
		字典维管理	字典表信息	GBD03005
		字典维管理	字典表属性维	GBD03006
		字典维管理	字典间关系	GBD03007
		字典维管理	字典信息	GBD03008
		字典维表父子关系管理	字典间父子关系	GBD03009
		字典属性信息管理	字典附属信息	GBD03010
		事实表管理	生成事实表	GBD03011
		仓库模型创建	指标数据库	GBD03012
		仓库模型创建	主题库	GBD03013

业务域	服务大类	应用分类	具体应用	应用编码
工具类大数据服务	数据共享交换服务	编目系统	编目对象管理	GBD04001
		编目系统	编目赋值管理	GBD04002
		编目系统	标识符管理	GBD04003
		编目系统	标准符合性检查	GBD04004
		编目系统	信息资源分类管理	GBD04005
		目录管理系统	内容审核管理	GBD04006
		目录管理系统	目录内容维护	GBD04007
		目录管理系统	标识符前端码管理	GBD04008
		目录管理系统	目录服务地址管理	GBD04009
		目录管理系统	监控管理	GBD04010
		目录服务系统	目录内容发布	GBD04011
		目录服务系统	目录内容查询	GBD04012

二、面向应用的大数据服务

面向应用的大数据服务的基本分类方法及依据如表10－2所示，这里未能枚举所有大数据服务内容。

表 10－2　面向应用的大数据服务分类参考表

业务域	服务大类	应用分类	具体应用	应用编码
面向应用的大数据服务	数据查询检索服务	目录结构查询	目录查询	GBD05001
		目录结构查询	指标项查询	GBD05002
		自定义查询	自定义查询条件	GBD05003
		自定义查询	查询数据	GBD05004
		原始表、新表数据查询	中心库表数据查询	GBD05005
		查询条件记录	自动记录查询条件	GBD05006
		重要指标展开	重要指标查询	GBD05007
		重要指标展开	Flash 图表展示	GBD05008

面向应用的大数据服务	数据汇总统计服务	简单分析	个性化模板	GBD06001
		简单分析	图表展示	GBD06002
		数据分析	数据汇总	GBD06003
		数据分析	多维分析	GBD06004
		警示功能	警示查询	GBD06005
面向应用的大数据服务	数据分析预测服务	回归预测分析	自由创建数据集市	GBD07001
		回归预测分析	历年数据分析	GBD07002
		回归预测分析	预测分析	GBD07003
		数据挖掘	挖掘模型	GBD07003
		数据挖掘	挖掘函数	GBD07004
		数据挖掘	数据挖掘	GBD07005
面向应用的大数据服务	数据立方服务	数据关联设置	层级关联	GBD08001
		数据关联设置	展示范围	GBD08002
		展示风格管理	展示层级	GBD08003
		展示风格管理	展示风格	GBD08004
		数据立方查询	Flash 立方查询	GBD08005
		扩展开发	开发接口	GBD08006
面向应用的大数据服务	GIS 分析工具服务	图层数据管理	导入图层	GBD10051
		图层数据管理	基础图层管理	GBD10002
		基础 GIS 查询	GIS 基本功能	GBD10003
		GIS 数据分析	关联数据仓库	GBD10004
		图层数据管理	区域数据展示	GBD10005
		开发扩展	开发接口	GBD10006
面向应用的大数据服务	评价指数服务	指数公式	维护指数公式	GBD11001
		指数计算	计算指数	GBD11002
		报表展示	指数结果展示	GBD11003

		文件管理	文件管理	GBD090051
		文件管理	文件夹管理	GBD09002
		文件管理	文件权限管理	GBD09003
		文件管理	全局文件管理	GBD09004
		文件管理	部门文件管理	GBD09005
		文件管理	个人文件管理	GBD09006
		文件管理	多维文件管理	GBD09007
		文件展现	文件列表展示	GBD09008
		文件展现	版式文件阅读	GBD09009
		文件展现	版式文件管理	GBD09010
面向应用的大数据服务	文件立方服务	文件展现	文件互动评论	GBD09011
		文件展现	文件搜索结果分析	GBD09012
		文件展现	全文搜索结果展现	GBD09013
		文件检索	文件检索	GBD09014
		文件检索	搜索结果的元数据统计信息	GBD09015
		文件检索	文件网状关联图	GBD09015
		文件检索	文件智能关联	GBD09016
		文件检索	文件带权限的全文检索	GBD09017
		文件检索	统计报表	GBD09018
		文件资源输入服务	文件采集服务	GBD09019
		文件资源输出服务	文件列表服务	GBD09020
		文件资源输出服务	文件查询服务	GBD09021
		文件资源输出服务	文件信息服务	GBD09022
		全文检索服务	全文检索接口	GBD09023

第二节　大数据服务单元描述

一、工具类大数据服务

1. ETL 数据抽取服务

大数据服务

ETL 数据抽取服务

编码 GBD01

目标

将各部门或各业务系统中分散的数据和异构的数据按照统一的规则进行提取、清洗和转换，最终整合到统一的指标化数据中心或数据仓库中。

功能

ETL 和仓库建模均采用统一的元数据，因此只需要简单的设定原始数据和目标仓库模型的对应关系就可定义出清洗转换的规则，智能化数据转换引擎自动处理各种复杂的关系，使用户在不需要了解转换规则的情况下自动化完成数据加载到数据仓库和数据集市中。

表单证书

系统主要涉及的表单证书包括报表制度，采集表模板，汇总表模板，原始数据源、指标转换对应关系表、转换规则等数据抽取过程中需要的其他材料。

服务对象

高校信息中心、各部门信息中心、统计院系在进行数据分析时需要进行数据抽取处理的部门。

配置说明

应用服务器支持符合 J2EE 规范的应用服务器，如 WebLogic、WebSphere、Tomcat 等，数据库支持 Oracle、SQL Server、Sybase、DB2 等多种主流数据库。

外部关联

本系统主要和统计局的数据采集系统、统计局历史数据（结构化数据和非结构数据）、需要进行分析的其他部门的业务系统或者历史数据（结构化数据和非结构数据）等存在主要

关联关系。

形成的数据资源

高校数据中心、各类基础数据库。

2. 元数据管理服务

大数据服务

元数据管理服务

编码 GBD02

目标

元数据管理模块提供对各类数据的元数据管理服务，包括对元数据的分类、发布、查询等功能。支持在各节点单元建设目录体系，可以根据不同的数据业务有选择的实现元数据信息的发布服务。

功能

本服务具备指标类型管理、指标管理、目录管理、报告期管理等功能。能够提供对元数据的分类目录管理功能，并支持对当前数据的展现及历史数据的查询。可对各级元数据分类目录进行访问权限控制，并提供对元数据的添加、删除、更新等基本功能，并提供对各委办局提供的数据文件的批量导入、导出功能。

表单证书

系统主要涉及的表单证书包括报表制度、国家标准（例如课程代码、标准计量单位等）。

服务对象

高校部门、统计院系大数据服务系统的系统管理员等。

配置说明

应用服务器支持符合 J2EE 规范的应用服务器，如 WebLogic、WebSphere、Tomcat 等，数据库支持 Oracle、SQL Server、Sybase、DB2 等多种主流数据库。

外部关联

与外部其他部门或业务系统的元数据对接与交换。

形成的数据资源

各类基础元数据（指标、代码库、标准规范等）。

3. 数据仓库建模服务

大数据服务

数据仓库建模服务

编码 GBD03

目标

数据仓库建模软件提供了一套简单的模型开发工具，使数据仓库建模人员通过一次性的简单的设置就可完成对指标化数据库、数据集市、前端 OLAP 工具的模型创建工作，大大减轻了建模人员的工作量，也提高了模型的稳定性和一致性。

功能

本服务主要提供数据仓库分类、维度管理、事实表管理、仓库模型创建等功能。

表单证书

系统主要涉及的表单证书包括报表制度、汇总模板。

服务对象

高校部门、统计行业大数据服务系统的系统管理员等。

配置说明

应用服务器支持符合 J2EE 规范的应用服务器，如 WebLogic、WebSphere、Tomcat 等，数据库支持 Oracle、SQL Server、Sybase、DB2 等多种主流数据库、元数据管理中间件。

外部关联

各部门业务系统。

形成的数据资源

模型库（存储模型、业务模型、算法模型等）。

4. 数据共享交换服务

大数据服务

数据共享交换服务

编码 GBD04

目标

对各类系统进行整合，规范数据标准，建立高度共享的大数据库平台，实现基础数据的集中化管理和治理。

功能

本服务实现对各类数据库、图片、文档、音频、视频、网页、服务等资源的编目管理；实现对汇聚的目录内容进行自动审核和其他相关管理工作；基于网络实现对目录内容的发布，并向用户提供目录内容的查询。

表单证书

无。

服务对象

本系统的服务对象主要包括高校信息中心信息管理者、部门业务人员。

配置说明

应用服务器支持符合 J2EE 规范的应用服务器，如 WebLogic、WebSphere、Tomcat 等，数据库支持 Oracle、SQL Server、Sybase、DB2 等多种主流数据库、元数据管理中间件、ETL 工具。

外部关联

各部门业务系统。

形成的数据资源

高校数据中心、各类基础数据库（如宏观库、人口库、法人库等）。

二、面向应用的大数据服务

1. 数据查询检索服务

大数据服务

数据查询检索服务

编码 GBD05

目标

利用综合查询实现对数据的多种查询检索服务。

功能

本服务主要包括要素查询、关联查询、模糊查询、自定义查询、数据管理、查询方式定义等功能。

表单证书

固定模式查询模版。

服务对象

本系统的服务对象主要包括需要进行数据查询的领导及业务人员等。

配置说明

应用服务器支持符合 J2EE 规范的应用服务器，如 WebLogic、WebSphere、Tomcat 等，数据库支持 Oracle、SQL Server、Sybase、DB2 等多种主流数据库、元数据管理中间件。

外部关联

无。

形成的数据资源

查询结果模版。

2. 数据汇总统计服务

大数据服务

数据汇总统计服务

编码 GBD06

目标

系统具备一定的统计分析功能，能够按照工作人员的要求将统计结果直观地提供出来，并可将统计结果生成各类图形。可以根据工作人员的要求快速、灵活地进行大数据量的查询处理和汇总统计。具备报表生成功能，可按一定规则生成报表，能够直观易懂地将查询结果提供给工作人员，以便他们能准确掌握全市经济状况。支持各类统计图形的生成，如可生成柱状图、曲线图、饼图等。

功能

本服务主要包括简单分析、数据分析、警示等功能。

表单证书

系统主要涉及的表单证书包括汇总表模板等。

服务对象

本系统适用于需要进行数据分析汇总的各级领导及业务人员等。

配置说明

应用服务器支持符合 J2EE 规范的应用服务器，如 WebLogic、WebSphere、Tomcat 等，数据库支持 Oracle、SQL Server、Sybase、DB2 等多种主流数据库，统计报表中间件。

外部关联

本系统主要与高校或统计部门的外部或内部网站存在链接关系。

形成的数据资源

各类统计报表、图表。

3. 数据分析预测服务

大数据服务

数据分析预测服务

编码 GBD07

目标

能够从海量的数据中根据挖掘条件挖掘出有潜在价值的数据信息，为支持决策提供数据参考。具备一定的经济预测功能（可按一定算法进行数据预测），并支持相关分析应用，如支持回归分析等。

功能

本服务主要提供回归预测分析、数据挖掘等功能。

表单证书

系统主要涉及的表单证书包括数据挖掘函数，如聚类函数、回归函数、神经网络以及决策树等。

服务对象

本系统适用于需要进行数据分析预测的各级领导及业务人员等。

配置说明

应用服务器支持符合 J2EE 规范的应用服务器，如 WebLogic、WebSphere、Tomcat 等，数据库支持 Oracle、SQL Server、Sybase、DB2 等多种主流数据库，BI 工具、DSS 工具。

外部关联

本系统主要与高校或统计部门的外部或内部网站存在链接关系。

形成的数据资源

各类分析报表、分析报告。

4. 数据立方服务

大数据服务

数据立方服务

编码 GBD08

目标

通过数据的潜在关联建立数据立方，提供数据的立体多方位展示。可采用 Flash 或其他动态关联方式进行数据查询与展示。

功能

本服务主要包括数据关联设置、展示风格管理、数据立方查询、扩展开发等功能。

表单证书

系统主要涉及的表单证书包括展示模板等。

服务对象

本系统适用于需要根据数据立方进行数据分析的各级领导及业务人员等。

配置说明

应用服务器支持符合 J2EE 规范的应用服务器，如 WebLogic、WebSphere、Tomcat 等，数据库支持 Oracle、SQL Server、Sybase、DB2 等多种主流数据库、元数据管理中间件。

外部关联

无。

形成的数据资源

报表、图表、分析报告。

5. 文件立方服务

大数据服务

文件立方服务

编码 GBD09

目标

以 SOA 架构和相关标准为指引，从各分散的业务系统中抽取文件资源，完成信息整合和知识服务。为区域高校文件资源的挖掘、利用奠定基础。将散落在各系统中的文件资源进行关联、动态分类、聚类并提供个性化、主动化信息推送，深度挖掘各类文件资源。

功能

主要功能包括：文件元数据管理、文件维度管理、文件权限管理、数据加工处理、管理检索、文件资源展现、文件互动评价、文件分类统计等主要功能。

表单证书

系统主要涉及的表单证书包括：基本元数据模板等。

服务对象

本系统适用于需要对于各种文件能够方便的查找、管理、使用的各级领导及业务人员等。

配置说明

应用服务器支持符合 J2EE 规范的应用服务器，如 WebLogic、WebSphere、Tomcat 等；数据库支持 Oracle、SQL Server、Sybase、DB2 等多种主流数据库；元数据管理中间件。

外部关联

无。

形成的数据资源

文档、报表、图表、分析报告。

6.　GIS 分析工具服务

大数据服务

GIS 分析工具服务

编码 GBD10

目标

通过与 GIS 图层进行数据关联建立基于 GIS 的数据分析服务。

功能

本服务主要包括图层数据管理、基础 GIS 查询、GIS 数据分析、开发扩展等功能。

表单证书

系统主要涉及的表单证书包括：标准图层等。

服务对象

本系统适用于需要进行 GIS 工具进行数据查询分析的各级领导及业务人员等。

配置说明

应用服务器支持符合 J2EE 规范的应用服务器，如 WebLogic、WebSphere、Tomcat 等；数据库支持 Oracle、SQL Server、Sybase、DB2 等多种主流数据库以及 GIS 服务中间件。

外部关联

本系统主要与提供 GIS 图层的系统存在关系。

形成的数据资源

专题图、专题分析报告。

7.　评价指数服务

大数据服务

评价指数服务

编码 GBD11

目标

利用指标体系和评价标准的研究成果，建立高校相应领域的评价主题库，灵活定制权重和相应的计算公式，可以定期自动计算各种指数，并进行分析，通过图表、动态数据显示等方式，全面反映学校发展状况。

功能

本服务主要包括相关评价标准维护、指标维护、指数公式维护、指数数据维护、报表制作和指数数据查询等功能。

表单证书

系统主要涉及的表单证书包括：指数计算公式等。

服务对象

本系统适用于需要根据评价指数进行学校发展状况分析的领导及业务人员等。

配置说明

应用服务器支持符合 J2EE 规范的应用服务器，如 WebLogic、WebSphere、Tomcat 等，数据库支持 Oracle、SQL Server、Sybase、DB2 等多种主流数据库、元数据管理中间件。

外部关联

本系统主要与高校或统计部门的外部或内部网站存在链接关系。

形成的数据资源

评价体系及评价标准、评价报告。

第十一章 基于云技术和大数据下的
高校智能协作平台

本书理论篇提出一种新的基于移动互联网的社会化软件——智能协作平面，以"人"为中心，以知识资源为基础，以社交技术为手段，实现知识、技术、人和协同工作的统一，为用户提供一个高校社交服务入口，力图让用户在更友好的工作氛围中以最简单的方式创造价值。

第一节 高校应用智能协作平台的目标

1. 构建微门户，提供统一访问入口

通过统一的服务入口来访问微门户中整合的应用系统和相关信息资源，实现来自业务系统的内容聚集。

2. 以服务号实现系统间信息交互

信息源除来自用户间的信息分享外，还支持外部应用系统通过注册服务号和开放 API 方式，进行消息分享及数据交互。

3. 以用户为中心，促进沟通协作

以用户为中心，搭建一个开放沟通环境，加强内部沟通中的协调性，工作动态随时分享，工作进度及时知会，保持全员的目标向导，打破沟通边界。

4. 满足社交需求，提升工作效率

按照马斯洛需求理论，人的社交需求处在第三个层次，人都有自己的感知和感受，人都有进步的欲望，都希望自己在工作中能够更高效。智能协作平面遵循复杂功能简单化的设计原则，充分体现对用户的尊重，并且提供了让用户更高效、更顺畅的工作方式。

5. 注重建立连接，形成信息链

（1）建立用户之间的连接。通过关注关系、可能感兴趣的人等方式让用户与用户之间更容易建立连接，以此来实现扁平化的层级关系。

（2）建立用户与内容的连接。通过展示内容的作者、增加社会化的评价与评论机制让用户与内容建立连接。

（3）建立内容与内容的连接。通过相关文档、浏览过这篇文档的人也看过之类的模块让内容与内容之间建立连接，以此来形成信息链。

6. 鼓励创造内容，激发知识分享潜能

用微信的方式分享知识，汇聚众人思想，让组织内的内容生产更方便，传播更快捷。

通过鼓励群体创造和分享,以达到知识为人所用。

7. 注重知识沉淀,构建高校知识库

将有价值的思想、文件、互动问答等,凝聚为知识沉淀下来,形成知识树,伴随着对知识的整理、分类、加工,促进知识树不断成长,逐步构建起知识库。

8. 提供关注入口,关注用户多元化、个性化服务

为用户提供一个高校社交服务入口,以"主动推送"模式向用户提供个性化服务,根据用户的需要和服务端的智能判断,由服务端向用户推荐感兴趣的话题和工作群组。

第二节 高校智能协作平台表现形式

智能协作平面可以采用微信的表现形式,以 SNS 社会化交互为基础。由于微信是近年来使用频率高、受众面广的产品形式,因此用户容易接受,上手快。

1. 智能协作平面主体框架

(1)基于云平台搭建

智能协作平面的主体框架如图 11 – 1 所示。

以云平台为支撑层,共性服务统一建设,数据集中存储。在云平台之上搭建协作平面的功能层以及服务层,对外提供 Rest 方式访问,在客户端以 JS 模板引擎进行渲染。

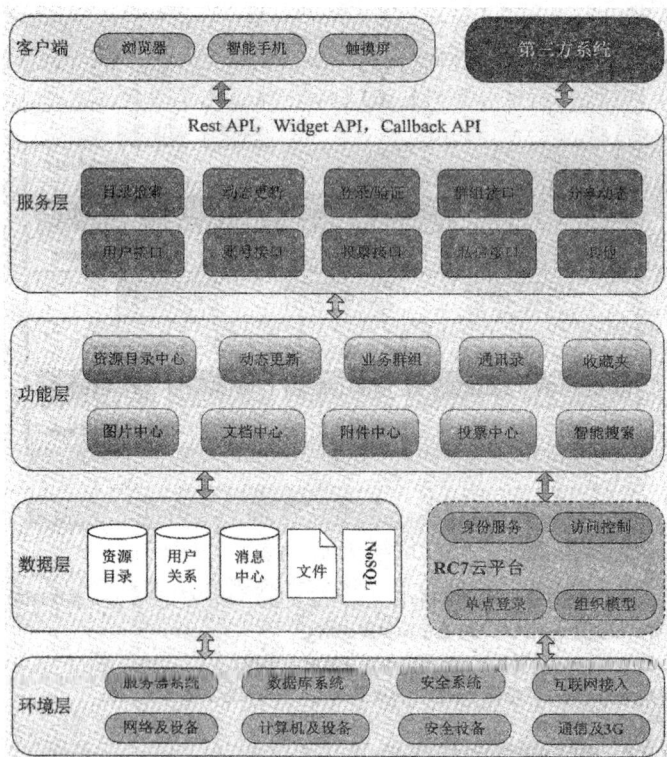

图 11 – 1 框架示意图

2. 开放集成的服务

智能协作平面提供了一个社会化沟通和协作的基本框架，在此平台上，有无限的应用扩展机会。在平台设计过程中，一开始就植入开放平台理念，引入应用商店模式，为应用开发者和第三方应用提供开发工具和接入规范。

智能协作平面开放平台遵循一个清晰的分层模型，架构图如 11 - 2 所示。

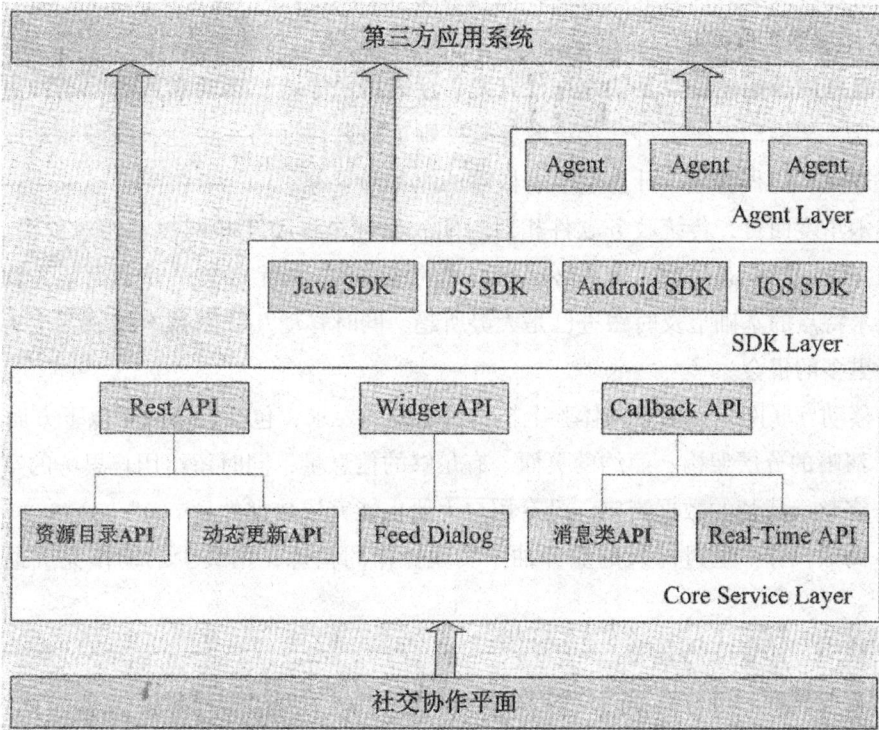

图 11 - 2　架构图

（1）Core Service Layer：协作平面对外提供的最底层的 API，定义好了接口参数和调用流程，第三方可以根据这个层次的 API 在上面封装 SDK。

（2）SDK Layer：针对各种开发语言或开发环境的 SDK。

（3）Agent Layer：代理信息搜索、智能推荐、系统间服务及数据交互等。

3. 面向 Agent 设计

Agent 实际上是由 Object "进化" 而来的，进化的目的是让软件系统更贴近现实世界。从程序设计的角度理解，可以认为 Agent 就是绑定了 Thread 的 Object。

Agent 应当具有以下特点：

（1）自治性。Agent 能在非事先规划、动态的环境中解决实际问题，在没有用户参与的情况下，独立发现和索取符合用户需要的资源、服务等。

（2）社会性。Agent 可能同用户、资源、其他 Agent 进行交流。

（3）反应性。Agent 能感知环境，并对环境做出适当的反应。

（4）主动性。Agent 可以主动地执行某种操作或者任务。举例来说，Web Service 不是一个 Agent，因为它是被动地，而非主动地提供服务。

前面提到的 Agent Layer 是一套 Agent SDK，实际上是协作平面的一个副产品，包含了自动信息搜寻的 Agent，以及具有推理能力的 Agent 等，SDK 部分地实现了 Agent 的一些特性，未来将逐步实现其他高级的特性，例如移动 Agent、合作 Agent 等。

4. 软件移动互联网化

移动互联网应用的特点是快速迭代开发，注重用户体验、运营和数据驱动，更精准的推荐和搜索，架构动态扩展等。传统政务软件则更强调数据的一致性、领域驱动设计、复杂的业务逻辑、流程管理、计算引擎、极端的业务场景等。

从技术角度而言，传统政务软件相对封闭、稳健，移动互联网技术相对前沿、开放。由于移动互联网的生态环境庞大，必然在技术的深度和广度上领先一步，而政务软件在保持自身技术特点的基础上及时跟进已是大势所趋。同时移动互联网技术的成熟也为政务软件提供了更多的机会。

软件移动互联网化，用户在体验上提出了更高的要求，包括而不限于以下方面：

（1）清晰的分层架构、简约的页面。有足够的信息量，同时留给用户思考的空间。

（2）完整、清楚的数据流向。没有用户手册也能完成数据处理。

（3）高效操作。通过深入的业务抽象实现操作的精炼，用最少的动作完成最常用的功能。

（4）让用户操作变得有趣。

（5）在可用性和可行性之间找到平衡，提供最有价值的用户体验。

5. 流行的前端设计

（1）扁平化设计。信息发展到当前这个阶段已经空前爆炸和充实，人们不再满足徜徉于无尽信息中的片刻快感，而是冷静下来高效地找到所需，开始追求和享用信息时代为现实生活带来的真真实实的改变。而扁平化设计体现简约二字，恰巧能提前和高效地展示信息，让用户从杂乱的信息中解脱出来。

（2）响应式设计。Web 设计面向的目标设备正在由单一发展为多元，我们在新局面下面对的是各种方面的因素：不同的设备、不同的屏幕尺寸、不同的使用环境、不同的系统平台所具有的 UI 风格等。响应式设计是一种较为成熟的多终端解决方案，可以使同一套设计方案适应于各种类型的显示设备。

第三节　高校智能协作平台服务单元描述

1. 移动办公服务

Ⅴ 智能协作平面服务

移动办公服务

编码 GE006004

目标

为高校的协同办公、审批业务提供以智能手机为终端的移动办公系统。

功能

本服务主要包括无线应用服务器软件、空中下载服务器软件、客户端软件、应用系统集成和移动阅办。提供了身份认证、移动门户、课程管理、权限控制、公文流转、业务管理、资讯管理、移动电邮等功能。该平台可使用各无线网络运营商提供的环境进行业务办理，不受时间、空间限制，办理内容能直接进入有线办公网。系统具有良好的安全性和可靠性。

表单证书

无。

服务对象

高校内各部门工作人员。

配置说明

由统一用户管理系统、统一访问控制系统、移动办公系统、消息服务组件、单点登录服务组件、数据服务组件等配置构建。

外部关联

消息中心、门户系统。

形成的数据资源

基于移动设备产生的各种信息数据。

2. 微门户服务

智能协作平面服务

微门户服务

编码 GE006005

目标

注册系统自身的扩展应用；整合已有或者在建的应用系统，在微门户集中展现，为用户提供统一的访问入口和应用导航。实现信息源内容聚集，以线性动态列表展示。

功能

在应用中心注册、查询应用，浏览应用详情，根据自身角色和使用习惯，决定是否将应用添加到应用导航。分配、管理第三方系统服务号，以 API 或者分享组件形式，接收来自外部系统的应用消息和待办数据。

表单证书

应用注册单、应用导航表、API 接口管理手册等。

服务对象

高校内各部门领导、工作人员。

配置说明

单点登录、用户验证。

外部关联

公文流转、电子会务、督察督办、日程安排等接入微门户的系统和服务，全文检索系统，统计分析系统，日志系统。

形成的数据资源

应用注册数据、应用消息、待办数据。

3. 社交协作服务

智能协作平面服务

社交协作服务

编码 GE006006

目标

用户沟通、分享、协作平台，类似于微博，但是更加私密，能够满足全局或者部门的私密分享。文件、图片、视频、富文本、HTML 代码等以附件形式随主题发布。

功能

（1）发布动态：用户可将自己感兴趣的话题、关注的事件等以动态更新的形式发布，其他成员可进行回复、分享，所有回复内容平台将自动汇总提示，可集中查看。

（2）分享链接：用户通过分享链接的方式嵌入网站预览内容，以此让动态更新含有更丰富的内容，或者表达出动态更新背后的信息。

（3）发起投票：通过投票进行组织内部的意见收集、民主决策以及结果测试等。

（4）召集活动：由活动召集者发布活动，接收用户应当对活动做出回应，表态是否报名参加活动，系统自动统计参加人数、不参加人数和可能参加人数。

（5）互动问答：通过互动问答解决工作中遇到的难题，或者向专家寻求解答。

（6）公告：允许在组织内部向全体用户发布放假通知、会议安排等公告信息。

（7）选择分享范围：用户根据信息是否有保密性和相关性原则，自由选择将信息分享到多大的范围。

（8）添加话题及分类：方便聚合和查找感兴趣的内容。

（9）关注、评论、收藏、转发、@提醒功能。

（10）通讯录云端化：管理组织内所有成员的联系方式，能够对成员加关注、发短信、发邮件。

（11）私信、即时消息。

（12）群组功能：实现在特定范围内的沟通、交流和信息分享。

（13）文档协作管理：支持图片、DOC、PDF、XLS、PPT、TXT 等多种格式的文件上传，并集中管理。

（14）智能综合搜索：通过全文检索找到匹配的用户、群组、历史信息，并能预测用户所需，提供个性化搜索结果。

（15）用户管理、个人主页：浏览、维护账号基本信息、头像、联系信息、在线状态、关注和粉丝、动态更新数据和收藏夹。

表单证书

投票表格、活动内容表、公告单等。

服务对象

高校内各部门领导、工作人员。

配置说明

启用/关闭文档在线预览，通讯录导入。

外部关联

短信系统、邮件服务、全文检索系统、统计分析系统、日志系统。

形成的数据资源

分享的数据、文档、图片文件，话题、投票、评论数据，用户消息。

4. 知识库服务

智能协作平面服务

知识库服务

编码 GE006007

目标

构建高校知识库，对知识归类授权管理。创建一棵层级化的知识树，每个部门维护本部门的一个分支，各分支由一个树状目录构成，每个目录可以被理解为一个节点或一个主题。知识库内容可以独立管理，也可以通过日常分享时选择性地加入到各个目录节点。引入分享和评论等社交化元素，促进知识传播，提升知识价值。

功能

维护知识目录，创建、合并、删除节点，管理节点内容，对目录申请分享权限，管理员审核分享请求、管理已分享用户。允许用户评论、分享、收藏知识信息。

表单证书

申请分享登记表、审核批复单。

服务对象

高校内各部门领导、工作人员。

配置说明

资源目录按照全局和部门设定，节点权限具有可见性和可管理性特征，多角色管理权限、同时权限可继承。

外部关联

全文检索系统、统计分析系统、日志系统。

形成的数据资源

知识目录数据、知识信息。

第四节　高校智能协作平台的特点及进化

智能协作平面强调以人为中心，也就是以用户身份识别为中心，正好利用移动终端比PC端更易实现"永远在线"的特点，建立一个随时互联的环境。其优势还在于终端有语音、定位、通讯录、触控屏等功能可以利用，基于这些特征，能够完成LBS签到，会议通信的协同，批阅文档，更好的文件阅览效果和翻页、触控缩放模式等。从便携性来看，用户获取移动互联网应用的时间呈现碎片化特点，即随时随地利用碎片时间获取信息、进行沟通或交互等。另外，终端自身展现能力有限，屏幕容量小、处理速度慢、网络较差等。考虑上述时间碎片化和终端展现能力因素，智能协作平面在移动终端的使用主要关注客户体验，为用户提供更快、更简洁、更精确的服务，比如在界面布局上尝试使用卡片式布局等。

按照共同进化理论，不同物种之间，生物与无机环境之间，在相互影响中不断进化和发展。软件的发展历程也是如此，智能协作平面在其生命周期内，为了能更好地生存，需要适应不同硬件、软件和用户环境，进一步地智能和开放，在进化中发展，在发展中进化。智能协作平面立足于打造互动式的沟通、分享与协作，可以预见，软件社交化将是进化后的新形态。

第五节　高校智能协作平台的云计算安全

一、云计算安全概述

1. 信息安全与云计算安全事故

自 1964 年日本的梅棹忠夫第一次使用了"信息社会"后，这一概念已被越来越多的人所接受，人类当前已然进入信息社会。信息在社会生产与运行中发挥着重要的作用，类似于软件、通信系统，已成为社会新的生产工具，并基于这些新生产工具产生了新的社会关系与社会行为。总之，在信息社会中，信息及与信息相关的设施系统与铁路/公路等交通系统、电力系统一样，已经成为社会运转的基础性设施。

信息及信息系统虽然对人类社会发展具有巨大的促进作用，但是其若受威胁、干扰和破坏，那么造成的影响后果也是极为严重的。由信息安全引发的一系列的重大事件时至今日仍让人们记忆犹新。以下简单地列举几条在 2011 年期间，与信息安全相关的恶性事件：

（1）2011 年，"超级工厂病毒"（"震网"）是美国和以色列情报官员在以色列绝密的迪莫纳核设施内联合研发的。病毒在迪莫纳进行了两年的研发，随后被植入伊朗的核项目，成功造成伊朗约 2024 的离心机因感染病毒失灵。

（2）2011 年 9 月 20 日，日本军工生产企业三菱重工旗下打造潜舰、生产导弹以及制造核电站零组件等工厂的计算机网络遭到黑客攻击，并有资料可能外泄，这是日本国防产业首度成为黑客攻击目标。

（3）2011 年 12 月 25 日，在欧美非常活跃的黑客组织"无名氏"（Anonymous）25 日声称，他们成功侵入美国知名安全情报智库"战略预测"的计算机，盗取了包括美国空军、陆军在内的 200GB 的客户电子邮件、信用卡资料等机密信息。

（4）甚至 2011 年伊朗捕获完好无损的美国无人机，据传也是因为伊朗军队入侵了无人机的导航系统，修改无人机的导航路线，使诱捕成功。

从上述几个事件中可见信息安全引发的事故已经上升到影响国家安全的程度，由此可见，信息安全对于当今社会的重要意义不言而喻，更不用说满天飞的黑客、艳照门事件等，因此信息安全是信息系统用户关心的首要问题，也是一项新计算技术能得到推广应用的前提条件。

同理，对于云计算而言，其作为一种新的计算与信息服务模式，显然云计算的安全问题是云计算能否真正被广大用户接受与大范围应用推广的关键前提。实际上，云计算自从提出并得到应用推广到现在为止，已经出现过好几起相当有影响的安全事故：

（1）2011 年云计算服务提供商 Amazon 公司爆出了史上最大的宕机事件。4 月 21 日凌晨，亚马逊公司在北弗吉尼亚州的云计算中心宕机，这导致包括回答服务 Quora、新闻服务 Reddit、Hootsuite 和位置跟踪服务 FourSquare 在内的一些网站受到了影响。这些网站都依靠亚马逊的这个云计算中心提供服务。

（2）2011 年 3 月，谷歌邮箱再次爆发大规模的用户数据泄漏事件，大约有 15 万 Gmail 用户在周日早上发现自己的所有邮件和聊天记录被删除，部分用户发现自己的账户被重置，谷歌表示受到该问题影响的用户约为用户总数的 0.08%。

（3）2010 年 1 月，有 68000 名的 Salesforce.com 用户经历了至少 1 小时的宕机。Salesforce.com 由于自身数据中心的"系统性错误"，包括备份在内的全部服务发生了短暂瘫痪的情况。这也露出了 Salesforce.com 不愿公开的锁定策略：旗下的 PaaS 平台、Force.com 不能在 Salesforce.com 外使用。所以一旦 Salesforce.com 出现问题，Force.com 同样会出现问题。

（4）2009 年 2 月 24 日，谷歌的 Gmail 电子邮箱爆发全球性故障，服务中断时间长达 4h。谷歌解释事故的原因：在位于欧洲的数据中心例行性维护时，有些新的程序代码（会试图把地理相近的数据集中于所有人身上）有些副作用，导致欧洲另一个资料中心过载，于是连锁效应就扩及到其他数据中心接口，最终酿成全球性的断线，导致其他数据中心也无法正常工作。

以上这些事件一次又一次地提，醒人们：百分之百可靠的云计算服务目前还不存在。由于云计算的集中规模化信息服务方式，使得云计算系统一旦产生安全问题，其波及面之广、扩散的速度之快、影响的层面之深、各类问题纠缠以及相互叠加之复杂远胜于其他计算系统。当用户的业务数据以及业务处理完全依赖于远方的云服务提供商时，用户有理由问："我的数据存放的是否安全保密？云服务真的完全可依赖吗？"，因此云计算安全理所当然地成为云计算理论与系统研究关心的焦点问题。

2. 云计算模式面临的安全威胁

那么，云计算面临有哪些安全问题呢？这个问题可以从攻击者的角度来加以分析。基于前文所介绍的云计算架构模式，图 11-3 是基于各类文献给出的一个针对云计算架构发动攻击的各个可能环节的综合性描述。通过分析位于这些环节，可以清晰地观察到云计算模式所面临的可能安全攻击。

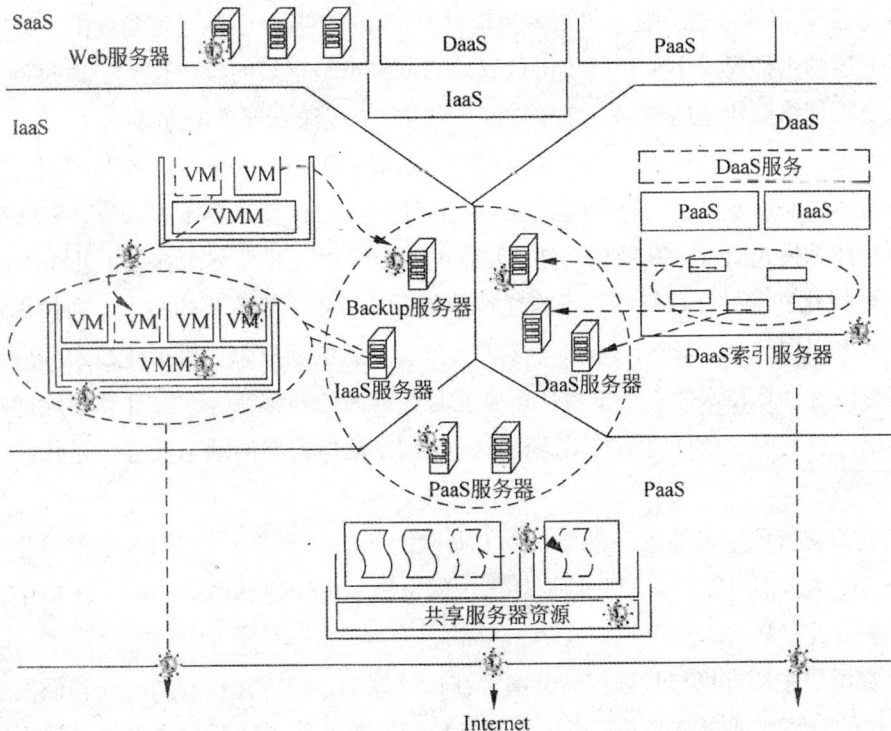

图 11 - 3　云计算各模式中存在的攻击位置

云计算的 4 种模式：设施即服务（IaaS）、数据即服务（DaaS）、平台即服务（PaaS）和软件即服务（SaaS）中各自可能被攻击的位置分别如下：

（1）IaaS。在该模式下，攻击者可以发动的攻击有，位于虚拟机管理器 VMM，通过 VMM 中驻留的恶意代码发动攻击；位于虚拟机 VM 发动攻击，主要是通过 VM 发动对 VMM 及其他 VM 的攻击；通过 VM 之间的共享资源与隐藏通道发动攻击来窃取机密数据；通过 VM 的镜像备份来发动攻击，分析 VM 镜像窃取数据；通过 VM 迁移，把 VM 迁移到自己掌控的服务器，再对 VM 发动攻击。

（2）PaaS。在该模式下，攻击者可以通过共享资源、隐匿的数据通道，盗取同一个 PaaS 服务器中其他 PaaS 服务进程中的数据，或针对这些进程发动攻击；进程在 PaaS 服务器之间进程迁移时，也会被攻击者攻击；此外，由于 PaaS 模式部分建立在 IaaS、DaaS 上，所以 IaaS、DaaS 中存在的可能攻击位置，PaaS 模式也相应存在。

（3）DaaS。在该模式下，攻击者可以通过其掌握的服务器，直接窃取用户机密数据，也可以通过索引服务，把用户的数据定位到自己掌握的服务器再窃取；同样 DaaS 模式也可能有依赖于 IaaS、PaaS 创建的虚拟化数据服务器，这部分可能受到攻击的位置已如上所述。

（4）SaaS。SaaS 模式的创建是基于 SOA 架构，或者前文所述的 DaaS、IaaS、PaaS 这 3

种模式为基础创建，因此除了上述这 3 种模式中可能存在的攻击位置，SaaS 模式中还可能存在于 Web 服务器的攻击位置，攻击者可能针对 SaaS 的 Web 服务器发动攻击。

除了上述的 4 种模式中存在的攻击位置外，网络也是重要的攻击位置，通过网络，攻击者可以窃听网络中传递的数据，实施中间人攻击、soL 注入等攻击方式。

由此可见，云计算各模式中几乎都存在有可能被利用的攻击位置。究其原因，这是由于云计算的本质所引发的，云计算模式相对于传统的并行计算、分布式计算、SOA 架构等计算技术与计算模式而言，其结构与技术层次更具复杂性，主要体现在以下几个方面：

（1）虚拟化资源的迁移特性。虚拟化技术是云计算中最为重要的技术，通过虚拟化技术云计算可以实现 SaaS、IaaS、DaaS 等多种云计算模式的新概念，虚拟化技术的应用带来了云计算与传统计算技术的一个本质性区别就是：资源的迁移特性，云计算模式通过虚拟化技术实现计算资源、数据资源的动态迁移，特别是数据资源的动态迁移，是传统安全研究很少涉及的。

（2）虚拟化资源带来的意外耦合。由于虚拟化资源的迁移特性，引发了虚拟化资源的意外耦合，即本来不可能位于同一计算环境中的资源，由于迁移而处于同一环境中，这也可能会带来新的安全问题。

（3）资源属主所有权与管理权的分离。在云计算中，虚拟化资源动态迁移而发生所有权与管理权的分离，即资源的所有者无法直接控制资源的使用情况，这也是云计算安全研究最为重要的组成部分之一。

（4）资源与应用的分离。在云计算模式下，PaaS 也是重要的一个组成部分，PaaS 通过云计算服务商提供的应用接口，来实现相应的功能，而调用应用接口来处理虚拟化的数据资源，引发了应用与资源的分离，应用来自一个服务器，资源来自另一个服务器，位于不同的计算环境，给云计算的安全添加了更多的复杂性。

因此，通过对云计算中可能受到攻击的位置与方式，结合上述云计算本质对于引发的安全问题，可以综合起来，把云计算安全研究分为三类：

（1）云计算的数据安全。由于云计算的 DaaS 模式，使得云计算中数据成为独立的服务，提供各类远程的数据存储、备份、查询分析等数据服务，用户的数据开始离开用户的掌控，由云计算服务提供商来实现管理，上述的资源属主所有权与管理权、DaaS 平台的安全问题都归属于这类问题的研究范围之内。

（2）云计算的虚拟化安全。显然虚拟化的应用必然会带来各类安全问题，此外虚拟化也是云计算的底层技术架构之一，PAAS、SaaS、DaaS 都有可能基于虚拟化的设备来提供服务，因此虚拟化技术的安全直接影响到云计算系统的整体安全。

（3）云计算的服务传递安全。由于云计算的所有服务都是基于网络远程传递给用户，云计算服务能否实现在可靠的服务质量保证下，将服务完整地、保密地传递给用户显然是云计算安全所必须要解决的问题。

二、云计算的数据安全

（一）云计算的数据完整性问题

数据的完整性，在通俗意义上，除了表示用户数据不能在未经授权的情况下被修改或者丢弃外，还包括数据的取值范围的合理性、逻辑关联等意义上的一致性等。数据完整性是数据安全秘密性、完整性和可用性（Confidentiality、Integrity 和 Availability）三大特性之一。数据完整性保障是保证数据准确有效，防止错误，实现其信息价值的重要机制，事实上，任何信息系统必须要考虑数据的完整性。

DaaS 的云存储服务提供商虽然在技术与后台数据库服务器、系统方面比一般中、小型系统集成商要强得多，但是 DaaS 提供商仍然不可能在理论上百分之百地避免数据系统不发生故障与数据损失，也正因为如此，如前所述的服务商给出服务保证的时候总是以系统以某种概率达到什么样的系统性能。相对于 DaaS 服务商而言，更重要的是，它能做到数据损坏的发生概率比传统存储更低。

显然，发生于其他类型存储系统可能的数据完整性故障，在云存储环境中同样可能发生，这些传统类型的数据完整性故障，从整体上可划分成两类：

（1）设备问题引发的故障。如磁盘控制器错误、比特腐烂（Bit Decay，指的是存储器中某位的电荷消散了，可能会影响程序的代码）、重复数据删除中的元数据错误、磁带失效等。

（2）软件缺陷引发的故障。该类故障是由运行在存储系统中的程序由于软件设计缺陷所引发的数据存储故障，如软件故障导致的存储系统中各类元数据的破坏等。

有分析表明，大部分数据完整性故障是由软件缺陷引发的。例如，2011 年初发生于亚马逊（Amazon）的宕机事故除了导致许多公司的服务中断外，还致使 0.07% 的用户遭遇了数据丢失。亚马逊的报告称这些数据丢失是由对 Amazon ESB 卷中一个不一致的数据快照（Data Snapshot）进行的修复操作引起的。

除了上述的传统类型的数据完整性故障外，由于云计算的 DaaS 模式中数据的管理权与所有权分离，产生了一系列新的问题。数据完整性的损坏可能发生于云存储环境中的任何地点、任何时刻，比如当用户向云服务器上传数据的链路中，引发损坏的原因也各种各样，有部分责任在于服务商，有部分责任在于用户，数据一旦发生损坏，马上要面对的问题是厘清责任，因为服务提供商与用户间基于合约建立服务，如果问责方在于服务提供商，这种问责通常会导致失业、公司收入减少甚至业务的终止。

由于云存储的特点，想要保证云上数据的完整性和解决责任归属的问题，就需要新的数据完整性解决方案。新方案的核心在于以下几点：

（1）半可信问题。半可信问题是指云存储用户对于云存储服务商并不完全信任。半可信意味着用户数据的完整性除了要面临传统威胁，比如非授权的修改、硬件故障、自然灾害，还不能回避一种来自于服务提供商的"拜占庭错误"，即服务提供商可能从自身的利益出发，刻意地丢弃或修改数据而试图避免被发现和追责。这意味着仅仅依靠传统的纠错编码、访问控制等技术已经不足以保证云存储中数据的完整性。

（2）可信的问责追踪与判断问题。DaaS 服务双方都需要遵守双方达成的合约，但是服务提供商和用户都有可能因为各种动机违背合约，必须要有可信的机制来保障合约得到了忠实履行。这种机制要能在数据完整性受到破坏时，有效地保存可用于追究责任的证据，清晰地厘清事故责任所在。

（3）远程服务传递的模式对数据完整性保障手段的制约。相对于云存储中的海量数据，面对有限的带宽资源和计算资源，用户难以实现对海量数据的完整性校验计算，如校验、加密、HASH 等，必须要采用技术措施在有限的计算资源约束下，完成对海量数据完整性、可靠性的验证。

由上述分析可知，云计算环境下数据完整性问题可以从 3 个方面来解决，即数据完整性保障技术、在有限计算资源约束下的数据完整性的校验技术及数据完整性事故追踪与问责技术。现分别阐述如下。

1. 数据完整性的保障技术

数据完整性的保障技术的目标是尽可能地保障数据不会因为软件或硬件故障受到非法破坏，或者说即使部分被破坏也能做数据恢复，这里有必要提一下，在云存储环境中，为了合理利用存储空间，都是将大数据文件拆分成多个块，以块的方式分别存储到多个存储节点上；数据完整性保障相关的技术主要分两种类型，一种是纠删码技术，另一种是秘密共享技术。

（1）纠删码技术的总体思路是：首先将存储系统中的文件分为 K 块，然后利用纠删码技术进行编码，可得到 n 块的数据块，将 n 块数据块分布到各个存储节点上，实现冗余容错。一旦文件部分数据块被破坏，则只需要从数据节点中得到 m（m≥k）块数据块，就能够恢复出原始文件。其中 RS 码是纠删码的典型代表，被广泛应用在分布式存储系统中，它在分布式存储系统中的应用研究可以追溯到 1989 年。云存储本质上也是分布式存储系统，因此 RS 类纠删码在云存储中得到应用是顺理成章的。

RS 编码起源于 1960 年，经过长期的发展已经具有较为完善的理论基础。它是在伽罗华（Galois）上所对应的域元素进行多项式运算（包括加法运算和乘法运算）的编码，通常可分为两类：一类是范德蒙 RS 编码（Vandermonde RS code）；另一类是柯西 RS 编码（Cauchy RS code）。RS 编码的过程如 11－4 所示。

图 7－4 中，待编码的文件以 D 表示，分成多块，左乘以 RS 编码生成矩阵 B，可以注意到生成矩阵 B 的上部分是 n×n 的单元矩阵，下部分为 m×n 行称为校验产生矩阵，两者相乘所得的结果即为生成的纠删码，其中，n－5、n－3，待编码的文件块数也为 5，生成的纠删码为 8 块，其中 5 块为原始数据文件 D，多生成了 3 块为校验块，将所得的 8 数

据块分别存储在各存储服务器。

使用纠删码进行恢复时，若上述的示例中，有少量 m（m≤3）个数据块损坏（如图 7-4 中的 D1、D4、C2），则删去损坏的 m 个数据分块各自在生成矩阵 B 中对应的行（图 7-4 中为 B 的第 1、4、6 行），得到新的 k×k（图中为 5×5）阶生成矩阵 B′，将剩余的数据块按其中纠删码中的次数排成 1×k（1×5）阶矩阵（图中 Survivors，记为 S）。

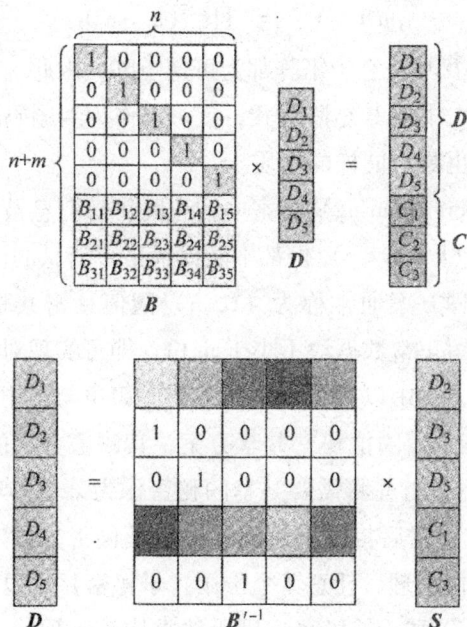

图 11-4　RS 编码原理

此时，显然有等式 BD = s。首先针对 B′生成矩阵求其逆矩阵，得（B′）-1。因此得到以下各等式，即

$$(B')^{-1}B'D = (B')^{-1}S, \quad 即 D = (B')^{-1}S$$

由此可以看出，丢失的数据分块不超过，n 块时，就不会影响原数据文件的恢复。上述的纠删码编码过程中，最为重要的就是生成矩阵的确定，显然使用纠删码对原始数据进行恢复的时候，需要对生成矩阵的子矩阵进行求逆，因此生成矩阵必须要保证其子矩阵为可逆矩阵，也即 n 阶矩阵 A 的行列式不为零，$|A| \neq 0$，为非奇异矩阵。上述的两类主要 RS 编码：范德蒙 RS 编码和柯西 RS 编码，即指生成矩阵分别为范德蒙矩阵和柯西矩阵。其中范德蒙矩阵为以下形式的矩阵，其中各元素 $V_{i,j} = a_i^{j-1}$，$a \in GF(P^r)$ P 为素数，r 为正整数。

$$V = \begin{bmatrix} 1 & a_1 & a_1^2 & \cdots & a_1^{n-1} \\ 1 & a_2 & a_2^2 & \cdots & a_2^{n-1} \\ \cdots & \cdots & \cdots & \cdots & \cdots \\ 1 & a_m & a_m^2 & \cdots & a_m^{n-} \end{bmatrix}$$

N 阶范德蒙矩阵的行列式值为

$$det\ (V)\ = \prod_{1 \le i < j \le n}\ (a_j - a_i)$$

显然 N 阶范德蒙矩阵及其任意子矩阵都为可逆矩阵。因此，针对一范德蒙矩阵进行线性变换，变换成如图 12.1 中的 B 矩阵形式，就可以作为纠删码的生成矩阵。柯西矩阵是另一类定义的特殊矩阵，也具有同样的性质。

（2）在秘密共享（Secret Sharing）方案中，一段秘密消息被以某种数学方法分割为 n 份，这种分割使得任何 k（k < m < n）份都不能揭示秘密消息的内容，同时任何 m 份一起都能揭示该秘密消息。这种方案通常称为（t, n）阈值秘密共享方案。通过秘密共享方案，只要数据损坏后，保留正常数据块不小于 m 份，即可实现对最初文件数据的恢复。

在多类阈值秘密共享方案中以 Shamir 的方案最为简单与常用，1979 年 Shamir 和 Blakley 分别提出了第一个（t, n）阈值秘密共享方案，其阈值方案的原理是基于拉格朗日（Lagrange）插值法来实现的，首先将需要共享的秘密作为某个多项式的常数项，通过常数项构造一个 t-1 次多项式，然后将每个份额（也即子秘密）设定为满足该多项式的一个坐标点，由于 Lagrange 插值定理，任意 2 个份额（子秘密）可以重构该多项式从而恢复秘密，相反 t-1 个或更少的份额（子秘密）则无法重构该多项式，因而得不到关于秘密的任何信息。

其实现的过程如下：

①初始化阶段。分发者 D 首先选择一个有限域 GF（q）（g 为大素数），在此有限域内选择 n 个元素 x_i（i = 1, 2, $\cdots$, n），将 x_i 分发给 n 个不同的参与者 p_i（i = 1, 2, $\cdots$, n），x_i 的值是公开的。

②秘密分发阶段。D 要将秘密 s 在 n 个参与者者（i = 1, 2, $\cdots$, n）中共享，首先 D 构造 t-1 次多项式，即

$$f\ (x)\ = s + a_1 x + a_2 x + \cdots + a_{t-1} x^{t-1}$$

其中 $a_i \in GE$（q），i = 1, 2, $\cdots$, t-1 且 a_i 是随机选取。

由 D 计算 f（x_i）（i = 1, 2, $\cdots$, n），并将其分配给参与者 p_i 作为 p_i 的子秘密。

③秘密恢复阶段。n 个参与者中的任意 t 个参与者可以恢复秘密 s，设 p_1, p_2, $\cdots$, p_t, 个参与者参与秘密恢复，出示他们的子秘密，这样得到 t 个点（x_1, f（x_1）），（x_2, f（x_2）），$\cdots$，（x_t, f（x_t）），从而有插值法可恢复多项式 f（x），进而得到秘密 S。

$$f\ (x)\ = \sum_{i=1}^{t} f\ (x_i)\ \prod_{j=1, j \ne i}^{k} \frac{x - x_j}{x_i - x_j}$$

$$S = f\,(0)\ = \sum_{i=1}^{t} f\,(x_i)\ \prod_{j=1, j\neq i}^{k} \frac{-x_j}{x_i - x_j} mod q$$

对于任意少于 t 个参与者无法恢复多项式，因而得不到关于秘密的任何消息。

除了 Shamir 阈值方案外，还有 Blakley 的（t，n）阈值方案，又名矢量方案，该方案的原埋是利用多维空间点的性质来建立的，它将共享的秘密看成 t 维空间中的一个点，每个子秘密为包含这个点的 t－1 维超平面的方程，任意 t 个 t－1 维超平面的交点刚好确定所共享的秘密。

2. 数据完整性的校验技术

如前文所言，云存储环境下的数据完整性保障是云计算服务商采用保障存储数据完整性的技术，而数据完整性校验技术，则是从云存储服务的用户角度来校验存储在云存储中的数据是否完整。一般性云存储数据完整性检查，是指用户将文件从云存储服务器上下载到本地后对文件完整性进行的检查。这种由用户方进行的校验动作可采取两种方式。

①用户先为预存储的文件计算一个哈希值并保存该值，校验时，先下载文件后可在计算下载文件的哈希值，然后与保存的原哈希值对比，即可校验存储文件的完整性。显然，这种方式需要用户先将存储的文件下载之后才能进行，若存储的文件很大，下载过程必然会占用相当大的网络资源且校验的计算量也相应很大，因此这类方式效率不高。

②基于 Merkel 哈希树（MerkelHash Tree）的完整性检查，即用户在上传文件前对每个文件分块计算一个哈希值，并以这些哈希值为叶子节点构建一个 Merkel 哈希树。最后用户保留哈希树的根节点，而将树中其他节点连同文件发往云服务器。这样，用户在下载文件时每完成一个数据块便可以验证其完整性，不必等待文件下载完毕才进行校验。与第一种方式相比，在操作复杂度方面从 o（n）降低到 ologn。

上述两种方式，不论哪种都需要用户将文件下载到本地才能完全校验，若用户存储大数量的数据且需要执行周期性、完整性校验，那么下载产生的网络负担对于云存储服务商及用户来说都是难以承受的，因此云存储中的数据完整性校验技术一般采用的是远程校验技术，这类方法使用户在不需要取回全部数据的情况下，通过类似知识证明的协议，判断存储在远端服务器上的数据是否完好。

目前，校验数据完整性方法按安全模型的不同可以划分为两类，即 POR（Proof OfRetrievability，可取回性证明）和 PDP（Proof of Data Possession，数据持有性证明）。其中，POR 是将伪随机抽样和冗余编码（如纠错码）结合，通过挑战应答协议向用户证明其文件是完好无损的，意味着用户能够以足够大的概率从服务器取回文件。而 PDP 和 POR 方案的主要区别是：PDP 方案可检测到存储数据是否完整，但尤法确保数据可恢复性，POR 方案则使用了纠错码，能保障存储数据一定情况下的可恢复性。事实上，大部分的 PDP 方案只要加入纠删错编码就可以成为一个 POR 方案。

POR 方法将伪随机抽样和冗余编码（如纠错码）结合来向用户证明其文件是完好无

损的，其结果意味着用户能够以足够大的概率从服务器取回原文件。不同的 POR 方案中挑战一应答协议的设计有所不同。Juels 等则首次给出了 POR 的形式化模型与安全定义。其方案如图 11-5 所示，在验证者之前首先要对文件进行纠错编码，然后生成一系列随机的用于校验的数据块，在 Juels 文中这些数据块使用带密钥的哈希函数生成，称为"岗哨"（Sentinels），并将这些 Sentinels 随机位置插入到文件各位置中，然后将处理后的文件加密，并上传给云存储服务提供商（Prover）。

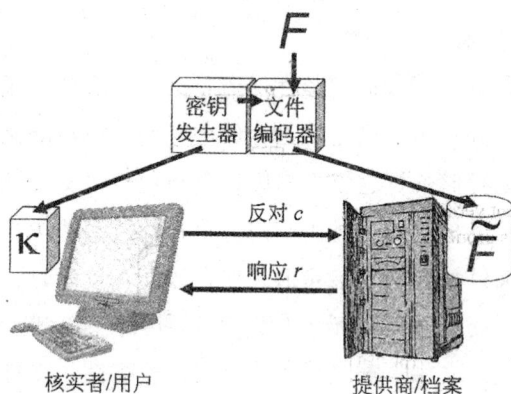

图 11-5　Juels 的 POR 方案

　　每次需要校验时，由验证者要求证明者返回一定数目的岗哨，由于文件是加密的，云存储服务商不可能掌握文件中哪些数据是岗哨，哪些是文件数据，因此若云存储服务提供商能够返回要求的特定位置的岗哨，则可以保证相当大的概率下该文件是完整的。即使用户文件如果有少量的数据损坏，并且没有影响到文件中的岗哨数据，使得云存储服务商返回了正确的结果，从而造成校验结果有误。但是因为文件预先使用类似于上文所说的纠删码进行过编码，因此少量的数据损坏使得校验结果存在误判，用户也可以通过纠错码对原文件进行恢复。该方案的优点是用于存放岗哨的额外存储开销较小，挑战和应答的计算开销较小，但由于插入的岗哨数目有限且只能被挑战一次，方案只能支持有限次数的挑战，待所有岗哨都"用尽"就需要对其更新。同时，方案为了保证岗哨的隐秘性，需先对文件进行加密，导致文件的读取开销较大。

　　PDP 方案最早是由约翰·霍普金斯大学（Johns Hopkins University）的 Ateniese 等提出的，其方案的架构如图 11-6 所示，这个方案主要分为两个部分：首先是用户对要存储的文件生成用于产生校验标签的加解密公私密钥对，然后使用这对密钥对文件各分块进行处理，生成校验标签，称为 HVT（Homomorphic Verifiable Tags，同态校验标签），然后将 HVT 集合、文件、加密的公钥一并发送给云存储服务商，由服务商存储，用户删除本地文件、HVT 集合，只保留公私密钥对；需要校验的时候，由用户向云存储服务商发送校验数据请求，云服务商接收到后，根据校验请求的参数来计算用户指定校验的文件块的 HVT

标签及相关参数，发送给用户。接收到服务商的校验回复后，用户就可以使用自己保存的公私密钥对实现对服务商返回数据，根据验证结果判断其存储的数据是否完整。

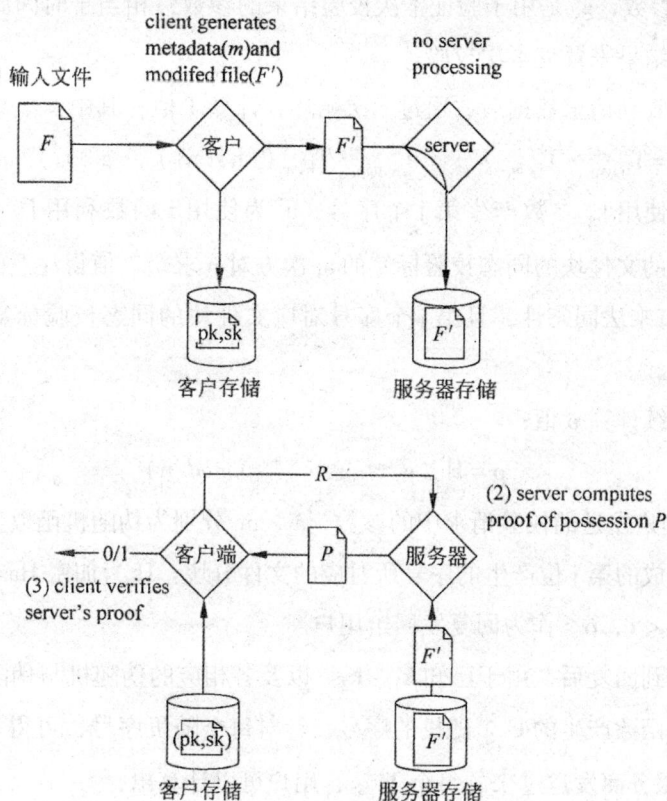

图 11 - 6　Ateniese 等人的 PDP 方案

Ateniese 方案的校验过程主要由以下步骤组成：

①首先是基于 KEAl - r 假定生成一对公私密钥：pk = (N，g) and sk = (e，d，v)。

②生成校验标签 HVT：使用私钥中 v。，针对每个文件分块 m，设其在文件块中的序号为 i，将 v 与 i 连接在一起，组合生成一个 w，w = v ‖ i，再针对使用安全 Hash 函数 h 对 w 处理，生成 h（w_i）。再使用公钥 g，对文件分块 m 按下列公式计算，生成对应 i 序号文件分块 $T_{i,m}$，HVT 由（$T_{i,m}$，w_i）组成，即

$$T_{i,m} = (h(W_i) \cdot g^m)^d mod N$$

值得注意的是，这样处理之后文件分块 m 的 HVT 标签中 $T_{i,m}$ 保存了该文件分块序号，只是通过 h 函数掩藏起来，不向外透露。

③处理完成之后，用户将文件分块集合{m_i}、公钥（N，g）、校验标签中的 {$T_{i,m}$} 集合一起发送给云服务商，同时删除本地文件，只保留一对公私密钥。

④到需要校验的时候，用户发送校验请求，其组成为 $<c, k_1, k_2, g_s>$，其中 c 为指定要校验的文件分块数，k_1 是用于产生伪随机排序函数的 π 的参数，k_2 是用于产生伪随机数的函数 f 的参数，g_s 是用于验证本次校验结果的参数，相当于时间戳，以防止服务商使用以前校验的结果来冒克本次校验。

⑤服务商在收到请求数据后，通过 c 次循环，计算 T 值，其中：

$$T = T_{i_1,m_{i1}}^{a_1} \cdot T_{i_2,m_{i2}}^{a_2} \cdot \cdots \cdot T_{i_c,m_{ic}}^{a_c} \cdot T_{i_j,m_{ij}}^{a_j} ((h(w_{ij}) \cdot g^{m_{ij}})^d)^{a_j} mod\, n$$

i_j 为函数 π 使用 k_1 参数产生第 j 个序号，a_i 为使用 f 函数利用 k_2 参数生成随机数，$T_{i_j,m_{ij}}^{a_j}$ 是序号为 i_j 的文件块的同态校验标签的 a_i 次方对 n 求余。值得注意的是，由于使用的 KEA-r 假定具有乘法同态性，且第 j 个序号对应文件块的同态校验标签，以及公钥 n 都是服务商已知的。

⑥服务商继续计算 ρ 值：

$$\rho = H(g_s^{a_{1m_{i1}}+a_{2m_{i2}}+\cdots+a_{cm_{ic}}} mod\, n)$$

其中 g_s 为用户发送的校验请求中的参数，a_j，m_{ij} 分别为伪随机函数生成的系数以及伪随机排序函数生成的第 j 位产生的序号所对应的文件分块。H 为加密 Hash 函数。

⑦服务商将 $<T, \rho>$ 作为回复发回给用户。

⑧用户在得到回复后，由于已知 k_1、k_2。以及各相应的伪随机与伪随机排序函数，计算出伪随机排序函数产生的 C 个随机的序号，针对每个随机序号，可得 $W_j = v \| j$，$a_j = f_{k_2}(j)$，那么针对服务商发送过来的每个 $T_{i_j,m_{ij}}^{a_j}$，用户可以计算出

$$\tau = T_{i_j,m_{ij}}^{a_j}/h(w_j)^{a_j} mod\, n = g^{a_j \cdot m_{ij}} mod\, n$$

$$\tau = \tau_1 \cdot \tau_2 \cdot \cdots \cdot \tau_c\, mod\, n$$

⑨最后判断 $H(\tau^5 mod\, n) = \rho$，如果等式成立，则表明数据完整性校验成立。上述的方案关键部分在于服务商由于不掌握私钥中的 v 值，因此不可能从 HVT 标签中得到对应数据块的 $h(W_j)$ 的值，假设存储在云服务商端的文件分块被损坏，即使服务商掌握 $T_{i_j,m_{ij}}^{a_j}$。也无法推算出 $T_{i_j,m_{ij}}^{a_j}$，因此无法给出正确的 ρ 值。而用户由于掌握私钥中的 v 值，却可以顺利地计算出 $T_{i_j,m_{ij}}^{a_j}$ 值，从而验证校验等式是否成立，又由于 g_s 的随机性又可以保障本次校验不会受到重复性攻击，即服务商使用以前的正确回复数据来重复应答用户的校验。基于 KEA-r 的假设，结合校验的协议，可以实现可靠性的数据完整性校验。

上述的 PDP、POR 方案以及改进方案还有多种，这些方案中由于需要用户生成校验数据，保留密钥等步骤，一方面对于非专业的用户比较复杂，另一方面密钥的保存也存在一定问题。所以针对这些问题，又有采用可信第三方（Third Party Auditor, TPA）代替用户审计云存储中用户数据的完整性。

采用 TPA 参与替代用户来审计用户存储的数据完整性，这个方案的架构中一共有 3 个角色，即用户、云服务商（Cloud Server）和 TPA。其中，TPA 的作用是代表数据所有者完成数据的完整性认证和审计任务等，这样用户就不需要亲自去做这些事。用户就是使用云存储服务器来存储自己大量数据的个人或企业。云服务商提供云存储服务的云服务运营商。基于 TPA 实现数据完整性校验主要是基于挑战　应答协议来完成的，其步骤如图 11 -7 所示，用户先把自己的数据文件进入预处理，生成一些用于校验的数据，并上传到云计算服务商（第①步），然后将用于校验的数据上传给 TPA（第②步），TPA 根据用户校验的要求，定期向云存储服务商发送数据校验请求，也就是挑战（第③步），云存储服务商针对发送的数据完整性校验请求，按协议计算结果并予以回复，也即应答（第④步），TPA 根据服务商返回的回复计算校验结果，并将结果返回给用户（第⑤步）。

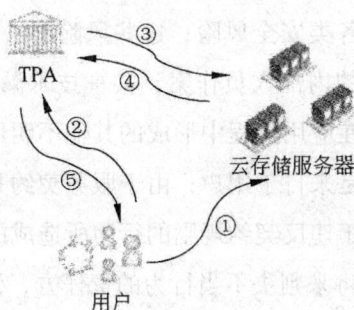

图 11 -7 第三方代替数据完整性校验

引入 TPA 之后，用户数据完整性的校验工作由 TPA 代替完成，但是作为可信的第三方 TPA 执行校验，有两个基本需求必须满足，即：第一，TPA 必须能在本地不需复制数据的前提下做出有效审计，并不给用户带来任何在线的开销；第二，第三方审计过程不能对用户的私密带来新的薄弱环节。因此，对于校验数据完整性的挑战—应答协议的实现方法提出了更多的要求。

这方面的研究方案也有多种，其中有 W. Cong 等提出基于同态认证子、MHT 结合BLS 签名实现了公共审计与用户数据全动态操作的支持，此外，Cong 还提出通过云存储服务商生成随机数，产生掩码，遮掩回复给 TPA 的认证结果，利用离散对数难以求解的特性，使得 TPA 无法求解出真实的认证数据，从而达到用户数据审计保密的目标等，限于篇幅这里不再详述。

数据完整性校验是用户确保自己的数据完整、安全地存储在云服务器上，然而与之对应的还有另一个有趣的安全问题，即数据删除问题。当用户不再使用云存储服务，取回或删除自己存储在云中数据后，云存储服务需要向用户证明其数据在云存储中所有的副本都被删除，以便用户放心。

目前，数据删除证明方面的研究工作主要有 R. Perlman 等提出的 DRM（Data Right-Management）模型及 Geambasu 等提出的 Vanish 模型，这两种模型实现的都是基于时间的文件确保删除技术，主要思路是将文件使用数据密钥加密，再对数据密钥使用控制密钥加密，控制密钥由独立的密钥管理服务（名为 Ephemerizer）来维护。当文件删除时，会声明一个有效期，有效期一过，控制密钥就被密钥管理服务删除，由此加密的文件副本将无法被解密，从而实现可靠的数据删除。

3. 数据完整性事故追踪与问责技术

正如前文所述，云存储在内的各类云服务均是采用基于合约的服务模式，也即用户和云服务提供商间达成某种形式的契约，用户为使用服务商所提供的存储服务而付出费用，并就服务的相关质量（如数据的访问性能、可靠性、安全性）作某种程度上的保证。

但是云服务也可能会面临各类安全风险，这些风险如：滥用或恶意使用云计算资源，不安全的应用程序接口，恶意的内部人员作案，共享技术漏洞，数据损坏或泄露，审计、服务或传输过程中的劫持以及在应用过程中形成的其他不明风险等，这些风险既可能是来自于云服务的供应商，也可能是来自于用户；由于服务契约是具有法律意义的文书，因此契约双方都有义务承担各自对于违反契约规则的行为所造成的后果。一旦发现有不当（违约）行为，还应提供某种机制将来判决不当行为的责任方，使其按照违反契约行为所造成的损失（如重要数据损坏或丢失）承担责任。

可问责性（Accountability）将实体和它的行为以不可抵赖的方式绑定，使互不信任的实体间能够发现并证明对方的不当行为。因此，可问责性是云存储安全的一个核心目标，对于用户与服务商双方来说都具有重要的意义。

目前这方面的研究工作还是比较少的，大部分研究大都处于提出概念、需求和架构的层面。这其中，Kiran - Kumar Muniswamy - Reddy 等提出的解决方案比较有代表性，在其工作中称问责审计为云的溯源（Provenance for the Cloud），其溯源的定义为有向无环图（Directed Acyclic Graph，DAG）来表示，DAG 的节点代表各种目标，如文件、进程、元组、数据集等，节点具有各种属性，两个节点之间的边表示节点之间的依赖关系。在其文中先给出了云溯源方案应具备的 4 个性质：

①精确性。对于云存储中的数据记录必须要能与其记录的数据目标精确地匹配。

②完整性。云存储中的数据变化过程因果逻辑关系记录要完整，不能有不确定的记录。

③独立性。云存储中的数据记录必须要与数据相独立，即便数据被删除了，记录也应该有保留。

④可查询性。必须要支持对多个数据的记录实现有效的查询。

云溯源的技术方案是基于 PASS（Provenance Aware Storage System，溯源感知存储系统）系统的，PASS 是一种透明且自动化收集存储系统中各类目标溯源的系列，其早期是用于本地存储或网络存储系统，它通过对应用的系统操作调用来构建 DAG 图。例如，当进程对某文件发出"读"系统调用，则 PASS 构建一条边记录进程依赖于某文件，若进程对某文件发现"写"系统调用，则 PASS 构建一条边从被写入的文件指向进程，表示被写入文件依赖于写进程。

从图 11-8 中可以看出，这个方案总体上分成两个部分，一部分是客户端，另一部分是云存储端。其中客户端在用户的系统内核中配置了 PASS 及 PA-S3fs，由 PASS 来监控应用进程的系统调用、生成溯源以及将数据及其溯源记录发送给 PA-S3fs。PASS 具有对客户端文件的版本控制能力，能生成详细的数据变迁溯源记录。PA-S3fs（Provenance A-ware S3File System）感知溯源的 S3 文件系统，是一个用户层文件系统，其来源于 S3fs。S3fs 是一个用户层的 FUSE 文件系统，提供了与 S3 交互的文件系统接口。PA-S3fs 则扩展了 S3fs，使其向 PASS 也提供了相应的接口。PA-S3fs 作为缓存将数据保存在本地的临时文件目录中，同时将溯源记录保存在内存中。当某类确实的事件发生时，如文件关闭或者文件显式写入时，PA-S3fs 按某种协议将用户文件数据与溯源记录一并发送给云存储端。其中 S3 是亚马逊公司的云存储服务（Simple Storage Service）。

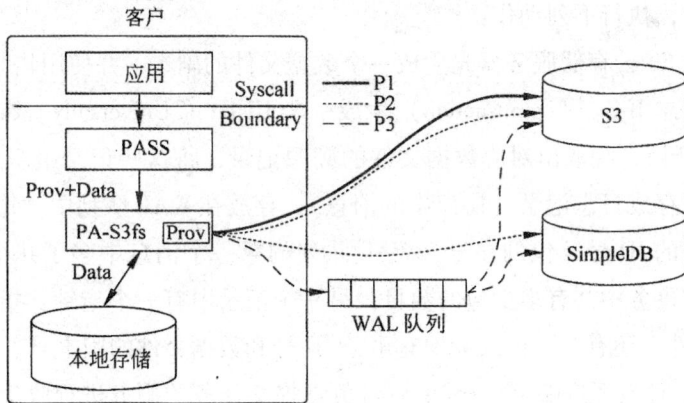

图 11-8 云溯源方案的技术架构

云溯源方案共提出了 3 种不同的协议，都是通过已有的云服务来实现的，只是 3 种协议的复杂程度，使用的计算资源满足上述性质的要求而各不相同。限于篇幅，本书仅介绍第三种协议，其协议过程如图 11-9 所示。

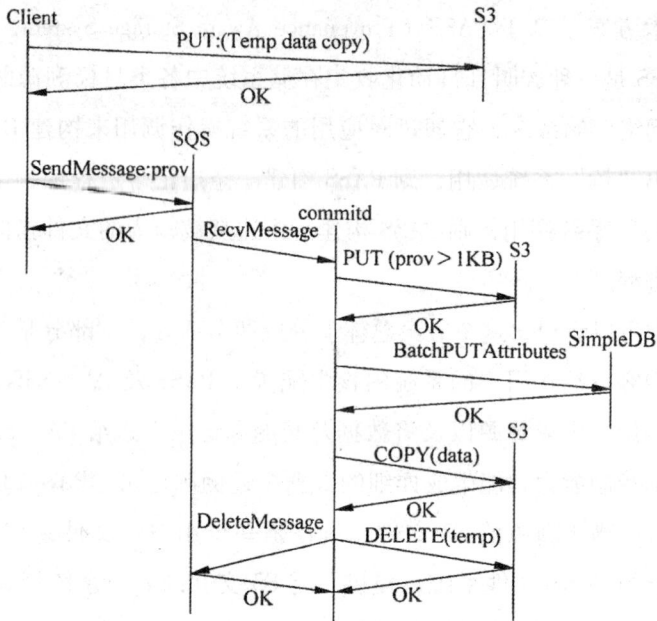

图 11 - 9   溯源记录与数据分别存储的协议

这个协议对照云溯源系统架构的两部分也分成两个阶段，第一阶段称为日志，第二阶段称为提交，分别简述如下：

（1）第一阶段是在客户端进行的，当用户的应用发出 CLOSE 文件或 FLUAS 强行输出缓冲区数据调用时，执行下列动作：

①由客户端向 S3 云存储服务器先生成一个数据文件的副本，并使用临时文件名命名。

②对当前的日志事务（Logransaction）生成一个 UUID（Universally Unique Identifier，通用唯一识别码），抽取出对应数据文件的溯源记录，将这些记录组织成 8KB 大小的块，并把这些块保存成日志记录（协议中的消息），存放在 WAL 队列中，每个消息在前几位字节保存有事务的 ID 号及包的序号。WAL 队列的第一个消息中多了几个额外的记录，一个记录保存当前事务中共有多少包的数目，另一个记录中有一个指针，指向数据文件位于 S3 中的临时文件，还有一个记录标识有事务 ID 号和数据文件的版本号。

（2）第二阶段时当客户端 PA - S3fs 后台负责提交任务的服务进程收集齐属于一个事务的数据包，执行下列步骤：

①把任何大于 1KB 的溯源记录保存成单独的 S3 对象，并更新其属性值对以保留一个指向该 S3 对象的指针。

②使用 BatchPutAttributes 调用把溯源记录批处理存储到 SimpleDB，SimpleDB 允许用户一次调用中批处理 25 个项，进程执行多次调用直到把所有的项目保存完成。

③执行 S3 COPY 命令复制临时 S3 对象到其对应的持久性 S3 目标，更新其版本。

④执行 S3 DELETE 命令删除 S3 临时对象，使用 SQS DeleteMessage 命令从 WAL 队列中删除所有与本次事务相关的消息。

从上所述可以看出，Kiran - Kumar Munlswamy - Reddy 等提出的解决方案实质上基于云服务与本地客户端相互配合实现的，由客户端来收集用户操作数据的行为，并通过云服务来记录用户行为以及存储用户的数据目标。值得注意的是，其中使用的云服务：亚马逊的 soScAmazon Simple Queue Service，亚马逊简单消息服务）服务，sos 是实现分布式计算的消息传递的云服务，可以在其执行不同任务的应用程序的分散组件之间移动数据，在本方案中用于更新溯源记录的操作命令消息存储与发送。

此外，还使用了数据库的事件概念，事务处理可以确保除非事务性单元内的所有操作都成功完成；否则不会永久更新面向数据的资源。方案使用 sos 和事务概念主要是确保数据溯源记录能精确地描述数据目标的操作过程，保证逻辑上的一致性与完整性。

该方案仍然存在一些问题，如客户端记录操作如何保证没有被篡改？且该方案只用于记录用户的行为，云服务商的行为则如何审计？该方案中使用到多种云服务来实现记录的上传与数据文件的保存，如何保证这些云服务的客观与公正？

除上述方案外，还有 Ko 等提出了支持问责的可信云架构，根据其提出的问责生命周期理论，该架构的设计包括工作流层、数据层、系统层、法规层与策略层 5 个层次。事实上，一般分布式存储或文件系统中实现可问责性的技术可能有助于云存储可问责性的实现。

Haeberlen 等研究了一般的分布式系统和虚拟机的可问责性问题，其底层实现都利用了显示篡改日志（Tamper - evident Logs）。Yumerefendi 等则提出强可问责的网络存储服务 CATS。CATS 为每个节点收发的消息维护一个安全的日志，并依靠一个可信的发布介质来确保日志的完整性。通过将日志与描述具体网络存储服务中正确行为的规则进行对比，可以发现服务运行中的错误。

（二）数据访问控制

云计算环境下的数据访问控制问题变得更为复杂，传统的访问控制架构通常假定用户与数据存储服务位于同一安全域，且数据存储服务被视为完全可信，忠实执行用户定制的访问控制策略，但这样的假设在云环境下一般不成立。原因很简单，在云计算环境下，数据的控制权与数据的管理权是分离的，因此实现数据的访问控制只有两条途径，一条是依托云存储服务商来提供数据访问的控制功能，即由云存储服务商来实现对不同用户的身份认证、访问控制策略的执行等功能，在云服务商来实现具体的访问控制，另一条则是采用加密的手段通过对存储数据进行加密，针对具有访问某范围数据权限的用户分发相应的密钥来实现访问控制。

（三）云计算数据安全的其他方面问题

云计算的数据安全除了上述的数据完整性保障、数据完整性验证、数据完整性事故追踪与问责技术 3 个方面的问题外，还有一些其他方面的问题，其中云计算的服务模式引发了数据所有权的问题。

数据所有权（Proofs Of Ownership，POF）的问题来自于云存储服务使用的一项新技术——Deduplication，这项技术旨在消除用户数据的重复性上传。服务器根据用户上传的 Hash 值查找该文件是否已存储，若有则只通知客户端文件已上传，而不发生真实的上传动作，仅添加上传该文件的用户为服务端该文件属主。Deduplication 技术显然会有效地节省云存储服务商的带宽和存储空间。但是该技术也存在着严重的安全问题，攻击者如果掌握某秘密文件 Hash 值就可以欺骗云存储服务，从而被云存储服务商信任成为该秘密文件的属主，下载该文件，如此会造成严重的安全问题。

此外，还会造成云存储服务滥用问题，用户将自己文件 Hash 码分发给多个人，这些人都可以欺骗云存储服务作为文件属主任意下载该文件，把云存储服务用作 CDN（ContentDistribution Network）。Harnik 等首先发现这个问题，在 Mulazzani 等的文献中报道了真实发生的攻击 Dropbox 事件。很快地，针对这一漏洞的开源项目 DropShip 问世，其将 Dropbox 存储服务滥用成 CDN，此外，还有 Pinkas 等提出的攻击方式。

POF 问题与前文所述的 PDP（Proof of Data Possession，数据持有性证明）、POR（ProofOf Retrievability，可取回性证明）问题有一定的相似之处，其主要区别在于安全防范的目标不同，POF 问题核心是云存储服务用户的非法行为，而 PDP、POR 是云存储服务商的违反服务协议行为。

目前这方面的研究中，有 Shai 等提出的所有权证明技术，该技术先把文件输入缓冲区中数据分成块，把块组成对，使用无碰撞的 Hash 函数对数据块对进行 Hash，然后再把 Hash 后的值组对再 Hash，形成 Merkle 树，树的根节点为迭代 Hash 的最终结果，而树的叶子则为原文件的数据块。

Merkle 树是树类的数据结构。其树上每一个叶节点是数据分块加上该数据分块的哈希值构成、每个父节点的值是其所辖的所有子节点的哈希值组合到一起，再对组合哈希值进行哈希运算就得到它们的父节点；如此迭代重复，直至得到树的根节点。Merkle 树主要优点是仅需通过对树根节点的一次签名运算就可以对树中所有的叶节点独立地提供完整性认证。如图 11－11 所示为 Merkle 树结构。

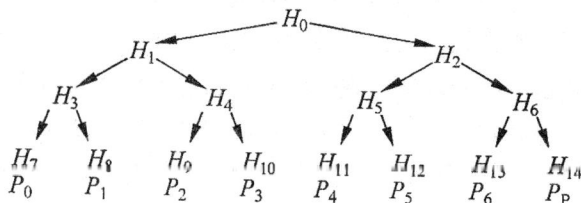

图 11－11　Merkle 树结构示意图

设某文件共 7 个数据块（P0～P6），需要将其扩展到 8 个数据块，图 12.8 中为二叉树，所以要扩展 2 的整数次方个块，填充的空白块 PP 仅用于辅助校验，在 Shai 方案中采用的是纠错码来扩展，可以增强数据文件的完整性保障。图中每个块均对应一个 SHAi 校验值，对于每个父节点，将两个子节点的哈希值相加用 SHAi 函数求出哈希值作为父节点哈希值，以此类推，直到求出根节点的哈希值（Root Hash）H0，这一计算过程便构成了一棵二元的 Merkle 哈希树，树中最底层的叶子节点（H7～H14）对应着数据块（P0～PP）的实际哈希值，而内部节点（H1～H6）称为"路径哈希值"，它们构成了实际数据块的哈希值与根节点哈希值 H0 之间的"校验路径"。比如，数据块 P4 所对应的实际哈希值为H11，则有等式

SHAl（SHAl（SHAl（Hll ＋ H12）＋ H6）＋ H1）= H0

当然，也可以进一步采用 N 元哈希树来进行上述校验过程，其过程是类似的。Shai 方案的技术主要利用了 Merkle 树的特性，即 Merkle 树的验证可以转换成一个 Extractor，该 Extractor 提取了大多数叶子节点的内容，因而可以通过随机查询叶子节点值计算 Merkle 树的不同路径计算出的根节点，来实现用户所有权的证明。

在云计算模式下，数据隐私保护也是广泛引人关注的问题，毕竟用户的数据存放在远方的云服务器中，然而，计算和存储的外包意味着数据的外包。对于一些敏感和私密的企业数据，如医院的患者记录或生物医药公司的核心算法，企业在租用云计算服务时不得不存在一定的顾虑，用户担心敏感数据一旦上传到云端，对数据就失去了绝对的控制权，目前大多数企业尚不愿意将核心的敏感数据上传到云服务器端，而只是用一些边缘性应用来试水。云服务商的安全管理的直接办法是把数据加密再上传到云存储中。但是一旦云中所有的数据都加密，云服务的实现就面临着很大的困难，连最为简单基础的排序、搜索类的算法都难以实现。这样即引入了解决数据隐私保护与密文检索、运算问题，可计算加密技术。可计算加密技术是一种加密方法，它通过加密保证数据安全，同时加密后的数据能够支持某些计算，目前已有的可计算加密技术可分为两类，即支持检索的加密技术和支持运算的加密技术。

在密文检索方面，Liu 等提出了一种基于对称加密的密文检索方法；Bonech 等提出了基于非对称加密的密文检索方法；Bellovin 提出了基于 Bloom Filter 的密文检索方法。在支持密文运算的加密方法方面，Agrawal 等提出一个基于桶划分和分布概率映射思想的保序对称加密算法 OPES，支持对加密数值数据的各种比较操作。Boldyrevva 等提出一个基于折半查找和超几何概率分布的保序对称加密算法 OPES，支持对加密数据的各种比较操作。此外，黄汝维等设计了一个基于矩阵和矢量运算的可计算加密方案 CESVMC。运用矢量和矩阵的各种运算，实现了对数据的加密，并支持对加密字符串的模糊检索和对加密数值数据的加、减、乘、除 4 种算术运算。

三、云计算的虚拟化安全

（一）虚拟化面临的安全威胁概述

如前文云计算概述中所介绍的，虚拟化技术是云计算的基础，云计算架构的底层 IaaS 以及上层的各部分应用中都有涉及虚拟化技术，使得云计算成为能够提供动态资源池、虚拟化和高可用性的下一代计算平台。正因为虚拟化技术在云计算架构中的核心地位，从安全，角度来分析，虚拟化技术却给云计算带来了很大威胁。使得云计算除面对传统的攻击威胁外，还有因虚拟化技术带来的诸如隐蔽通道、基于 VM 的 Rootkit 攻击等面向虚拟机的特殊安全威胁。基于虚拟化技术所实现的服务平台所面临的安全威胁可以总结成以下几个方面：

（1）来自 VMM 外部的对 VMM 的攻击。攻击者利用 Rootkit 隐藏自己的踪迹，通过保留 Root 访问权限，留下后门的程序集。这种 Rootkit 通过修改计算机的启动顺序而发生作用，其目的是加载自己而不是原始的操作系统。一旦加载到内存，虚拟化 Rootkit 就会将原始的操作系统加载为一个虚拟机，这就使得 Rootkit 能够截获客户操作系统所发出的所有硬件请求。目前比较出名的 VMBR 攻击有 Blue Pill 等。

（2）来自于 Guest VM 对 VMM 的攻击。在虚拟机系统，Domain o 是 VM 的控制域，相当于所有 VMs 中拥有 Root 权限的管理员，其他 VM 的创建、启动、挂起等操作都由 Domain0 控制。VM 通过应用程序，绕过 VMM 的监控而直接访问 Domain 0，从而获取 Domain 0 的特权，而一旦获取到了 Domain 0 的控制权后，就可以控制所有 VM。

（3）采用隐匿数据通道的攻击。同一宿主机的 VM 通过共同访问的资源会产生的隐匿数据通道。攻击者通过进程、内存共享或内存错误，甚至其他错误信息而形成的隐匿数据通道实施攻击。除了通过共享宿主机形成的隐匿数据通道实施攻击外，还有 DMA 攻击，利用 DMA 数据传输模式，攻击者可将利用 DMA 方式将恶意代码或者病毒文件等传入没有安全防范的目标机中，从而达到攻击的目的。

（4）针对 VM 管理的漏洞攻击。VMM 具备 VM 备份、快照和还原等功能，这些功能会使得 VMs 受到新的攻击，因为许多安全机制是依赖于线性时间的，重新访问以前的系统状态会破坏这些安全机制。此外，还原后系统以前存在的漏洞会全部出现，可能没有安全补丁或旧的安全机制（防火墙规则、反病毒签名等），重新激活先前那些封锁的账号和密码，这都带来了很多的安全隐患。

（5）使用恶意代码发动远程攻击. 攻击者可以利用远程攻击方法，虚拟机系统的远程管理技术大多是用 HTTP/HTTPs 来连接控制的。因此，VMM 必须运行服务器来接受 HTTP 连接。那么攻击者就可以利用 HTTP 的漏洞来进行恶意代码的攻击，如 Xen 的 XenAPI HTTP 接口就存在 XSS（Cross – Sit Scripting）漏洞，攻击者可以通过浏览器执行恶意代码脚本。

虚拟机的安全问题不仅仅是某台或某部分虚拟机存在安全风险，事实上，由于云计算的规模化效应以及便捷化管理维护的需要，大型的云计算服务中心中虚拟机宿主机的操作系统、硬件架构等大多数情况下是相同或类似的，如此一来，一旦同一的虚拟机架构中存在漏洞，那么整个云计算中心同样的软、硬件系统都存在相同的漏洞，这会让整个云计算中心的所有虚拟机都面临着安全威胁。

此外，由于虚拟机具有迁移的能力，尤其是在公有云中，同一台虚拟机在不同时段为不同的用户提供服务，如果虚拟机被攻破，那么这个安全漏洞将会传递开来，影响后续使用该虚拟机的用户。而且多台虚拟机共同分布在同一台物理机上的特点，也使得攻击在虚拟机间传播成为可能。

综上所述，虚拟机或者说虚拟化技术的安全研究必然是云计算的核心研究内容。目前针对虚拟安全的研究可分为三类：基于可信计算技术实现的虚拟机安全保障技术、安全Hypervisor及专门针对攻击的防御研究。以下将分别针对这三类逐一介绍。

（二）基于可信计算技术实现的虚拟机安全保障技术

时至今日，信息系统与计算机设备面临的安全威胁与风险来自各个方面，由于信息安全防范上的木桶原理，必须要求从根本上提高其安全性，从最为基础的系统芯片、硬件结构和操作系统等方面综合采取措施，才能有效保障整体系统安全，由此产生出可信计算的基本思想，其目的是在计算和通信系统中广泛使用基于硬件安全模块支持下的可信计算平台，以提高整体的安全性。

1999年10月为了解决PC结构上的不安全，从基础上提高其可信性，由几大IT巨头如Compaq、HP、IBM、Intel和Microsoft牵头组织了可信计算平台联盟TCPA（Trusted-Computing Platform Alliance），成员达190家。TCPA定义了具有安全存储和加密功能的可信平台模块（丁PM），致力于数据安全的可信计算，包括研制密码芯片、特殊的CPU、主板或操作系统安全内核。2003年3月，TCPA改组为"可信计算组织"TCG（Trusted ComputingGroup）。

可信计算的基本思想就是在计算机系统中首先建立一个信任根，再建立一条信任链，一级一级将信任传递到整个系统，从而确保计算机系统的可信。TCG认为，如果从一个初始的"信任根"出发，在计算机终端平台计算环境的每一次转换时，这种信任状态始终可以通过传递的方式保持下去不被破坏，那么平台上的计算环境始终是可信的，在可信环境下的各种操作也不会破坏平台的可信，平台本身的完整性和终端的安全得到了保证，这就是信任链专递机制。

图11-12所示为从一个信任根开始系统引导的信任传递过程。在每次扩展可信边界时，执行控制权移交之前要进行目标代码的度量。通过构建信任链传递机制，各个环境的安全得到保证，从而使整个平台的安全性得到保证。

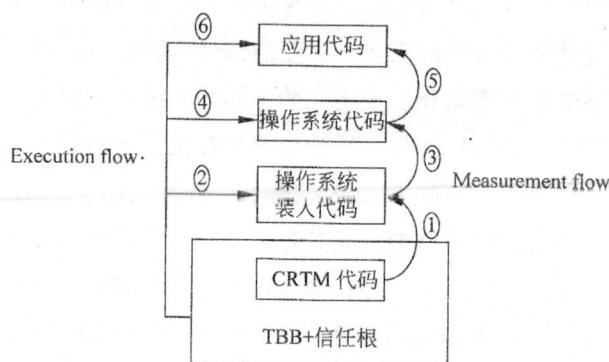

图 11 - 12 信息链传递

显然，结合可信计算已有的研究成果和产品，采用一定的技术方案将可信计算技术从传统计算模式下推广到虚拟化计算环境中，由此实现基于可信计算技术的虚拟化安全保障目标在理论上是可行的。因此，基于可信技术的虚拟化安全技术研究一直是虚拟化安全研究的热点。其中比较有代表性的工作有 Tal Garfinkel 等的 Terra。

Terra 是一种基于虚拟机技术.的安全体系结构。Terra 为上层提供了两种虚拟机的抽象，即 Open - box VMs 和 Closed - box VMs。Open - box VMs 对应于普通的虚拟机，用于执行日常操作系统与通常应用，而 Closed - box VMs 则对应于安全虚拟机，用于执行敏感的程序。Closed - box VMs 是 Terra 中的安全运行环境。Closed - box VMs 中的内容不能够被平台控制员探测或者操纵，所以 Closed - box VMs 中的程序和数据是安全的。除了 Closed - box VMs 的构建者外，系统中的其他主体是无法探测或修改其内容的。

Terra 的核心组件是可信任的虚拟机监视器（Trusted Virtual Machine Monitor，TVMM）。和其他虚拟机监视器一样，Terra 通过将系统中的硬件资源虚拟化来支持多个虚拟机并发的、独立的运行。Terra 的可信任的虚拟机监视器不仅继承了传统虚拟机监视器在隔离性、可扩充性、高效性、兼容性、安全性等 5 个方面的优点，同时还提供了根安全、认证机制和安全通道 3 个安全特性。

根安全使得即便是系统管理员也不能够破坏 Closed - box VMs 基本的隐私性和隔离性。认证使得运行在 Closed - box VMs 中的应用程序可以向远程应用程序认证自己的身份。而安全通道提供了用户和应用程序之间的安全通道。防止恶意代码截获或者篡改用户和应用程序之间的交互信息。

在可信计算环境中，构建从用户至应用程序的受信任的安全路径是实现安全应用程序的根本目标。在 Terra 中允许通过 TVMM 构建一个受信的途径，使得用户可与其 VM 进行可信的交互，同样也允许一个 VM 确认与其交互的用户。同时保障了用户与、VM 之间通信的完整性与隐私性，阻止恶意程序来窃听或拦截。

在 Terra 中可信途径的创建依然使用的是可信计算的信任链来建立，这其中的关键是认证，认证使得 VM 中的应用程序向来自远方的用户验证自己的身份。认证可以向远方的用户表明创建平台的硬件以及在 VM 中系统的每一层软件中启动运行的软件。认证需要创建一个证书链，从抵抗篡改的底层硬件，自底向上，经历各种系统层次直到一个应用的 VM，再到 VM 系统的各应用软件。证书链的起点是硬件，其私钥隐藏在一个防篡改的芯片中，可使硬件制造商进行签名。由防篡改的芯片认证系统硬件，包括硬件中的各固件。由固件认证系统的引导程序，再由引导程序认证 TVMM，然后由 TVMM 来认证其加载的各 VM。从高层来看，认证链中各认证证书按下列方式生成，一个软件组件想要自身得到认证，首先要产生一对公/私密钥，然后该组件调用 ENDORSE API，向底层的组件发送请求，将其公钥和其他需要认证的应用数据发送给底层。底层的组件则生成一个由其签名的证书，其中包括：①高层组件可认证部分的 SHA - 1 哈希值；②高层组件的公钥及应用数据。这将高层组件与该公钥绑定在一起。

一个由 TVMM 启动的 VM 的认证证书主要包括 TVMM 对该 VM 各种持久状态下的 Hash 值签名，包括 VM 的 BIOS、可执行代码、VM 的不变数据等，但是不包括在持久类型的存储上的临时数据以及不时变化的 NVRAM 数据，至于那些数据需要或不需要被认证则由 VM 的开发者来确定。

从以上可以看出 Terra 本质上使用的仍然是可信计算的信任链来实现对 VM 及 VM 中的运行应用程序认证，但是 Terra 方案对于云计算环境下的虚拟机认证存在一定的缺点，因如虚拟机在云计算环境下是可以迁移的，Terra 没有考虑到这方面的问题，Nuno Santos 等则针对这个问题，基于 Terra 提出了自己的方案，其架构如图 11 - 13 所示。

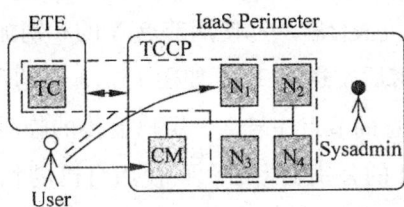

图 11 - 13　Nuno Santos 等提出的可信云计算架构

如图 11 - 13 所示，Nuno Santos 等提出的架构方案中，N 为提供各种 VM 的宿主机节点，其上运行的是 Terra 方案中的 TVMM，而这些宿主机节点部署在方案所述的可信管理范围内，该可信管理范围由对等的受信点 TC（Trusted Coordinator）来管理，其中值得注意的是 TC 由外部受信个体（External Trusted Entity，ETE）来管理，而可信管理范围内的各 N 节点的维护则由云计算服务商的管理员来提供服务，ETE 与 Sysadmin 不能为同一组织人员，保持在利益上的无关性。Nuno Santos 等提出的方案中主要有受信范围内受信节点的加入及虚拟机的启动与迁移等内容。限于篇幅，在此主要介绍受信节点的加入及 VM 的启动过程，这两个过程由方案的相应协议来实现，如图 7 - 14 和图 7 - 15 所示。

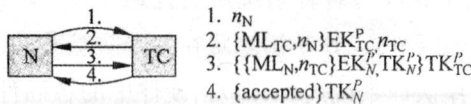

1. n_N
2. $\{ML_{TC}, n_N\}EK_{TC}^P\, n_{TC}$
3. $\{\{ML_N, n_{TC}\}EK_N^P\, TK_N^P\}TK_{TC}^P$
4. $\{accepted\}TK_N^P$

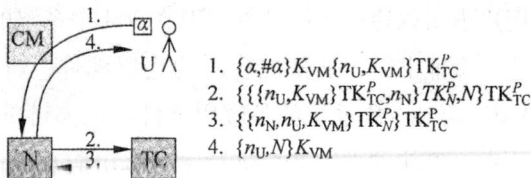

1. $\{\alpha, \#\alpha\}K_{VM}\{n_U, K_{VM}\}TK_{TC}^P$
2. $\{\{\{n_U, K_{VM}\}TK_{TC}^P, n_N\}TK_N^P, N\}TK_{TC}^P$
3. $\{\{n_N, n_U, K_{VM}\}TK_N^P\}TK_{TC}^P$
4. $\{n_U, N\}K_{VM}$

图 11-14 节点注册进入受信范围的协议　　图 11-15　用户启动 VM 的交互协议

节点注册进入受信范围的过程，主要是由节点 N 为向 TC 发送一个随机值 nN，TC 则使用自己的私钥 EK_{TC}^P，将 MLTC（MLT：可信认证是由 TC 可信根签名的关于 TC 软、硬件系统配置列表的检测列表）及其收到随机值加密后，再附加自己产生的随机值，nTC 发回节点 N，用以向节点 N 来证明 TC 的身份；在收到 TC 的回复后，节点 N 通过验证自己刚生成的随机值及 MLTC 证明了 TC 的身份可信，再向 TC 发送消息，其中有自己的公钥，只有 TC 才可以解密的数据包括 TC 刚生成的随机值以及节点 N 的可信认证，至此完成双向的身份认证及可信检验，同时向 TC 提交了节点 N 的公钥，完成节点 N 到受信管理范围的注册。当用户需要上传自己的 VM 并在受信范围内的节点上启动该 VM 时，必须要上传两部分数据，其中一部分是通过 CM 节点上传 VM 的镜像数据。，以及镜像数据的哈希值，这两个数据使用 Jc、M 临时密钥予以加密；第二部分是上传一个使用 TC 公钥加密的数据，该数据中包括了临时会话密钥 KVM 及一个随机值。

CM 节点会根据云计算平台的系统实时状态决定受信范围内的某台节点 N 来接收用户上传的数据，并将上述数据发送给节点 N，节点 N 在接收这些数据后，将用户上传的第二部分数据，结合自己生成的随机值合在一起使用节点 N 的私钥加密，然后再加上自己的节点序号一起使用 TC 的公钥加密后发送给 TC，如图 13.3 中的消息 3 所示，TC 在接收到消息后，可以解密得到发送消息的节点序号 N、用户上传的临时会话密钥 K_{VM} 及两个随机值，TC 将这些数据使用节点 N 的公钥加密后，再使用自己的私钥进行加密，一并返回给节点 N，节点 N 由此得到 K_{VM}，解开用户上传的 VM 镜像及其哈希值，校验完成后，将图 13.3 中的消息 4 使用 K_{VM} 加密发回用户，确认用户 VM 上传与启动成功。

除了上述两个穷案外，基于可信计算实现虚拟化技术安全的研究还有 Catuogno 等研究了一个基于 TCB 的可信虚拟域的设计和执行，通过安全策略和 TVD 协议实现可靠性。Berger 等则通过软件方法设计了基于硬件 TPM 的虚拟 TPM 来保证多个 VM 的可靠性。而 Ruan 等设计了一个一般的可信虚拟平台架构 GTVP，将控制域分为管理、安全、设备、OS 成员、通信 5 个域，每个域都完成相应的功能，从而达到了安全、负载均衡和易用等目的。

（三）安全 Hypervisor

Hypervisor 又名 VMM（Virtual Machine Monitor），即虚拟机监视器。从本书的前述章节

中可知，作为一种运行在基础物理服务器和操作系统之间的中间软件层，Hypervisor 可以访问服务器上包括磁盘和内存在内的所有物理设备。Hypervisor 协调着这些硬件资源的访问及各个虚拟机之间的防护。服务器启动时，它会加载所有虚拟机客户端的操作系统，同时为虚拟机分配内存、磁盘和网络等。因此，Hypervisor 在整个虚拟化实现技术中处于核心的地位，Hypervisor 一旦被攻击者攻破，最好的情况下虚拟计算的运行会受到影响，最坏的情况则整个 IaaS 平台都会受到严重的安全威胁，这在本章的第一节中已经有过介绍。因此采用安全技术加固 Hypervisor，一方面保障 Hypervisor 自身的安全.，另一方面可通过 Hypervisor 对运行于其上的各虚拟机进行审计，从而保障整个虚拟化平台与应用的安全就成为虚拟化安全研究的重要内容了。

目前对于安全 Hypervisor 的研究工作中，比较具有代表性的工作有 IBM 研究人员 Sailer 等提出了一种安全的 Hypervisor 架构 sHype。Sailer 等针对的问题是：现有的操作系统安全控制不能解决资源隔离的问题，运行在操作系统中的各个进程共享一些关键的计算资源，如共享库、文件系统、网络及显示设备等，这些共享资源并没有强制的隔离管控。虽然有一些安全访问的控制框架，如 SELinux，能够在 Linux 操作系统中执行强制性的访问控制，但其复杂的安全策略使得它没有办法针对安全请求来验证其安全保障的有效性。因此，Sailer 等提出一个新的安全框架，能够实现低复杂度、高性能可信 Hypervisor 层，位于底层执行强制性的安全控制，主要的功能是隔离虚拟机，在虚拟机之间管理共享资源。Sailer 等对已有的针对 x86 架构 Hypervisor：vHype 进行了扩展，在其中整合了 Sailer 等提出的安全架构，其架构如图 7 – 16 所示。

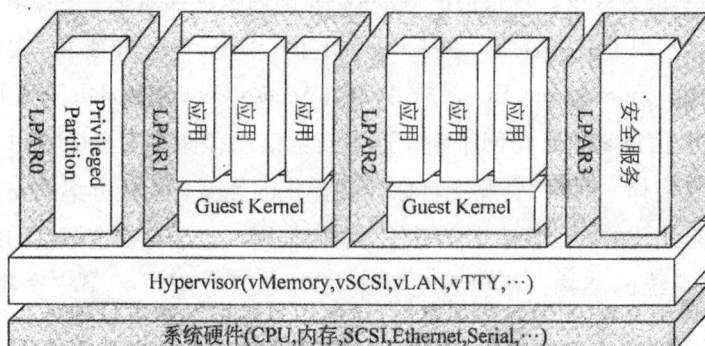

图 11 – 16　整合安全 Hypervisor 的虚拟化系统架构

从图 11 – 16 中可以看出，在该架构中 Hypervisor 直接控制了底层的系统硬件，如 CPU、内存、网络等硬件 I/O 接口，Hypervisor 创建了逻辑分区（LPAR），这些分区是各虚拟机共享的底层硬件的虚拟镜像，Hypervisor 将上层的虚拟机对于特定的 I/O 设备请求重定向到特权分区 LPAR0 来实现。其他如图 13. 5 中的 LPAR1、LPAR2 之类的分区运行普通虚拟机客户操作系统，对这些操作系统要做一定的修改，将其特权的操作指令替换成特定的 Hypervisor 调用。Hypervisor 调用主要分为三类：一类是提供纯粹的虚拟化资源，如虚拟网络；另一类是加速关键的处理流程，如页表的操作，还有一类是模拟特权操作。在图 13．5 中的 LPAR3 中为 Sailer 等提出的安全服务。其安全监控的具体实现如图 11 – 17 所示。

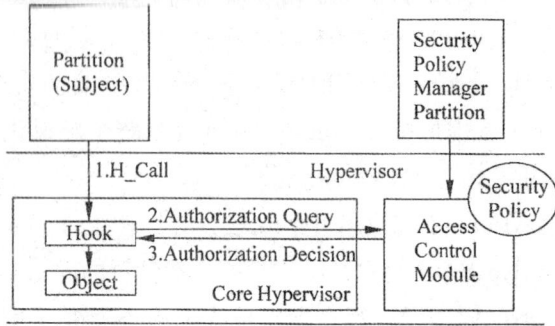

图 11 – 17　基于 Hypervisor 的安全引用监控

Sailer 等提出的方案中配置了一个引用监控（Reference Monitor），用来实现对上层虚拟机访问底层硬件共享资源的监控，引用监控是由 Anderson 提出的基于强制访问控制实现信息流控制的一种机制，引用监控是在一个系统中执行访问主体与访问客体之间的访问关系的认证。引用是指一个程序必须要根据该程序的功能对其引用的外部程序、数据或设备进行验证，验证这些引用符合已认证的引用类型。

图 11 – 17 所示的方案中，该架构由 Hypervisor 的内核及其他 3 个主要组件组成，其中 Enforcement Hooks 实现了引用监控，这些 Hook 分布在 Hypervisor 并覆盖了逻辑分区访问虚拟资源的所有引用。Enforcement Hooks 从 ACM（Access Control Module）获得访问控制决策。ACM 基于安全信息来执行访问策略，这些安全信息存储在安全标签中，而安全标签附加在逻辑分区（主体）、虚拟资源（目标）和操作的类型。上述方案的安全策略通过形式化制定，这些形式化的安全策略定义了各类访问规则，包括对安全标签的结构定义与解释。结合虚拟化系统的架构，可以看出在架构中专门分配了一个安全服务逻辑分区 LPAR3，通过 Hypervisor 提供的接口为安全策略的制定与维护提供服务。

从上述可知，Sailer 提出的方案中使用特权逻辑分区将其他普通分区对于底层硬件资源的访问都重定向到特权逻辑分区代为执行，同时在逻辑分区、底层硬件资源、访问操作中附加安全标签来表明访问操作中各方及访问行为性质，结合安全服务分区制定的形式化访问策略，通过分布在 Hypervisor 中访问的钩子程序执行各分区对底层共享访问的控制，从而实现各虚拟机的隔离，保护各虚拟机的安全。

与 Sailer 的方案中采用特权指令来保护 Hypervisor 自身安全不同，Azab 等提出了 HyperSentry。当激活完整性检测模块时，如果 VMM 已经被攻击，那么在激活过程中会擦除以往的攻击痕迹，因此文章提出了一种隐蔽的激活方法，通过外部的 out - of - band 信道 IPMI 来激活，并通过系统管理模块 SMM 来保护基本代码和关键数据的安全性。

除上述工作外，Wang 等还提出了 HyperSafe 架构，针对代码和控制数据的完整性保护提出了相关的模型研究。文中提到了两种技术：①Non - Bypassable Memory Lockdown，这是一种内存保护技术，通过特殊位 WP 来控制是否能写，除了安全更新外，其他时间都处于保护状态，保证了执行期间的数据和代码完整性；②Restricted Pointer Indexing，通过将控制数据指针限制到一个自己建立的表中进行监控。HyperSafe 能灵活地控制数据流的完整性。

此外，还有一些研究人员针对当前虚拟机中安全机制的一些漏洞进行了分析和改进，Jansen 等提出一种 PEV（Protection、Enforcement、Verification）架构，通过加密解封的协议、安全策略等技术进行数据检测和保护，并使用 TPM 建立可信区域来保护关键数据；但是其关键数据是通过数据类型日志形式来保存的，对数据日志项的加/解密势必影响整个虚拟机系统的性能。

（四）其他虚拟化安全保障技术

除了上述的虚拟化安全保障技术外，还有很多研究工作集中在应对具体的虚拟机安全威胁技术，其中主要的威胁有 VMBR 攻击、内存错误等隐蔽通道攻击、网络攻击等。VM-BR 攻击是由微软公司和美国密歇根大学的研究人员共同开发的概念验证型的基于虚拟机的 Rootkits 原型，它依赖于现有的商用大型虚拟机软件（VMware 或 Virtual PC）来构建虚拟化环境，并且需要供其自身运行的主机操作系统。VMBR 的实现原理是首先获得足够的根权限或管理权限，然后将其存储在第一个活动分区的线性地址空间最高端的区域，同时迁移原始位置上存放的数据，将这些原有数据重定位到磁盘的其他空闲区，然后修改主引导扇区的引导记录来更改系统启动顺序，确保 VMBR 先于目标系统装载。在下一次系统启动时，VMBR 将率先启动，先于目标系统载入，同时安装自身的主机系统和虚拟监控机，构建虚拟环境，然后再载入目标系统，此时的目标系统已成为虚拟机下的客户系统，完全处于 VMBR 的控制之下，毫无安全性可言。

与 VMBR 类似的还有 Blue Pill 恶意软件，是由 COMEINC 研究所里的一个恶意软件高级研究实验员 Joanna Rutkowska 于 2006 年第一次提出。Blue Pill 利用支持安全虚拟机技术的 64 位 AMD 处理器将操作系统从正常的状态转换为虚拟机运行状态，提供了一个轻量级的虚拟化管理器控制操作系统，这个轻量级的虚拟化管理器可以观察控制操作系统中任何感兴趣的事件。

由于理想化的虚拟机恶意代码不会修改目标系统的状态，所以基于虚拟机的恶意代码比一般的恶意代码更难以被检测到。尽管如此，恶意软件的运行都会留下痕迹，这就给检测提供了依据。针对 VMBR 的攻击，Rhee 等利用一些安全策略，通过监视内核的内存访问来防御动态数据内核 Rootkit 的攻击，Ri - ley 等提出了通过内存影子来检测内核 Rootkit

的攻击。Gebhardtd 等提出了利用可信计算来防御 Hypervisor 的 Rootkit 攻击。

从总体上讲，VMBR 的检测与防御主要有两种方式。一种是基于前文所述的可信计算技术，通过在最底层的硬件可信芯片，实现对 VMBR 的检测，运行在比虚拟机恶意软件更低的层上，这样就不会受到虚拟机恶意软件的控制，也很容易检测到虚拟机恶意软件的状态。通过启动时的可信验证，就完全可以发现物理内存或磁盘数据的状态，发现一些异常，如启动顺序的改变，这就表明了虚拟机恶意软件正在主机上运行。另一种是发现 VMBR 的检测方法是运行时的异常检测，虚拟机恶意软件会引发一定的系统异常，VMBR 需要使用机器资源，如 CPU 存取时间、内存和磁盘空间及可能的网络带宽。虚拟机恶意软件模仿特权指令以及执行恶意行为时增加了 CPU 开销。针对这些异常，可以利用 TSC 直接分析 CPU 的存取时间。即使某些虚拟机恶意软件可以通过放慢系统时钟来欺骗目标主机，仍可以通过不受虚拟机恶意软件影响的时钟（如网络时钟）观察到这些时间差异。另外，一些应用软件的性能也会因为虚拟机的存在而有所下降，如播放 3D 动画时，达不到直接运行在硬件上的效果。此外，虚拟机恶意软件运行时所使用内存空间和磁盘空间的使用情况也可以被检测到。

除了 VMBR，隐蔽通道攻击也是较难解决的安全问题之一，因为存在的隐蔽通道通常是用户和系统不可知的传输通道，如基于 CPU 负载的隐蔽通道，攻击者利用 CPU 的负载传输私密数据流，既能很隐蔽地传输数据，又能成功地避免检测。Salaun 研究了虚拟机 Xen 上可能存在的隐蔽通道，从 XenStore 的机制、共享协议、驱动加载、数据传输等方面分析了可能存在的隐蔽通道。隐蔽通道的建立和数据传输通常是需要"同伙的存在"，即接收者和发送者的存在。Cheng 等根据这一特征，在 Chinese Wall 的安全模型上进行了改进，利用限制冲突集数据传输来防御隐蔽通道。

四、云计算的服务传递安全

（一）云计算服务传递安全的概述

正如前文所言，云计算的 4 种模式，即 IaaS、PaaS、DaaS、SaaS，都是通过网络向远方的用户传递各类云服务的。云计算这种服务模式显然会受到来自网络的攻击，特别是公共云，在开放的网络环境中传递各类服务更会面临各类安全威胁。

从总体上分析云计算服务传递所面临的安全威胁，可以将这些安全威胁分为两类，一类是传统的网络安全威胁，如针对 Web 应用漏洞的攻击，如信息泄露漏洞、目录遍历漏洞、命令执行漏洞、文件包含漏洞、soL 注入漏洞、跨站脚本漏洞等。此外，Web 应用服务器的安全配置与管理也是针对 SaaS 模式攻击的一个重要渠道，错误的安全配置、弱口令都可能被攻击者利用发动攻击。还有 DDoS 攻击、中间人攻击等都有可能作为攻击云计算服务传递的工具。另一类是云计算模式建立后，由于云计算模式的特点使得一些已有比较好的安全解决方案的问题变得复杂化，这方面最为突出的问题就是访问控制，云计算的服务使用与所有者分离、云计算的组合及云计算联盟都使得云计算中访问控制面临着新的挑战。

在分析云计算服务传递安全问题时，区分公共云和私有云是很必要的，因为在公共云中会有新的攻击、漏洞，用户对云计算系统的掌握能力大幅降低，用户数据所处理的信息安全环境将发生剧烈的变化。当选择使用私有云时，虽然 IT 构架可能会有变化，但常用的网络拓扑变化并不大。但是当选择使用公共云服务时，必须要考虑到公共网络，尤其是公共云平台创建的随时可能变化的虚拟网络环境下，服务传递可能面临的重大安全风险，采用一定安全保障措施，至少能确保实现以下 3 个方面的安全目标：

（1）可信性与完整性保障目标。确保公共云中发送和接收到的中转数据的可信性和完整性。保障用户敏感的数据与资源，不允许这些信息资源出现在一个属于第三方云服务商的可分享的公共网上。而 AWS（Amazon Web Service）在 2008 年 12 月就被报道出现了这样一个安全漏洞。

（2）可靠访问控制保障目标。要确保在公共云中使用的任何资源访问控制（认证、授权、审计）的合理性。只能允许拥有合法权限的用户访问其权限允许范围内的数据，这是信息安全保障的基本目标，访问控制在云计算环境下变得更为复杂。例如，"不过期"的 IP 地址和非授权的网络访问问题，用户不再需要 IP 地址，云提供者会将其重新分配到其他的用户而变得可用，那么此时，如果是通过 IP 地址进行访问控 的云服务没有及时更新其许可访问的 IP 集合，则得到被废弃的 IP 地址的其他用户便可通过访问控制，获得云服务。

（3）可用性保障目标。该目标确保公共云中使用或已经分配的面向互联网的资源可用性。可用性是云计算向其用户提供服务的承诺，云计算可能面临的可用性攻击有前缀劫持、DNS 层病毒攻击、拒绝服务（DoS）和分布式拒绝服务攻击（DDoS）。

针对上述 3 个方面的安全目标，其中可信性与完整性保障目标，在云计算的技术前源中 Web 服务，SOA 架构技术中针对远程的服务数据传递已有一段时间的研究并取得了一定的研究成果，第二个云计算环境下的访问控制则是云计算安全研究的热点，目前有相当多研究工作和研究成果；第三个目标接近于传统的网络安全问题，其研究的重心侧重于在利用云计算环境实现对服务传递的可用性解决。以下将分别针对云计算服务传递的这 3 个安全目标及其解决方案予以阐述。

（二）云服务传递的可信性与完整性保障

正如前文所言，云计算上层的应用服务传递核心的技术仍然采用的是 Web 服务架构，但是云计算中突出了多租户的概念。租户与用户的概念不同，租户强调的是面向企业的应用，一般应用是部署在企业内部的，但只要这个应用具有相对独立的安全保证及专用的虚拟计算环境，都可以称为租户，即使其部署在企业外部。"用户"是指这个应用的使用者，一个租户可以有多个用户。在云计算环境下的服务传递可信性与完整性保障，也可以看成是多租户环境下的 Web 服务的可信性与完整性保障。

对应于与 OSI 模型的 Web 服务传递的安全分析，可将 Web 服务的传递安全分为 4 个层次。

（1）网络层安全。这部分安全威胁主要是防御来自网络传输层次的攻击，如 IP 攻击、TCP 攻击等，防御的手段即是传统的防火墙、入侵检测等网络安全设备与工具。

（2）传输层安全。这部分安全威胁主要是开放性网络下数据窃听、数据重放等攻击，使用的防御手段主要是 SSL/TLS 机制，通过网络数据加密算法以及加密算法来保障服务传输的两个端点之间的数据保密性与完整性。

（3）消息层的安全。虽然 SSL/TLS 可以保障两个传输端点之间的安全，但由于 Web 服务消息经常会经过多个服务端点的中转，也即是多跳实现服务消息传递，每一跳中都需要对消息包进行解析与重新封装，这是 Web 服务必须要解决的安全问题。

（4）应用层的安全问题。这方面的问题主要是客户端的应用软件安全问题，可以通过用户身份认证、应用程序的完整性校验等技术手段加以防范。

从上面的分析可以看出，Web 服务中主要的安全问题来自于消息层的安全，原因在于 Web 服务，以及后续的 SOA 架构软件技术、云计算模式，所有的消息都是使用 SOAP（Simple Object Access Protocol，简单对象访问协议）作为消息传递的基本封闭协议，SOAP 是一种轻量的、简单的、基于 XML 的协议。SOAP 消息基本上是从发送端到接收端的单向传输，在 Web 上交换结构化的和固化的信息，执行类似于请求/应答的模式。所有的 SOAP 消息都使用 XML 编码。

SOAP 消息可以使用 HTTP 或其他协议进行传输，但是 SOAP 本身并不提供任何与安全相关的功能。底层传输层是可以使用 SSL/TLS 机制等手段实现消息的认证与加密传输，但是 SSL/TLS 机制只是实现网络中两个直接交互的节点之间的信息安全保障，而 SOAP 消息从用户到服务方之间可能会经过多次跳转，每个中介点在不同的应用场景下都有可能需要解析 SOAP 消息、分析转发的目标等，因此 SOAP 消息要实现的不是 SSL/TLS 机制能满足的点到点的安全（Point – to – point Fashion），而是从用户到服务的端到端保护（End – to – end Protection）。

为此，2002 年 4 月 IBM、微软与 Versign 公司制定了 Web Services 安全规范并提交给 OASIS（Organization for the Advancement of Structured Information Standards）组织。2004 年 4 月，OASIS 组织发布了 WS – Security 标准的 1.0 版本，并于 2006 年 2 月发布 1.1 版本。WS – Security 的安全架构如图 11 – 18 所示。

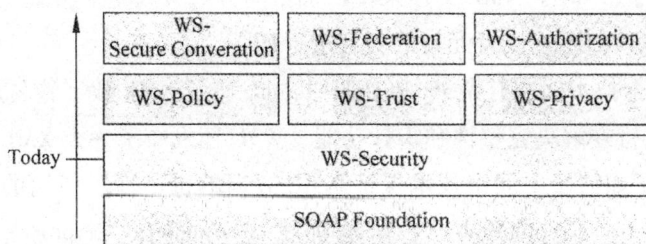

图 11 - 18 WS - Security 的安全架构

从图 7 - 18 可见，安全架构中包括一个 WS - Security 的消息安全性模型、一个描述 Web 服务端点策略的（WS - Policy）、一个信任模型（WS - Trust）和一个隐私权模型（WS - Privacy）。在这些规范的基础上，可以跨多个信任域创建安全的、可互操作的 Web 服务，还可以提供后继规范，如安全会话（WS - Secure Conversation）、联合信任（WS - Federation）和授权（WS - Authorization）。安全性规范、相关活动和互操作性概要文件组合在一起，将方便开发者建立可互操作的、安全的 Web 服务。其中核心的组成部分所实现的功能如下：

（1）WS - Security。描述如何向 SOAP 消息附加签名和加密报头。另外，它还描述如何向消息附加安全性令牌（包括二进制安全性令牌，如 X. 509 证书和 Kerberos 票据）。

（2）WS - Policy。将描述中介体和端点上的安全性（和其他业务）策略的能力和限制（如所需的安全性令牌、所支持的加密算法和隐私权规则）。

（3）WS - Trust。将描述使 Web 服务能够安全地进行互操作的信任模型的框架。

（4）WS - Privacy。将描述 Web 服务和请求者如何声明主题隐私权首选项和组织隐私权实践声明的模型。

同时从图 14. 1 中可知，这组规范建立在 SOAP 标准规范上，一条 SOAP 消息就是一个包含有一个必需的 SOAP 的封装包、一个可选的 SOAP 标头和一个必需的 SOAP 体块的 XML 文档。实际上，可以将 Web 服务安全规范视为对 SOAP 的扩展，WS - Security 本身没有提出新的加密手段或者安全模型，也不规定加密和签名的类型及手段，而是规定了如何通过 Web 服务和应用层协议及各种加密技术的结合，来保证 SOAP 安全，因 J 比 WSS 本身仅仅是一个框架：可以看作是一个容器，它描述了如何通过各种规范的联合来保障 WebService 的安全。

由于 SOAP 消息本身是基于 XML 的，因此 WS - Security 架构中很自然地采用 XML 加密相关的技术，来实现对 SOAP 消息的扩展，把 些安全元素加入到 SOAP 消息中，以保证服务调用的安全（消息的机密性、完整性，用户审计认证权限策略等），达到 SOAP 消息传递乃至 Web 服务安全的保障目标。这其中 XML 加密技术主要是指对那些以 XML 格式存储或者传递的数据进行加密，而不必关心用什么具体的安全技术（比如数字签名、对称私钥、非对称加密等），对于 XML 文档来说，加密的方式可以是对整篇文档进行加密，也可以是针对某个元素（Tag）或者元素的内容进行加密。

XML 相关的安全技术标准有 W3C 和 IETF 共同发布了 XML 数字签名规范（XMLSignature Specification），旨在解决完整性和审计功能。W3C 还发布了一个 XML 加密规范（XML Encryption），规范了如何使用加密技术保证 XML 数据的机密性。使用的安全技术包括非对称加密（Asymmetric Cryptography）、对称加密（Symmetric Cryptography）、消息摘要（Message Digests）、数字签名（Digital Signatures）及证书（Certificates）。

具体来说，WS – Security 规范为 Web Service 应用的安全提供了 3 种保证：

（1）消息完整性 WS – Security 使用 XML Signature 对 SOAP 消息进行数字签名，保证 SOAP 消息在经过中间节点时不被篡改。

（2）消息加密 WS – Security 使用 XML – Encryption 对 SOAP 消息进行加密，保证 SOAP 消息即使被监听，监听者也无法提取出有效信息。

（3）单消息认证 WS – Security 引入安全令牌（Security Token）的概念，安全令牌代表 Web 服务请求者的身份，通过和数字签名技术结合，服务提供者可以确认 SOAP 消息由合法的服务请求者产生。

下面是一个简单的例子来说明 WS – Security 是如何实现 SOAP 消息的安全传递，如一名顾客在网上的某个商城 ebuyinfo. com 上购买一件商品，顾客选择了一款笔记本电脑后，通过电子商场的付款页面，提供自己的信用卡信息和付款金额，提交订单，客户端将用户提交的订单封装成一个 SOAP 消息被发送到商店的订单服务上，如图 11 – 19 所示。从图中可以看到用户订单的相关消息，如订单内容、用户的信用卡号是完全公开的。

```
<SOAP: Envelope>
<SOAP: header>...< /SOAP: header>
<SOAP: Body>
<bs: NoteBook
    xmlns:bs="http://mybookstore.com/OrderNoteBooks">
<bs: orderInfo>
<bs: Brand>Lenovo</ bs: Brand>
<bs: Type>Y400N-ISE< /bs: Type>
<bs: quantity>1< / bs : quant ity>
</ bs: orderInfo>
<bs: paymentInfo >
<bs: PaymentAmount>
    7000.00
</ bs:PaymentAmount>
<bs: CreditCardNumber >
    5646464242242424
</bs:CreditCardNumber>
</ bs: paymentInfo>
</ bs: bookOrder >
</ SOAP: Body>
</ SOAP: Envelope>
```

图 11 – 19 未经安全处理的 SOAP 消息

那么可以使用 WS – Security 来创建一个安全的 SOAP 消息。主要包括两部分的扩展。

（1）对整个消息进行数字签名，实现 SOAP 消息完整性和消息认证，使用用户名安全令牌（ UsernameToken）来进行数字签名和认证。其中：用户名安全令牌是最简单的安全令牌，它的基本格式是用户名加上用户的密码。为了加强安全性，用户名安全令牌中的密码部分通常是密码的一个哈希值，这样即使 SOAP 消息被截取，密码也不会泄露。接收方获知消息使用用户名安全令牌进行签名，图 11 – 20 所示是通过 < wsse：UsernameToken > 标记来声明，因此提取对应的用户名，例中为 NoHacker，在用户的密码库中查找对应的密码，计算用户密码的哈希值，如果计算结果和 SOAP 消息中的 < wsse：Password > 值相一致，就证明这个 SOAP 消息由用户产生，再使用户的数字签名密钥就可以实现对 SOAP 消息的完整性认证，例子中的 < ds：SignatureMethod >、< ds：DigestMethod > 节点分别指明了生成消息摘要与消息签名的算法，并对 < ds：SignatureValue > 指明了本消息的消息签名值。

```
<wsse: Security
  xmlns:wsse= http://schemas.xmlsoap.org/ws/2002/04/secext">
<wsse: UsernameToken Id= "MyKey">
<wsse: Username> NoHacker< /wsse:Username>
<wsse:Password Type= "wsse:PasswordDigest ">
         W35L5JLGHLK53EgT30W4Keg=
</wsse: Password>
</wsse: UsernameToken>
<ds: Signature>
<ds: SignedInfo>
....
<ds:SignatureMethod
  Algorithm=http://www.w3.org/2000/09/xmldsig# hmac-sha1"/ >
<ds:Ref erence >
<ds:DigestMethod
  Algorithm=http://www.w3.org/2000/09/xmldsig# xmldsig# sha1"/ >
<ds:DigestValue> FAAJFAWi4wPU*< / ds: DigestValue>
</ds:Ref erence>
</ds: SignedInfo>
<ds: SignatureValue>EKZXGKHJARISgK*< / ds: SignatureValue>
```

图 11 – 20　SOAP 消息扩展的消息摘要与签名安全标记

（2）对敏感数据进行加密，防止被窃取。WS – Security 集成了 XML 加密技术，可以对 SOAP 消息头或主体的任何元素进行加密。之所以提供对部分元素的加密能力，主要是为提高加密的效率，只加密敏感数据。因为对称加密算法的加密速度远快于公钥加密算法，为了提高效率，在对 SOAP 消息进行加密时，通常使用对称加密算法如 Trible DES、Blowfish 等加密，而使用公钥加密算法如 RSA 来传递加密键。在图 11 – 21 所示的例子中，< ds：KeyName > 指明了使用的加密密钥的信息，而 < xenc：CipherValue > 指明了本次消息会话使用的临时密钥的密文，而 < xenc：EncryptionMethod > 指明了加密算法，其后的 < xenc：CipherValue > 是 SOAP 消息中的加密密文。

```
<ds:KeyInfo>
<ds:KeyName> MyBookStorecs public key < / ds: KeyName>
</ds:KeyInfo>
<xenc: CipherData>
<xenc: CipherValue> DDFW00FSF= 1F32lm4byU0*
</xenc: CipherValue>
</xenc: CipherData>
....
<xenc: EncryptinnMethod
    Algorithm=http://www.w3.org/2001/04/xmlenc# 3des-cbc"/ >
<xenc: CipherDat a>
<xenc: CipherValue> 242FFSFFSEHYU6J54GE0lm4byU0...
</xenc: CipherValue>
```

图 11-21　SOAP 消息扩展的加密标记

通过上述例子可以清楚地看到 WS-Security 框架通过对 SOAP 进行扩展，引入了各类表达安全属性的 XML 标记，可以实现对 SOAP 消息的完整性认证与消息内容的秘密性保障。正因为 WS-Security 的提出，比较完善地解决了 Web 服务中的消息传递安全性问题，所以在云计算中对于服务传递的可信性与完整性保障研究工作并不太多。

（三）云服务的访问控制

在信息系统中，访问控制管理技术是保证信息系统安全的重要组成部分。其主要功能就是对系统资源以最大限度共享的方式提供给用户，并对用户的权限合理分配，保护信息资源不被非法用户盗用，防止合法用户对受保护信息进行非法使用。系统在分配权限给用户时，需要遵循"最小特权"原则，即用户所获取的权限应该是能保证用户完成其执行任务的最小权限的集合，对于超过完成其职能所需权限以外的任何权限，系统都不应该予以分配。在访问控制中，访问控制主要涉及客体（Object）和主体（Subject）两个对象，访问控制需要保护客体同时也制约主体。客体就是含有信息的实体，同时该实体又能被访问，如文件、存储段、数据库中的表等。主体就是访问或者使用客体的活动实体，如代表用户的进程操作。传统的访问安全控制主要有 3 种。

（1）自主访问控制的安全模型。自主访问控制（DAC）是指一个主体可以自主地将一个客体的一种访问权限或者多种访问权限授予其他主体，并可以对这些授权予以撤销。前提条件是该主体拥有这个客体。

（2）强制访问控制模型。强制访问控制（MAC）是指一个主体必须经过系统的授权才可以对某些客体进行访问，以及由系统授权决定该主体可以进行什么样的访问。此种机制通过对主体和客体分别进行安全标记，并在访问请求时，比较主体和客体的安全标记，再决定主体是否拥有权限访问客体。

（3）基于角色的访问控制模型。基于角色的访问控制是指为一个系统中不同的用户指定相应的角色，对每一个角色指定不同的访问权限，用户可以映射到一个或多个不同的角色上，并通过所获得的角色得到相应的访问权限，对资源进行访问。

从这些传统的访问控制机制的实现思想来看，它们通常要求数据的所有者和提供数据储存的服务提供者位于同一个信任域，服务提供者可以监控对与安全相关的所有细节，负责定义和实施访问控制策略。在传统计算模式下，这种要求是假定成立，但是在云计算环境中这种假定不复存在，因为各个云应用隶属于不同的安全管理域，数据的拥有者和服务的提供商很可能位于不同的域。这样带来的问题是一方面，出于对数据机密性的保护，服务提供者不能访问这些数据。另一方面，数据资源在物理资源上不为拥有者所控制。

此外，每个不同的安全域都管理着本地的资源和用户，当用户跨域访问资源时，任何用于云环境的用户数字身份系统都必须能够跨越不同组织和不同云服务提供商，并基于强流程进行互操作。而在云计算中，服务提供商事先并不知道用户，所以很难在访问控制中给用户分配角色。因此，在这种面向服务环境下，现在最常采用的基于角色的访问控制（RBAC）及其扩展模型就难以适用。

总之，在云计算中，传统的依赖于地理空间位置，如系统的部署范围、组织机构所在地以及组织机构的网络拓扑结构来作为信息安全防范的边界失去了意义。由于虚拟化资源池、虚拟化资源的迁移、云计算的分布式备份与镜像，使得用户的应用与数据部署处于动态中，如果结合云联盟的构建方式，即使是云服务商也一时难以定位用户的数据和应用。因此，作为云计算环境下的访问控制，其解决方案一般还是从用户的数据作为研究的出发点，把访问控制机制与数据结合在一起，其中比较有代表性的研究工作有 Shucheng Yu 提出的方案。Shucheng Yu 等提出的方案主要是基于 KP – ABE、代理重加密、懒重加密技术实现的。其中 KP – ABE 是比较有特色的一种加密技术，实现的是基于属性树的加密方法，如图 11 – 22 所示。

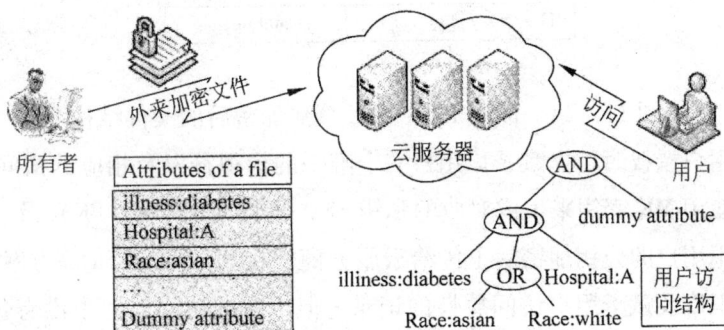

图 11 – 22　一个医疗信息系统场景的例子

从图 7 – 22 中可以看到，信息的所有者针对上传到云计算平台中的数据或文件定义了一系统的访问属性，构建成了图 7 – 22 右下的属性树。树的每一个非叶子节点由其孩子节点和一个阈值来描述，树中的叶子节点则定义了各种访问属性。

属性树的求解是自底向上的，在求解时，用户需要提供被给予的访问属性，以图 14. 5 中的用户为例，假设用户的访问属性为 ｛Race：asian, Illess：diabetes, Hospital：A, dummyattribute},那么从底向上,由 Race:asian 向上其父节点的阈值为 OR,则可得其父节点值,又由父节点值,结合 Iless:diabetes,Hospital:A,满足其祖父节点的阈值 AND,得其祖父节点值,又由祖父节点值,结合 dummy attribute 值的属性树根节点值,而根节点值则为图中数据所有者用以加密文件的对称会话密钥,从而解开加密文件,访问该文件。

属性树的构建使用的是多项式,根据拉格朗日插值定理,一个次数为 n 的多项式/(x),如给定多项式。+1 个不同点,则能唯一确定任意一个 z 所对应的多项式/(x)。

假设属性树中针对某个节点 N,它的阈值是 AND,设其下有 K 个子节点,访问者必须要同时拥有这 K 个子节点的属性才可能访得该节点的值。则在构建该节点 N 的访问属性树时,可以定义一个任意的 K-l 次的多项式 F(X),而把节点 N 的值定为、这个多项式 f(0)的值。再随意生成 K 个 F(X)的点及其对应值,作为其 K 个子节点的值,因此,只有当访问者掌握这 K 个子节点对应的属性值,才能求解出多项式,再计算出节点 N 中存储的 F(O)值。从而实现了用户访问权限对访问树的映射过程。

Shucheng Yu 等提出的方案中,数据的所有者选择一个秘密的参数 k,使用它生 KP - ABE 的公钥 PK 和管理员密钥 MK,然后将其提交给云服务商;在提交文件前,所有者先要对文件生成一个唯一的 ID;然后随机选择一个对称密钥,使用该对称密钥加密文件;然后设定访问该文件的相关属性集,并使用 KP - ABE 算法,将对称加密密钥、公钥,属性集加密生成文件头,附加在秘密文件加密内容的前面,如图 11 - 23 所示,上传到云服务器。

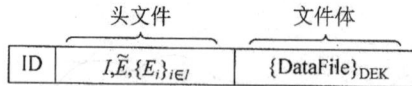

图 11 - 23　使用 KP - ABE 算法加密后的文件结构

当给其他用户授权时,先赋予该用户一个唯一的标识符以及相应的访问属性树 P,然后针对属性树使用 MK 密钥来生成对应的私钥 SK,再将(P,SK,PK)及(P,SK,PK)的摘要签名使用用户的公钥加密后上传给云服务商。在 Shucheng Yu 等方案中还要上传一份关于用户标识以及赋予用户访问属性的记录,但用户的访问属性中没有包括 dummy attribute,dummy attribute 在该方案中是每个文件访问属性集中必须包括的,用以访问用户变动时调整权限所用。

用户在得到访问树与 SK、PK 后,使用 KP - ABE 算法即可求解出加密文件的对称密钥获得数据。但是云计算服务商缺少了 dummy attribute 属性无法求出密钥,而对密文解密。KP - ABE 算法中有一个很重要的问题,就是用户权限的变动,这一变化意味着原来加密使用的对称加密密钥失效了,从而所有该文件的访问树要重新构建。这部分工作对于用户来说是很复杂的,特别是经常性变化的应用场景下,用户甚至需要随时在线来维护。

因此，针对这种情况，Shucheng Yu 等提出的方案中云计算服务商可以使用代理重加密来承担在文件访问属性树重建的工作，特别是提出懒重加密，可以实现批量化的重建。

（四）云服务传递的可用性保障

可用性作为信息安全的三要素（完整性、秘密性、可用性）之一，表现在云服务平台可以按与用户签订的协议要求，提供相应的服务质量。可用性保障一方面是采用技术手段，保障在云计算系统发生技术性故障或物理灾难时具有抗灾性，仍然可以提供基本质量的服务，这方面的技术手段包括容灾冗余备份、异地备份等，另一方面则保障云平台面对来自网络的恶意攻击时，仍能保障系统平稳地向外部用户提供服务。

上述的可用性保障的故障恢复与容灾方面，云计算平台本身具有天然的优势，因为云计算平台一般都是大规模的计算中心，这些计算中心从基础的设备建设到上层的服务器部署，网络部署都有相应的抗灾方案，因此云计算平台最主要的是防范通过公开网络对云计算平台发动的攻击。

除了传统的网络攻击，如黑客攻击、漏洞扫描、入侵等手段，对云平台威胁最大的是 DDoS 攻击，DDoS（Distributed Denial of service，分布式拒绝服务攻击）是 DoS 的一种，当多个处于不同位置的攻击源同时向一个或多个目标发起攻击，致使目标机或网络无法提供正常服务，就称其为分布式拒绝服务攻击。与其他攻击方式利用系统不同，在风暴类型的 DDoS 攻击中，有相当一部分是利用了 TCP/IP 协议的固有缺陷。

例如，SYN Flood 攻击是其中相当常见的一种。这种攻击方式通过发送大量伪造的 TCP 连接请求，从而使得受害者 CPU 资源耗尽，最终出现拒绝服务现象。其原理是利用 TCP 连接要经历 3 次握手，在第三次握手中，当客户端发出 ACK 消息，却没被服务器端收到的时间段内，就会生成一个半开连接，这种半开连接会直到握手完成或因系统超时（不同系统一般会设置不同的超时，通常为 70s 左右）丢弃该消息时才被释放。系统能接受的半开连接数量是有限的，如果有一个恶意的攻击者大量发送伪造的 TCP 连接请求，则会导致服务器半开连接堆栈溢出，并因无法接受新的连接请求而出现拒绝服务状态。

DDoS 攻击对基于网络传递服务的计算模式影响很大，特别是在云计算的环境下，有很多企业选择使用云服务及虚拟化数据中心，企业基础设施及存储大量数据的虚拟数据中心成为 DDoS 攻击的重要目标。由于多租户的普及，针对企业资源发起的 DDoS 攻击，还可能产生连锁反应，牵连采用该企业主机托管的租户。由于 DDoS 攻击是利用 TCP/IP 协议的固有缺陷，因此很难设计一个完善的解决方案，Bansidhar Joshi 等则提出一个回溯的寻找 DDoS 攻击的方法，则基本的实现架构如图 11 - 24 所示。

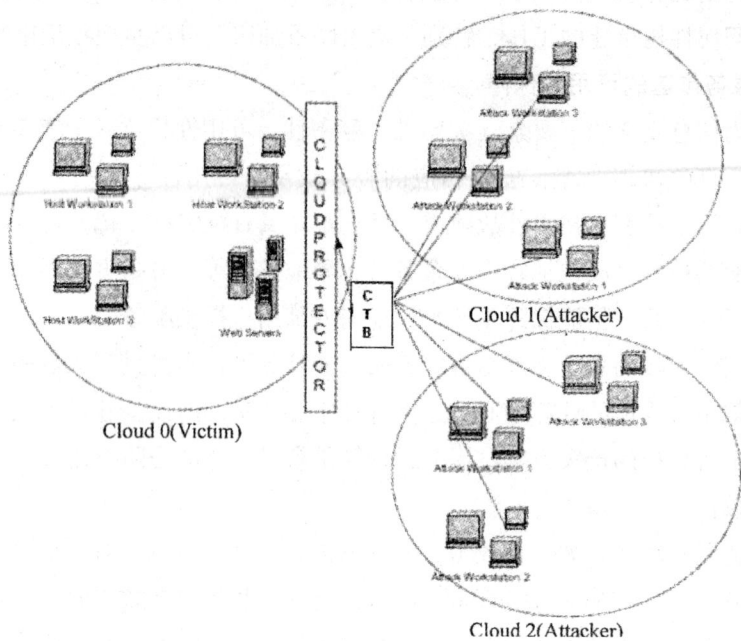

图 11 - 24　基于 CTB 的 DDoS 防御模型

　　这个方案实现的基本思路是在使用一个基于 SOA 的方式实现对 DDoS 攻击源的回溯技术方案，称为 CTB（Cloud Trace Back Architecture，云回溯架构），其中 CTB 是部署在云服务的边界路由器上，基本的功能使用的是 DPM（Deterministic Packet Marking. 确定性的包标识）算法对进入云边界的所有数据包进行标识，使用 IP 数据包中的 ID 域和保留的区域放置 CTM（Cloud Trace Back Mark，云回溯标识）到数据包的包头中。每个进入边界的数据包都会加上标记，并且在传输过程中保留标记不变。

　　CTB 部署的位置在云计算服务平台的 Web 服务器前，如图 7 - 24 所示，因此一旦有 DDoS 攻击发生，攻击者向云计算服务发送的数据包就会加上标记，传送给 Web 服务处理，Bansidhar Joshi 给出的方案中使用了 BP 神经网络的算法来检测和过滤 DDoS 攻击的数据包。一旦发生有 DDoS 攻击存在，即可使用回溯算法，根据攻击包中标识，找到攻击的源点，从而阻止 DDoS 攻击的进一步发生，在 DDoS 攻击产生重大的影响之前阻止攻击。

参考文献

［1］孟祥武，胡勋，王立才，等. 移动推荐系统及其应用［J］. 软件学报，2013，24（1）：91－108.

［2］杨涛. 基于本体的农业领域知识服务若干关键技术研究［D］. 上海：复旦大学计算机科学技术学院博士论文，2011，1－50.

［3］杨晓蓉. 分布式农业科技信息共享关键技术研究与应用［D］. 北京：中国农业科学院博士学位论文，2011，3－35.

［4］赵春江. 农业智能系统［M］. 北京：科学出版社，2009，1－210.

［5］何清. 物联网与数据挖掘云服务［J］. 智能系统学报，2012，7（3）：1－5.

［6］黄卫东，于瑞强. 共享学习模式下知识服务云平台的构建研究［J］. 电信科学，2011，12：6－11.

［7］丁静，杨善林，罗贺，等. 云计算环境下的数据挖掘服务模式［J］. 计算机科学，2012，39（6）：217－219，237.

［8］邓仲华，钱剑红，陆颖隽. 国内图书情报领域云计算研究分析［J］. 信息资源管理学报，2012，2：10－16.

［9］胡安瑞，张霖，陶飞，等. 基于知识的云制造资源服务管理［J］. 同济大学学报（自然科学版），2012，40（7）：1093－1101.

［10］程功勋，刘丽兰，林智奇，等. 面向用户偏好的智能云服务平台研究［J］. 中国机械工程，2012，23（11）：1318－1323，1336.

［11］姜山，王刚. 大数据对图书馆的启示［J］. 图书馆工作与研究，2013（4）：52－54，79.

［12］裴昱. 大数据时代图书馆用户行为信息的利用方式［J］. 图书馆学刊，2013（8）：44－46.

［13］杨威，张昀. 云计算背景下数字图书馆可信计算研究［J］. 软件导刊，2014（1）：135－138.

［14］汪正坤，彭国莉，刘喜义，等. 基于云计算的中国政府信息资源的图书馆开发利用［J］. 图书馆学研究，2012（7）：73－77.

［15］崔忠伟，左羽，韦萍萍，等. 基于云计算的数字图书馆服务平台架构设计［J］. 物联网技术，2014（2）：80－81.

［16］李战宝，张文贵. 云计算及其安全性研究［J］. 信息网络安全，2011.

［17］李渊. 云计算中的云服务安全策略［J］. 电脑开发与应用，2013 (11).

［18］冯登国，张敏，等. 云计算安全研究［J］. 软件学报，2011，22 (1).

［19］李包罗，李皆欢. 中国区域医疗卫生信息化和云计算［J］. 中国数字医学，2011，4 (2)：20~24.

［20］赵霞，李小华. 云计算在区域协同医疗中的价值［J］. 中国数字医学，2011，6 (3)：103~105.